绿洲菘蓝水分高效管理研究

张恒嘉　主编

中国水利水电出版社
www.waterpub.com.cn
·北京·

内 容 提 要

本书共分为三个部分，在兼收并蓄国内外相关菘蓝节水灌溉与水分-产量关系研究的基础上，旨在探索河西绿洲灌区膜下滴灌菘蓝水分高效管理及其可持续利用，包括绿洲膜下滴灌菘蓝水分高效利用及调亏灌溉模式优化、绿洲菘蓝对膜下滴灌水分调亏的响应和水分调亏对绿洲膜下滴灌菘蓝生理特性、产量及品质的影响。

本书既注重理论和方法的创新，更注重技术的集成与应用，可供本专业学者和研究人员阅读参考，也可作为农业科研院所、大专院校及农业、水利、风景园林管理部门相关人员的参考用书。

图书在版编目（CIP）数据

绿洲菘蓝水分高效管理研究 / 张恒嘉主编. -- 北京 : 中国水利水电出版社, 2025. 3. -- ISBN 978-7-5226-3299-5

Ⅰ. S574.71

中国国家版本馆CIP数据核字第2025598A69号

书　　名	**绿洲菘蓝水分高效管理研究** LÜZHOU SONGLAN SHUIFEN GAOXIAO GUANLI YANJIU
作　　者	张恒嘉　主编
出版发行	中国水利水电出版社 （北京市海淀区玉渊潭南路1号D座　100038） 网址：www.waterpub.com.cn E-mail：sales@mwr.gov.cn 电话：（010）68545888（营销中心）
经　　售	北京科水图书销售有限公司 电话：（010）68545874、63202643 全国各地新华书店和相关出版物销售网点
排　　版	中国水利水电出版社微机排版中心
印　　刷	清淞永业（天津）印刷有限公司
规　　格	184mm×260mm　16开本　13.25印张　322千字
版　　次	2025年3月第1版　2025年3月第1次印刷
定　　价	**65.00**元

凡购买我社图书，如有缺页、倒页、脱页的，本社营销中心负责调换

本书编委会

主　编　张恒嘉　（聊城大学）

参　编（按姓氏汉语拼音排序）

邓浩亮　（河西学院）

冯福学　（甘肃农业大学）

何秀成　（甘肃农业大学）

李福强　（甘肃农业大学）

王雅梅　（甘肃农业大学）

王玉才　（甘肃农业大学）

王泽义　（甘肃农业大学）

肖　让　（河西学院）

熊友才　（兰州大学）

杨　斌　（静宁县水务局）

于守超　（聊城大学）

周晨莉　（聊城大学）

前言 FOREWORD

菘蓝（*Isatis indigotica*）是我国传统中药材，其叶（大青叶）和干燥根（板蓝根）均可入药，具有清热解毒、利咽止痛、凉血消炎等功效，为我国常用的清热解毒之药。药理学研究发现，菘蓝不仅有明显的抗病毒活性，同时具有抗炎、抗肿瘤、抗癌、抗内毒素和增强免疫力等作用，临床可用于治疗温毒发斑、高热头痛、水痘麻疹、流行性感冒及消化系统和呼吸系统各种炎症。菘蓝根系比较发达，种植时对气候条件和土壤环境要求较低，可在一定的干旱、低温等逆境条件下正常生长，全国各地均有种植，甘肃、内蒙古、河北、陕西和山东等地为我国菘蓝主要种植区。作为我国西北干旱内陆河流域的典型区，河西走廊气候干旱、降雨量稀少、蒸发量高，水资源极度短缺，农业发展主要依靠灌溉，水资源短缺和水分利用效率低是限制该区农业可持续发展的主要因素。水分胁迫不仅会抑制菘蓝生长发育，还会严重影响菘蓝产量。因此，本研究将水分调亏和膜下滴灌相结合，重点研究水分调亏对河西绿洲膜下滴灌菘蓝生长动态、干物质积累和分配、光合生理生态特性、作物产量及品质等的影响及其机制，确定菘蓝最优调亏程度和调亏生育期，可为绿洲菘蓝节水高效优质高产提供理论依据。本书就是作者及其负责的“作物水分高效利用与节水机理”学术团队和“园林园艺植物水土环境调控”科研团队在此领域多年探索的结晶。

本书涉及的研究内容得到聊城大学高层次人才科研启动费项目（318042401）、国家自然科学基金（52269008，51669001）、甘肃省重点研发计划项目（18YF1NA073，1604NKCA047）、甘肃省高等学校产业支撑计划项目（2022CYZC－51）和聊城大学风景园林强特色学科开放课题（31946221236）的资助。在本书付梓之际，我们要感谢上述项目资助完成本书的出版。

本书共分为三篇，在兼收并蓄国内外已有的菘蓝水分管理研究基础上，积极吸收农业水土工程学科、作物学科和风景园林学科最新相关研究成果，详细论述了绿洲菘蓝水分高效管理理论与技术，旨在探索水分调亏对河西绿洲灌区膜下滴灌菘蓝生长动态、光合特性和产量、品质与水分高效利用的影响。第一篇主要论述绿洲膜下滴灌菘蓝水分高效利用及调亏灌溉模式优化；第二篇主要论述绿洲菘蓝对膜下滴灌水分调亏的响应；第三篇主要论述水分调亏对绿洲膜下滴灌菘蓝生理特性、产量及品质的影响。

本书作为一部学术专著，既注重理论和方法创新，同时注重技术集成创新与应用，相关研究结论是菘蓝水分高效管理理论与技术研究的新进展，不仅可供本专业学者和研究人员阅读参考，也是农业科研院所、大专院校及农业、水利、风景园林管理部门相关人员的有益参考书。

鉴于编者水平有限，难免存在缺陷与纰漏，欢迎广大读者批评指正。

作者

2024年10月

目　录
CONTENTS

第二部分 绿洲菘蓝对膜下滴灌水分调亏的响应

第三部分　水分调亏对绿洲膜下滴灌菘蓝生理特性、产量及品质的影响

第一部分

绿洲膜下滴灌菘蓝水分高效利用及调亏灌溉模式优化

第 1 章　概　　述

1.1　引言

水是生命的源泉，是人类赖以生存和发展的不可或缺的最重要物质资源。水资源是最基础的自然资源和经济资源，也是区域实现飞速发展的支撑和保障。全球水资源总量达13.86 亿 km^3，但人类可利用的淡水资源仅占总水量的 2.5%，且大部分淡水资源还是目前难以开发的地下水和冰川。人口飞速增长和自然环境严重污染已成为人类面临的严峻问题，与其紧密相关的水资源问题也成为重点研究的科学问题。

经济全球化使人类重新认识整个世界。气候剧烈变化带来的冰川融化、降水失调、全球变暖及酸雨等问题，给全球很多沿海城市造成极端气候影响。水资源的严重短缺和其他能源的急剧减少使环境问题愈加严重。面对各种严峻的全球性问题，任何国家都不能独善其身，需加入到统一环境综合治理的队伍中才能实现资源环境的可持续发展。

《2016 年中国水资源公报》显示，2016 年全国水资源总量为 32466.4 亿 m^3，比多年平均偏多 17.1%，比 2015 年增加 16.1%。2016 年全国用水总量 6040.2 亿 m^3，其中生活用水 821.6 亿 m^3，占用水总量的 13.6%；工业用水 1308.0 亿 m^3，占用水总量的21.6%；农业用水 3768.0 亿 m^3，占用水总量的 62.4%；生态环境用水 142.6 亿 m^3，占用水总量的 2.4%。与 2015 年相比，全国用水总量减少 63.0 亿 m^3，其中农业用水量减少 84.2 亿 m^3。2016 年全国耗水总量 3192.9 亿 m^3，耗水率 52.9%。人口暴增、人们物质生活质量的不断提高需要全球未来 20 年粮食产量翻番才能满足，加之耕地面积的不断减少，需用更少的农田和水资源去获得更多粮食产量。灌溉农业可提供粮食产量需求的一半以上，而农田灌溉需水必然与其他行业用水间产生激烈的竞争，由此引起一系列环境问题。随着我国农业机械化、工业化和城镇化进程的加快，农业用水、生活用水、工业用水和生态用水间的矛盾也日益加剧，但农业用水在总用水量中占比依然很大，且随着人口的增长农业用水需求也将持续增加。因此，高效节水灌溉理论与技术创新、农业产业结构调整和农业用水管理优化是我国农业可持续发展和水资源可持续利用的必要条件。

受降水的影响，我国西北干旱半干旱地区水资源时空分布极为不均，在时间分配上具有夏秋多、冬春少和年际变化大的特点，因而水资源短缺是该区农业可持续发展的瓶颈。预计未来我国农田灌溉面积达 10 亿亩以上方能满足粮食生产安全，而目前我国农田灌溉水利用系数仅为 0.53，灌溉用水有近一半尚未被利用，粗放的农田灌溉方式和落后的节水灌溉技术使我国水资源利用率远低于发达国家。美国农田灌溉面积占总耕地的 13.5%，但随着滴灌、喷灌等节水灌溉技术的大面积推广，节水灌溉面积达 0.89 亿 hm^2，占国内灌溉总面积的 37%。目前，我国灌溉面积约 0.53 亿 hm^2，占耕地总面积的 40%，粮食产出占粮食总产量的80%，保障了我国粮食安全，但节水灌溉技术应用耕地面积较少。因此，大力发展高效节水灌溉是解决灌溉水资源短缺问题的有效途径，同时也可节约大量水资源以供给日益增长的生活用水和工业用水。

现代精准农业对滴灌、喷灌和微灌等技术的适应性和创新需求更加突出，同时对科学灌溉时间和灌溉制度有更高的要求。通过对不同节水灌溉技术下不同耕作模式的研究，采用不同的灌溉方法如补充灌溉、非充分灌溉、调亏灌溉等，深入分析研究节水灌溉对作物抗旱、节水、高产、优质的影响机制及其应用前景不仅可实现农业高效节水和水资源可持续利用，也可提高作物抗旱能力和改善土壤生态环境，最终实现农业可持续发展。

1.2 研究背景及意义

1.2.1 研究背景

菘蓝（*Isatis indigotica*）是十字花科植物，主要以干燥根和叶入药，分别称菘蓝和大青叶，均为我国传统大宗药材。近年来有研究发现，菘蓝和大青叶为广谱植物抗生素，临床用于治疗呼吸、消化和循环系统各种炎症。随着人们生活质量和认识水平的提高，化学药品的毒副作用已逐渐为人们所了解，天然药物的无毒功效重新受到人们的重视，寻找有效的天然药物已成为国际医药发展的普遍趋势，因此传统中草药（如菘蓝等）越来越引起人们的关注。刘盛等研究表明，菘蓝和大青叶确具抗病毒作用，对甲型流感病毒具有抑制作用。随着人们健康意识的不断增强，菘蓝的市场用量将进一步增大，河西走廊因其独特的气候条件已成为我国菘蓝的主要栽培区域。

在我国西北干旱半干旱地区，水分是农业发展的首要限制因子，较高的作物产量和水资源利用效率已成为人们追求的主要目标。河西绿洲区菘蓝种植面积已越来越大，但该区作物全生育期降水不足300mm，难以满足作物正常生长需水要求，灌溉对作物稳产高产具有不可替代的作用。同时，由于近年来该区地下水过度开采和水土流失严重，生态环境十分脆弱，农业与生态用水矛盾突出，因此大力发展菘蓝高效节水灌溉极为重要。

调亏灌溉（regulated deficit irrigation，RDI）是澳大利亚维多利亚州持续灌溉农业研究所Tatura中心的科学家Chalmers和Wilson等于20世纪70年代中期首次提出的。蔡焕杰等研究表明，适度的水分亏缺可提高作物产量，调亏灌溉的适宜时段应为作物早期的生长阶段。大量研究结果表明，调亏灌溉技术可用于果树、小麦、玉米、马铃薯、棉花、烟草等作物高效节水。

大量研究表明，膜下滴灌调亏可获得较高的作物产量和水分利用效率，对作物生物学特性也有重要影响。目前，膜下滴灌菘蓝水分调亏研究比较少见，因此探讨膜下滴灌调亏对菘蓝生长、产量形成、水分利用、品质改善及其机理的影响已成为当前研究的热点问题之一。近年来，河西走廊菘蓝栽培面积迅速扩大，已成为我国菘蓝栽培的主要区域，但由于该区干旱少雨和水资源短缺，加之灌溉方式不合理，极大地制约了菘蓝产业可持续发展。科学合理的灌溉方式可在满足作物正常生长发育的同时改善土壤结构和理化性质，使土壤微生物和酶活性等发生改变，进而通过影响作物自身生理过程，提高产量、水分利用效率和作物品质。

国内已有很多有关大田作物调亏灌溉的试验研究，但对干旱绿洲膜下滴灌调亏菘蓝水分高效利用及其机理和水分亏缺对菘蓝有效成分影响的研究鲜见报道。因此，采用科学合理、高效的灌溉方式提高菘蓝产量、水分利用效率及品质是解决当前菘蓝节水高产问题的关键。

1.2.2 研究目的及意义

我国水资源时空分布极不均匀，降水量由东南向西北逐渐减少，蒸发量则逐渐增大，农业生产对灌溉的依赖程度也逐渐增大，而西北干旱半干旱地区水资源短缺现象则更加明显，因此该区对节水灌溉理论与技术的需求尤为突出。近年来，节水灌溉理论与技术已从传统的丰水高产型向节水高产优质型逐渐发生转变，限水灌溉、局部灌溉、非充分灌溉、精准灌溉和调亏灌溉等新型节水灌溉理论与技术已在农业生产中逐渐应用，但仍尚未达到大规模推广应用的程度。因此，探求一种可根据作物生理特性主动施加一定水分亏缺即可保证作物正常生长和高产优质亦可实现水分高效利用的作物高效节水灌溉理论与技术对西北干旱半干旱区农业高产优质高效灌溉具有重要实际意义。

调亏灌溉（regulated deficit irrigation，RDI）的核心是根据作物生理生化作用受遗传特性或生长激素影响的特征，在作物生长发育的适宜阶段进行一定程度的水分亏缺，调节光合产物向不同组织器官输送以达到节水增产和改善作物品质的目的。调亏灌溉从作物生理特征角度出发，从水分—土壤—作物—环境途径入手，充分发掘作物水分利用效率并追求产出最大化。邓浩亮等研究表明，在综合考虑产量、水分利用效率及果实品质等指标的前提下，酿酒葡萄最佳水分调亏处理为着色成熟期中度胁迫，适度调亏灌溉不仅能显著提高葡萄水分利用效率，还可提高果实品质。因此，调亏灌溉是一种节水、增产、优质的新型灌溉技术。

菘蓝为十字花科植物菘蓝的干燥根，通常在秋季进行采挖，炮制后可入药。菘蓝分为北菘蓝和南菘蓝，其性寒，味先微甜后苦涩，具有清热解毒、预防感冒、利咽的功效，主要用于治疗温毒发斑、舌绛紫暗、烂喉丹痧等疾病，广泛分布于陕西、甘肃、河北、安徽、江苏、内蒙古、山东、浙江、贵州等地。在甘肃张掖、定西等地均盛产北菘蓝。而张掖市属于我国西北干旱半干旱地区，该区水资源短缺，气候干旱，日照时间长，光热资源充足，高效节水灌溉理论与技术对菘蓝种植十分重要。

由于国内外对菘蓝的需求量很大，我国南北各地广为栽培菘蓝，安徽省年种植面积高达 4 万 hm^2。甘肃省作为中药生产传统大省，全省中药材种植总面积 16.4hm^2，产量约为 31.6 万 t，产值约 20 亿元。近年来，甘肃省菘蓝种植面积迅速增长，以民乐县最大（1 万～1.67 万 hm^2），陇西、岷县、宕昌、武都等县区也是菘蓝主要种植区，但栽培技术严重滞后，影响了菘蓝产量及品质，因此甘肃干旱半干旱区菘蓝节水高效栽培研究具有重要实际意义。

目前，西北干旱区菘蓝种植多采用大水漫灌方式，造成水资源严重浪费。因此，以河西走廊菘蓝为研究对象，探讨不同生育期不同水分亏缺对膜下滴灌菘蓝光合特性及品质指标的影响规律，可在高效节水的基础上为西北干旱区菘蓝规范化栽培提供灌溉理论基础，旨在提高水资源利用效率的同时达到菘蓝增产调质的目的。

本研究采用膜下滴灌水分调亏技术进行灌溉，可将水分精准输送至菘蓝根部附近的膜下土壤表层及深层土壤，确保土壤水分经常保持在最佳状态，达到高效节水的目的。因此，通过膜下滴灌方式给菘蓝主动施加一定程度的水分亏缺可调节菘蓝冠层和根系生长动态，诱导光合同化产物由冠层向根系生长，可在提高菘蓝经济产量的同时实现节水增产优质高效；解析膜下滴灌调亏菘蓝有效成分靛玉红、靛蓝和（R，S）-告依春等品质指标对水分亏缺的响应及其机理，揭示作物水分—产量—品质响应关系，可在节约该区农业用水和缓解水资源短缺问题的同时提高农户经济收益。

1.3 国内外研究进展

1.3.1 高效节水灌溉技术研究进展

我国水资源十分紧缺，人均水资源占有量远低于世界平均水平，但是农田灌溉用水浪费极大，传统丰水灌溉方式使农业用水成倍增加，用水量占全国总用水量的60%以上，单方水产粮仅为1.05kg，远低于发达国家单方水产粮2kg以上的水平。节水灌溉用最少的水量获得最高作物产量，其目的是提高农田水分利用率和水分生产率。目前高效节水灌溉技术主要有喷灌、滴灌和微灌等。

喷灌是借助水泵和管道系统或利用自然水源的水位落差将具有一定压力的水喷到空中，散成小水滴或形成弥雾降落到植物冠层和地面的灌溉方式，是一种技术成熟和应用广泛的喷灌技术，在水资源严重紧缺的北方干旱半干旱地区应用前景十分广泛。李宗礼等研究表明，在我国北方缺水地区进行了畦灌和喷灌两种灌溉方式及固定式、优化型固定式、半固定式喷灌系统比较分析，每公顷喷灌投资较畦灌减少了77.85%，其中每公顷节省用水量56%。然而，喷灌技术在迅速发展过程中产生了设备生产混乱、性能差、系列化程度低、自有技术少等问题，未来发展将主要集中在低压低能耗、综合利用清洁能源、喷灌机组轻型化、控制面积增大、自动控制和精量控制等方面。

微灌是通过管道系统与末级管道上的灌水器，以较小的流量将水和作物生长所需水分和养分准确输送至作物根部附近土壤的一种灌水方法，又称为局部灌溉。微灌可以适应大部分地形和土壤，具有节水增产效应，灌水均匀度高，相比喷灌可节水40%～50%。微灌技术在我国通过不断实践与创新，已逐步实现关键设备国产化和系列化，研究解决了系统设计和运行管理中出现的一大批关键问题，形成多个符合我国国情且具有明显地域特色的微灌技术应用模式，取得了显著节水增产效果。王新坤等通过建立单体过滤器优化选型与单级组合过滤装置优化配置的数学模型为微灌系统过滤装置优化与产品研发和生产提供依据，有效促进了微灌技术发展。

滴灌是目前应用前景最好的一种节水灌溉技术。1998年美国、澳大利亚开始对果树及草坪进行地下滴灌试验研究，2004年6月以色列在新疆石河子开始进行棉田地下滴灌试验。地下滴灌蒸发量极小且不受风的影响，可实施立体精确定位水肥灌溉，灌溉水利用率高达0.98。目前，我国滴灌技术发展迅速，应用范围也逐步扩大。韩启彪等认为应加强管网优化、多水源滴灌系统、低能耗滴灌等方面研究。在产品研发上，大流量过滤器、精准施灌设备、新型灌水器、智能化软硬件、滴灌铺设回收装置等滴灌新产品需进一步强化研制研发。然而，滴灌技术在发展过程中也出现了诸如土壤盐碱化等问题。罗毅在玛纳斯河绿洲调查土壤剖面盐分和滴灌历史后发现，干旱绿洲区长期滴灌将造成土壤积盐，应引起对科学研究和灌溉管理的高度重视，而在节水灌溉过程中保证盐分淋洗用水则是减缓滴灌农田土壤积盐的必需措施。

1.3.2 膜下滴灌研究进展

膜下滴灌可将水分和养分精准输送至土壤中，有效减少土壤水分蒸发量。膜下滴灌可有效保证土壤水分和养分利用，对提高作物水肥利用效率和高产具有显著促进作用。国内外研究表明，膜下滴灌较之于常规灌溉可获得较高的产量和水分利用效率，有效减少地面蒸发，防止深层渗漏，亦可保持土壤根层内的主要养分。

新疆膜下滴灌技术应用走在我国前列，该技术已在新疆农八师得到大面积推广应用。膜下滴灌技术是将先进地膜覆盖栽培技术和滴灌技术相结合的节水、高产、高效节水灌溉技术，积极推动了该区节水灌溉技术的推广应用，但推广应用中也存在诸多问题。据不完全统计，至2024年年底新疆已建成高效节水灌溉面积471.87万hm^2，其中滴灌面积428.4万hm^2，占高效节水面积的90.8%。此外，不仅棉花、番茄、大豆等作物灌溉已应用滴灌技术，一些密植作物如小麦和苜蓿等也已采用此技术。马富裕等研究发现，新疆棉花膜下滴灌技术发展经历了试验研究、示范推广和大面积应用三个阶段，因地制宜、多种毛管田间布置模式发展适应了棉花种植方式的多样性，而棉花膜下滴灌水分蒸散特征和干旱诊断技术研究则为灌溉制度制定和科学的水分管理提供了依据。

刘梅先等研究表明，滴管布置方式对棉花根系分布和土壤盐分有显著影响，且一管四行矿质水滴灌降低了棉花产量，但水分利用效率则随矿化度含量的增加而提高。邢英英等、寇丹等、方栋平等滴灌调亏对番茄、紫花苜蓿、黄瓜等作物产量和品质的影响研究表明，滴灌水分调亏有利于作物节水、增产和品质改善。刘洋研究发现，膜下滴灌可显著提高玉米生育前期氮素吸收量，促进营养生长和营造有利于玉米生长的土壤水热环境。

膜下滴灌可营造水、肥、气、热、土构成的作物适宜生态环境，增加土壤水热梯度，减少地面蒸发，增加土壤贮水，降低耗水，调节土壤温度，提高水分利用率，同时为作物生长提供适宜的水、肥、气、热环境。膜下滴灌也会产生土壤盐渍化问题。张治通过农田水量平衡分析深层水分交换量，建立了农田水分和盐分间的动态关系，发现膜下滴灌灌溉期垂直向下的深层水分交换量减少，造成盐分淋洗不足，并导致区域地下水水位下降；在非灌溉期垂直向上的深层水分交换量减少，潜水蒸发引起的次生盐碱化得到控制。周和平等研究发现，膜下滴灌条件下采用田间两膜间裸露地表排盐沟实施地表排盐后地表排盐量下降。

1.3.3 土壤水分与作物生态生理

SPAC（soil-plant-atmosphere continuum）即土壤植物大气连续体，通常水分状况下田间土壤水分迁移仅以液态水的形态进行，土壤蒸发时水分由液态到气态的相变只在土壤表面发生及完成。在SPAC系统中水分连接土壤和植物，从而构成一个统一连续的整体，并且水分是植物不同生长发育阶段各种生理活动的主导因素，可促进养分在植物体内的运转。吉喜斌等通过建立内陆河流域山前绿洲农田SPAC系统土壤水分运移的子模型发现，根系吸水不仅与大气蒸发力和土壤水分状况有关，与根系分布状况也有密切关系；相较大气和根系生长状况，土壤水分状况对灌溉农田作物根系吸水速率有着十分重要的作用。土壤水是联系农田水循环与SPAC的纽带，所有形态的水只有转化成为土壤水才能被植物吸收利用，此外土壤水还与农田旱涝、肥料养分的淋溶和利用、土壤盐渍化和地下水污染等密切相关。因此，SPAC系统土壤水分对作物生长极其重要，必须寻求一个合理适度的农田土壤水分指标，并保证能被作物充分利用，才能实现节水和高产优质。

虽然土壤水分对作物各种生理活动有不同的影响，但对大多数作物生长来说，有最适宜土壤含水量＞蒸腾最适宜含水量＞同化作用最适宜土壤含水量。作物生长过程中会遇到各种不适宜环境如水分胁迫、盐分胁迫、高温胁迫等。这些会对作物产生直接和间接伤害，不利于生长发育。土壤水分是作物生长发育的基本条件，土壤水分亏缺影响作物茎叶生长、叶片光合生理指标、根系生长分布和产量等，各生理指标对水分亏缺的响应关系是影响作物生长发育的主要途径，土壤水分与作物生理特征关系研究有利于作物节水高产、优质高效。

根层是作物土壤水分利用的主要区域。表层土壤含水率容易测定，而根层土壤水分测定较难，且与植被蒸腾有关的根系几乎均分布在0～150cm土层乃至更深。土壤水分有效性指土壤水分能否被作物利用及利用的难易程度，是影响作物生长及其产量的关键因素，因此土壤水分有效性研究对作物产量提高具有重要的实际意义。目前评价土壤水分有效性的指标主要有土壤水势、作物生长发育、作物产量、作物水分生理及根系吸水速率等。黄仲冬等研究发现，降水量及其分布特征对土壤水分有效性有显著影响。

土壤可利用水量（available water content，AWC）指田间持水率与凋萎系数的差值，表征土壤实际供水能力，而基于AWC的静态分区是实施变量灌溉水分管理的重要方法。与传统均一灌溉管理方式相比，作物生长和产量是评估变量灌溉效果的重要指标之一。研究表明，不同土壤结构和土壤可利用水量均会影响作物产量、水分利用效率和作物冠层温度。不同生育期可利用土壤水分含量均会对作物生理特征和产量产生影响。土壤水分胁迫对作物生理过程会产生影响，而确定作物水分胁迫敏感参数及土壤水分需求下限指标则是高效节水灌溉的重要途径。研究表明，谷子、高粱、冬小麦的叶水势、气孔导度和光合速率在作物旺盛生育期不随土壤含水量降低而变化，表现出明显的土壤水分阈值反应；玉米、谷子、高粱、冬小麦四种作物中玉米需要充足的水分供应才能维持良好生长发育，而高粱则比其他三种作物具有更强的适应土壤水分胁迫的能力。

作物干物质主要来自光合作用产物，水分对光合作用影响机理及其响应过程研究是实现作物节水高产、优质高效的有效途径。作物吸收土壤水分维持细胞的生存和正常功能，为作物光合作用提供所需原料以保证植物生长发育，即叶片含水量不能低于光合作用所需水分。过度水分胁迫会造成作物叶片叶绿素含量下降、气孔关闭，光合作用减弱，影响光合生理过程，同时造成生物量降低，抑制作物生长。土壤水分亏缺将因引起气孔和非气孔因素限制间接导致光合速率降低。吴敏等研究表明，栓皮栎种子可在适度干旱胁迫下通过调节生理机能促使种子萌发，但超过其耐旱能力后则不能成苗。刘明等研究发现，水分胁迫会降低玉米的光补偿点、表观暗呼吸速率和最大净光合速率，气孔因素和非气孔因素均为水分胁迫后玉米光合速率降低的原因。随着土壤干旱胁迫梯度的增加，圆叶决明叶片相对含水量、叶片失水率、净光合速率及叶绿素含量均呈下降趋势。土壤水分增加对作物光合特性具有显著调节作用，水分胁迫下作物净光合速率、蒸腾速率、气孔导度和水分利用效率均有所下降。春小麦叶片净光合速率、蒸腾速率、气孔导度均随灌水量增加而显著提高，但过量灌水则会使净光合速率下降。宋新颖等研究发现，不同小麦品种旗叶开花后水分胁迫条件下可溶性蛋白含量及保护酶系统SOD、CAT和POD活性均降低，而可溶性糖含量和丙二醛含量均升高，降低和升高幅度随生育进程而增大，且建立了小麦生理特性对水分胁迫的响应机制。总的来讲，水分胁迫通常会使作物叶面积减小，部分气孔关闭，光合作用下降，干物质积累量降低；过度水分亏缺会严重影响作物光合作用，但适度水分胁迫则对光合作用影响较小，同时会诱导作物生理特性发生改变，提高抗旱能力。

作物产量与器官分化、发育及光合产物分配和累积密切相关，是衡量作物水分利用效率和经济效益的重要指标。影响作物产量的因素很多，干物质在光合作用下的动态积累过程也是产量形成的一部分，还有土壤水分、气候条件、土壤养分和种子遗传基因等。在诸多因素中，作为连接作物—土壤—大气系统的重要途径，土壤水分增加和减少会显著影响作物干物质积累及产量。水分利用效率（water use efficiency，WUE）指农田蒸散消耗单位重量水所生产的干物质，代表作物生产过程的能量转化状况，用以衡量作物不同产量下的水分利用状况。聂朝娟等研究表明，适度水分胁迫在对冬小麦籽粒产量和收获指数影响不显著时可提高作物水分利用效率，而重度水分亏缺则显著降低作物产量。春青稞苗期、拔节期、分蘖期和灌浆期轻度水分亏缺可获得相对较高的籽粒产量、收获指数和水分利用效率。适度土壤水分亏缺有利于促进水稻光合作用，激发水稻生长和生产潜能，而轻度水分胁迫下水稻叶片气孔导度、蒸腾速率、光合速率、产量及水分利用效率均最高。因此，作物产量和水分利用效率是衡量高效节水灌溉的重要指标，而轻中度水分胁迫则有利于作物产量和水分利用效率提高。

根系是影响作物产量的重要器官，根的形态决定了作物所获土壤养分的多少，且其分布状态和特征决定作物对土壤水分和养分的吸收状态。水分亏缺程度对作物生长及生产力有显著影响，根部生长特性与地上部器官生长和发育具有极大的相关性。杨振宇等研究结果表明，不同生育期水分亏缺对茄子根系生长状况、空间分布有一定的影响，而盛果期水分亏缺对根系生长的影响最为显著，此期水分亏缺严重影响根系生长。免耕水稻水分胁迫研究发现，轻度水分胁迫对免耕水稻根系生长影响较小，而重度水分胁迫则显著抑制了拔节期根系生长，引发成熟期根系早衰，进而使地上部生物量积累减少，产量下降。赵宏光等研究表明，土壤水分过多或过少均可降低三七根干物质积累量，水分过多时抑制作用尤为突出。菘蓝根部为其经济产量的组成部分，根部干物质积累和产量直接决定菘蓝水分利用效率和经济效益，采用高效节水灌溉措施促进菘蓝根部生长是提高其产量的主要途径。

1.3.4 土壤养分及酶活性

生态农业是按照生态学原理，运用现代科技和管理方法及传统农业的有效经验建立获得较高生态效益、经济效益和社会效益的现代化农业发展模式。目前，农业正从石化农业逐步向生态农业转变。石化农业主要以化肥、农药和动植物生长激素的高投入来获取更高的农业产出、高效的劳动生产率和丰富的农产品，但也不可避免地带来诸多生态问题如土壤重金属污染、土壤侵蚀、土地荒漠化、土壤中化肥农药富集、环境污染等。作为一种可持续发展新型农业模式，生态农业可控制影响粮食产量的三个主要投入要素（化肥、农药、水资源）的数量，在现有生产条件及资源利用效率情况下能保障我国粮食产量高于“生存安全标准”的粮食需求量，即生态农业种植模式能够保障我国未来粮食安全。未来生态农业要处理好“生物”“环境”“生物与环境”等概念模块间的相互关系及各模块内诸多要素间的关系，如解决好土壤水分与土壤养分、土壤酶活性、土壤微生物间的关系，寻求适宜的响应关系，逐渐减少对化肥和农业等的依赖以获得更高更好的生态农业效益。生态农业在不同生态技术体系下的迅速发展将带来充足的有机绿色食品，保障食品健康优质安全生产，同时改善土壤生态环境，实现农业可持续发展。

土壤养分、土壤物理条件、土壤化学及生物因素共同构成土壤肥力，是土壤的基本属性，为作物生长提供所需的水分、养分、空气和热量，而土壤养分则是土壤肥力的核心组成部分。土壤养分是作物从土壤中直接吸收或经转化后吸收进行生长发育所需的营养元素，主要包括土壤有机质和氮、磷、钾全养分和速效养分。目前，我国农业生产在土壤养分利用中存在诸多问题，如增肥不增产、土壤养分过度积累、化肥用量过大和土壤养分利效率低下等。近些年华北、华东、华中和西北地区耕地土壤有机质和全氮含量有上升趋势，西南地区则有升有降，而东北地区则逐渐下降。1983—2008 年我国 53%～59%农田土壤有机碳含量呈增长趋势，30%～31%呈下降趋势，4%～6%基本持平。对甘肃省 5064 个耕层监测土样化验分析结果发现，1998 年全省土壤全氮平均含量为 0.92g/kg，较 1983 年的 0.80g/kg 增加了 0.12g/kg，增幅 15%。张福锁指出，要针对我国国情在不断提高作物产量的同时提高土壤养分资源利用率，将高产作物养分高效利用根际过程及其调控途径作为研究重点。

土壤养分各成分间的平衡是维持其可持续利用的主要途径。实测农田土壤养分含量，调控土壤氮磷钾施入量，保持土壤养分动态平衡，减少过量施肥和灌溉带来的土壤养分富集是保障作物高产、水肥高效利用、土壤生态环境友好和农业可持续发展的基本途径。已有研究表明，罗梭江流域农田土壤管理中农户对有机肥施用较少，化学氮肥施用较多，为改善土壤结构应逐步减少磷肥施用而增加有机肥施用量。郭旭东等通过 GIS 和地统计学研究发现，河北省遵化市五种养分要素的空间自相关程度都属于中等空间自相关，但空间变异的尺度范围不同，碱解氮和速效磷变异尺度则基本相近。在土壤养分要素中，作为促进作物增产的主要养分，氮肥的增产效果可达 40%左右。但是，盲目增加氮肥施用量也会导致作物当季氮肥利用率降低和无机氮过量积累，也存在向环境中迁移转化的潜在风险。陈远学等研究表明，小麦/玉米/大豆间套作施氮有利于小麦和玉米地上部干物质积累和产量提高，但过量施氮并不能增加作物产量。生物炭是生物质在热解后产生的副产物，是一类稳定、高度芳香化、富含碳和矿质元素的有机物质，近年来被作为土壤改良剂逐步用于农田土壤环境治理，起到了改善土壤保水保肥的作用。卢晋晶等研究发现，生物炭能有效提高黄土区农田土壤养分含量，其最佳施用量一定程度上依赖于氮肥投入情况。针对我国过量施肥导致的土壤养分富集情况，应避免过量化肥施用，增加有机肥用量，逐步提高养分利用效率。

土壤酶是土壤的重要组分之一，是一种能加速土壤生化反应速率的蛋白质，可参与土壤生物化学过程中许多有关物质循环和能量流动的反应，不仅是土壤有机质转化的执行者，也是植物营养元素的活性库。土壤酶活性常被作为评价土壤生态环境及污染物潜在毒性的指标。土壤酶主要有氧化还原酶、转移酶、水解酶、裂合酶、异构酶和连接酶，土壤酶活性研究主要为前四种。研究表明，在镉和铅共同污染情况下土壤磷酸酶、脲酶、脱氢酶活性均显著降低。外来污染物几乎对所有土壤酶活性均有抑制作用，其中比较特殊的是

β—葡萄糖苷酶，氮磷肥施用对该酶有激活作用。乔继杰等通过对夏玉米农田土壤酶研究发现，土壤脲酶与有机质、全氮、速效钾均呈显著正相关，与其他指标间无明显相关性，源于脲酶为众多微生物酶中可分解有机质的中性酶。罗影等对甘肃中部高寒区胡麻田土壤养分与酶活性间相关分析表明，连作土壤养分与酶活性呈显著负相关，轮作土壤养分与酶活性呈显著正相关。轮作、间作等种植模式可在不同程度上缓解、消除连作障碍对土壤养分利用及土壤酶活性的影响。与苜蓿连作相比，苜蓿—粮食作物轮作种植模式在降低土壤过氧化氢酶和蛋白酶活性的同时可提高土壤硝酸还原酶活性。套作相对于单作提高了玉米、大豆根际土壤真菌、放线菌和固氮菌数量，玉米根际土壤蛋白酶、脲酶活性和大豆根际土壤蛋白酶活性亦均显著增强。土壤酶及其活性是影响土壤养分吸收利用的主要因素，在氮循环催化反应过程中酶的作用尤为重要（图1-1）。目前，我国土壤生态环境污染严重，而土壤酶作为土壤质量及生态毒理学评价的重要指标之一，其活性可以代表土壤的健康状态。因此，土壤酶及其活性研究对土壤养分和水分利用及土壤重金属污染治理具有重要意义。

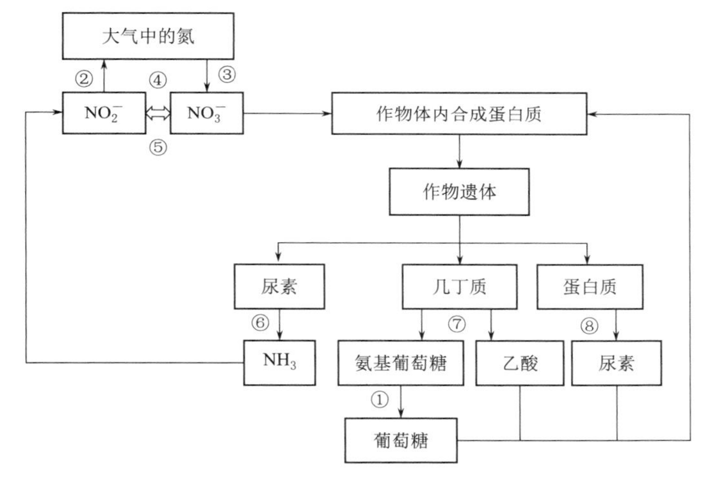

图1-1 土壤氮循环的部分产物和相应的催化酶模式图

注：①—多缩半乳糖酶；②—反硝化酶；③—固氮酶；④—亚硝酸还原酶；⑤—硝酸酶；⑥—脲酶；⑦—几丁质酶；⑧—蛋白酶

1.3.5 调亏灌溉研究进展

节水灌溉技术给现代农业发展带来了质的飞跃，使农田灌溉用较少的水量即可获得更高的作物产量，但全面推广滴灌和喷灌等节水灌溉技术仍存在一定的困难。一直以来，研究者普遍认为，作物不同生育期遭受水分胁迫将导致产量降低，因此适宜采用丰水高产的灌溉种植模式。自20世纪80年代调亏灌溉技术提出以来，人们发现水分亏缺并非总是降低作物产量，某一生育期实施适度水分亏缺在及时复水后反而会产生补偿或超补偿效应。然而，不同作物对水分亏缺的响应和复水补偿效应存在差异，从而产生不同的适水机制。因此，不同地区不同作物的调亏灌溉研究可为制定科学合理的节水灌溉模式提供理论依据和技术支撑。

作为一种新型节水灌溉方式，调亏灌溉主要根据作物生理生化作用受遗传特性或生长激素影响的特征，以作物—水分关系为基础，在作物生育期的某个时段施加一定程度的水分亏缺可提高作物抗旱能力，同时改变光合产物在不同组织器官的分配，减少营养器官所占用有机物质的总量，从而获得更高经济产量。因此，调亏灌溉技术可有效提高农业节水效率，减少土壤水分过度浪费，适用于果树、小麦、玉米、马铃薯、棉花、烟草等多种作物灌溉。

根冠通信理论是植物根系感知土壤水分亏缺并将胁迫信息传输至地上部进而诱导气孔关闭的主动诱导过程。干旱胁迫下植物会发生各种生理生化过程改变，随着干旱胁迫程度的增加，植物体体内的激素、可溶性物质含量将发生变化，叶片部分气孔关闭导致光合作用下降，显著抑制植物生长。研究发现，作为植物地上部分信号源调控物质之一，脱落酸（abscisic acid，ABA）是一种重要的植物激素，参与植物果实成熟及逆境胁迫等生理过程，对植物生长发育具有重要的调节作用。植物受到水分胁迫时将诱导 ABA 生物合成，通过 ABA 促使气孔关闭或抑制气孔开放降低蒸腾量来抵抗水分胁迫作用。研究发现，可通过远红外成像仪器建立高通量筛选拟南芥气孔开闭反应突变体体系，从而得到更多气孔反应中 ABA 新的中间成分，并全面认识保卫细胞中 ABA 信号转导。土壤水分亏缺与植物气孔关闭存在机理上的联系，并受到脱落酸等化学信号的控制，且气孔导度随植物木质部汁液中 ABA 浓度增加而下降。因此，研究 ABA 可了解作物如何控制气孔、感知土壤水分胁迫状态和调控器官生长，从而实现对作物生长发育和水分高效利用的有效控制。

作物生长冗余理论已逐步被人们所接受。生物有机体在生长发育过程中形成的除自身正常生命活动所需之外多余和额外的部分称为生长冗余。合理的灌溉能够调控作物根系生长发育，避免根、茎、叶徒长，控制作物不同器官最优生长，维持根冠间的协调平衡，从而提高作物经济产量和水分利用效率。侯慧芝等研究表明，冬小麦根系在充分灌溉条件下至少有 1/4 根系冗余，且冗余根系使植株在受到竞争抑制或扰动受损情况下继续维持正常活力。生长冗余过小，植株生长难以保持相对稳定；生长冗余过大固然对植株生长的稳定性有利，但也往往导致作物徒长和水资源利用效率低下。金良等在四川稻区（1998—2004年）22 个试验点的研究表明，汕优 63 营养阶段（无效分蘖率）和生殖阶段（空壳率）平均冗余 36.6%和 17.7%，成穗率和分蘖率分别为 63.4%和 232.8%，因此水稻冗余度可指导作物栽培和理想株型构建。同样，旱地小麦理想株型的选择需根据生态学基本原理和生长冗余理论对其基因型和表现型进行耦合分析。调亏灌溉结合抽穗期去除作物无效分蘖可在时空尺度上发掘和利用自身调控潜力实现补偿生长，在不显著影响籽粒产量的同时提高水分利用效率 20.4%～25.4%，为适宜的减冗增效措施。在西北干旱半干旱地区，去除作物对水分利用不利的生长冗余可有效减少蒸腾耗水并提高水分利用效率。调亏灌溉可通过有效控制作物生长冗余将大量水分和养分集中在有利于产量提升的生长方向，对干旱半干旱地区作物群体产量的提高具有重要意义。

当前，人们在追求作物高产的同时对作物品质也提出了更高要求，如绿色和有机农产品。水分是作物土壤养分吸收、土壤酶活性增强和可溶性物质运输的主要通道，同时也是作物品质改善的基本媒介。大量研究表明，调亏灌溉可有效改善果蔬品质。崔宁博等研究发现，不同生育期亏水处理对梨枣品质有显著影响，且综合考虑亏水处理对梨枣品质各项指标影响，果实成熟期中度亏水处理对品质改善效果最佳。郑健等研究表明，西瓜果实膨大期水分亏缺处理可提高果实品质，但重度和中度水分亏缺则会降低果实产量。房玉林等研究表明，轻度调亏灌溉有利于葡萄皮中酚类物质含量提高，可在节约用水前提下有效抑制酿酒葡萄营养生长和提高果实品质。

适度水分亏缺可减少作物生育期耗水量，有利于农作物对土壤水分的高效利用，同时可节约灌溉用水，但对产量影响不显著。张恒嘉等研究表明，膜下滴灌调亏可促进马铃薯水分利用效率提高，块茎形成期的轻度调亏不会降低马铃薯产量。在西北内陆干旱区对甜瓜进行适度水分亏缺可有效提高作物水分利用效率和品质。国内学者先后从节水灌溉制度、水分胁迫等角度开展了调亏滴灌对菘蓝产量的影响研究。李文明等通过研究不同灌水定额和灌水次数对菘蓝耗水特征和产量的影响发现，灌溉定额为2250m^3/hm^2、灌水时间为7月上旬至8月中旬时菘蓝产量最高、效益最显著。谭勇等关于不同水分对菘蓝生长发育和主要有效成分的影响研究表明，当田间最大持水量为45%～70%时菘蓝产量和品质均为最优。目前，国内外菘蓝研究主要集中在菘蓝和大青叶生药学化学成分及药理学活性、含量测定、制剂与工艺等方面，对菘蓝灌溉研究也仅集中在对其产量的影响方面，有关膜下滴灌调亏对菘蓝生长、产量和品质的综合研究较少。因此，分析研究膜下滴灌调亏菘蓝耗水特征和光合性能变化及不同生育期水分亏缺对菘蓝产量和品质的影响，构建菘蓝水分生产函数和制订菘蓝节水、优质、高效灌溉制度，阐明调亏灌溉对菘蓝光合作用和干物质积累分配及其产量和品质影响机理，可为河西绿洲菘蓝高产高效栽培提供理论依据和技术支撑。

1.4 拟解决的关键问题

目前，在西北干旱内陆河流域（甘肃省张掖市），菘蓝种植多采用大水漫灌方式，水资源浪费极其严重。目前，国内菘蓝研究主要集中在菘蓝化学成分及药理学活性、植物性状、制剂与质量评价等方面，且国内外菘蓝水分调亏研究仅针对菘蓝全生育期进行了水分调控试验，忽略了不同生育期和不同亏水梯度对菘蓝生长状况、产量和品质的影响，对膜下滴灌水分调亏菘蓝研究较少。本研究通过河西走廊张掖市民乐县菘蓝大田试验研究了水分调亏对膜下滴灌菘蓝不同生育期土壤水分变化、耗水特征、生长动态及产量的影响，筛选膜下滴灌调亏菘蓝的最优灌溉模式，为西北内陆干旱区菘蓝节水高产优质高效栽培提供理论依据。

本研究拟解决的关键问题主要包括以下几个方面：①调亏灌溉对西北内陆干旱区菘蓝生理特征、产量和水分利用效率影响；②分析膜下滴灌水分调亏菘蓝冠层和根系生长动态调节机制及光合同化产物由冠层向根系转运的响应机制；③通过菘蓝有效成分靛玉红、靛蓝和（R，S）-告依春对调亏灌溉的响应解析膜下滴灌调亏菘蓝水分—产量—品质关系；④构建菘蓝调亏灌溉综合效益评价模型，筛选膜下滴灌调亏菘蓝最优灌溉模式。

第2章　材 料 与 方 法

2.1　研究内容

（1）膜下滴灌调亏对菘蓝干物质积累和产量的影响。测定调亏灌溉条件下菘蓝根、茎叶干物质积累及光合作用等指标变化，探讨水分亏缺对菘蓝干物质积累、分配和产量的影响。

（2）膜下滴灌调亏对菘蓝有效成分积累和品质的影响。测定菘蓝根部有效成分［靛玉红、靛蓝、（R，S）-告依春等］，分析不同生育期水分亏缺对菘蓝有效成分积累和品质的影响。

（3）膜下滴灌调亏对土壤环境的影响：测定不同水分亏缺条件下菘蓝生长土壤环境指标（水分、温度、养分、酶活性、微生物），分析不同生育期水分亏缺对土壤环境的影响。

（4）膜下滴灌调亏菘蓝节水高产优质高效灌溉制度筛选。分析调亏灌溉菘蓝土壤水分和养分变化，阐明其产量及品质形成机理，构建菘蓝水分生产函数，筛选菘蓝最优灌溉模式。

2.2　研究目标

针对近年来我国西北干旱区农业用水严重短缺而菘蓝种植面积不断增加带来的问题，在前人研究基础上从作物栽培和植物生理角度出发，系统研究并揭示膜下滴灌调亏菘蓝对水分亏缺的响应机制及适度调亏灌溉的补偿效应，阐明菘蓝产量及品质形成机理，构建菘蓝水分生产函数，筛选菘蓝最优调亏灌溉模式，挖掘菘蓝节水增产调质潜力，为西北干旱内陆河流域菘蓝节水高产优质高效栽培提供理论依据和技术支撑。

2.3　试验方案

2.3.1　试验区概况

本研究在甘肃省张掖市民乐县洪水河灌区益民灌溉试验站（东经100°43′，北纬38°39′，海拔高度1970.00m）进行。该区气候干燥，水源不足，属大陆性荒漠草原气候。大气温度多年平均值为6℃，极端最高温度37.8℃，极端最低温度－33.3℃，年总降雨量183～285mm，无霜期109～174天，年日照时数3000h左右。土壤质地为轻壤土，田间持水量（θ_f）为24%（质量含水率），土壤容重1.4t/m^3，地下水水位20.00m左右，无盐碱化威胁。

2.3.2　供试材料

供试品种选用甘肃农业大学中草药系自繁的粒大饱满、均匀一致的菘蓝种子，种子纯度96%，发芽率87.6%，发芽势46.4%。菘蓝于2016年5月3日播种，10月13日收获，

2017年5月2日播种，10月11日收获，播种量30.0kg/hm²，种植密度700 350株/hm²，播前对试验小区进行深度30cm翻耕处理，人工去除杂草，同时施尿素210kg/hm²（N含量46%）、过磷酸钙340kg/hm²（P_2O_5含量12%、S含量10%、Ca含量16%）、源钾270kg/hm²（K_2O含量25%），所有肥料均作为基肥于播种时一次性施入。

人工铺设滴灌带，每个小区铺设三条滴灌带，间距1m，滴头间距30cm，滴头平均流量2.5L/h，滴灌管采用分支控制法，即每个小区均安装一个控制阀控制灌水量，压力表和水表位于滴灌枢纽处，系统工作压力为0.1MPa。滴灌铺设完毕覆盖无色地膜，地膜宽度120cm。试验小区用宽为60cm的薄膜隔开以防止小区间土壤水分互渗。根据历年气象资料，试区6—8月降雨充足。为尽快排出田间积水，减少雨水过量入渗，田间设置灌溉排水系统，其布置示意图如图2-1所示。小区滴灌带、垄沟、菘蓝植株等布置形式如图2-2所示。

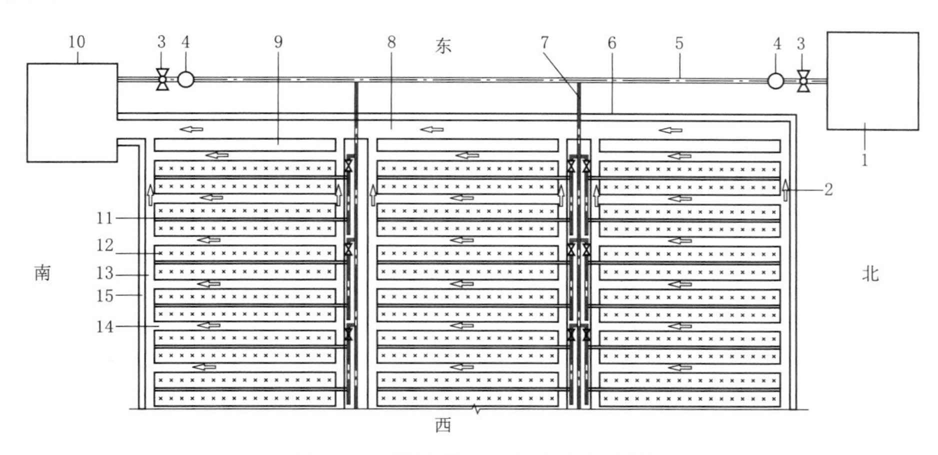

图2-1 灌溉排水系统布置示意图

1—供水池；2—田间排水沟；3—球形门阀；4—水表；5—干管；6—田埂；7—支管；8—排水干沟；9—排水沟堤；10—集水池；11—滴灌带；12—菘蓝植株；13—排水支沟；14—垄沟（兼排水沟）；15—田埂（排水沟堤）

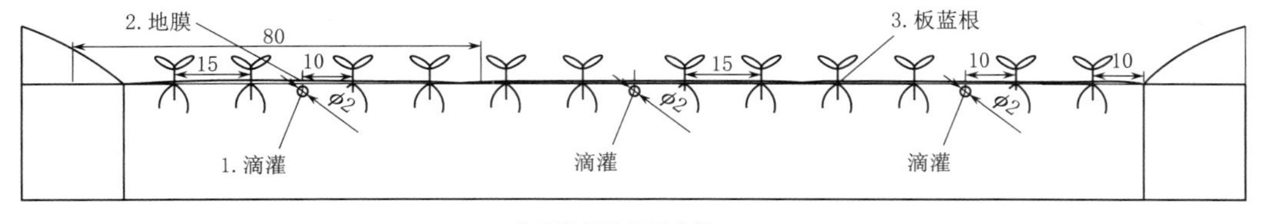

图2-2 小区滴灌带、垄沟、菘蓝植株等布置形式（单位：cm）

2.3.3 试验设计

本研究通过大田试验研究西北干旱区膜下滴灌调亏菘蓝产量及其构成要素、水生产力和作物品质等。试验测定项目包括不同生育期土壤理化性状及养分指标、作物耗水特性、干物质、叶面积、根冠比、净光合速率（Pn）、气孔导度（Gs）、蒸腾速率（Tr）及菘蓝有效成分靛玉红、靛蓝和（R，S）-告依春等含量。

田间试验在甘肃省张掖市民乐县洪水河灌区益民灌溉试验站进行。本研究以当地主栽品种北菘蓝为研究对象，设9个水分调亏处理和1个充分供水对照CK，测定菘蓝不同生育期生长生理指标及土壤水热等环境因子，构建作物水分生产函数模型分析确定菘蓝产量品质形成敏感期，并建立菘蓝水分—品质关系。

本试验为单因素试验，采用随机区组设计。将菘蓝生育期按其生长特点分为4个生育期：苗期（5月3日至6月7日）、营养生长期（6月8日至7月18日）、肉质根生长期（7月19日至8月28日）和肉质根成熟期（8月29日至10月13日）。土壤水分设四个梯度，分别为充分灌水（F，土壤含水量为田间持水量的75%～85%），轻度水分亏缺（L，土壤含水量为田间持水量的65%～75%），中度水分亏缺（M，土壤含水量为田间持水量的55%～65%），重度水分亏缺（H，土壤含水量为田间持水量的45%～55%），共9个水分调亏处理和1个充分供水对照（CK）。每一处理及对照均重复3次，共30个试验小区，小区面积36m^2（9m×4m），有效试验面积1080m^2。当试验小区土壤水分低于设计下限时立即灌水至设计上限，灌水方式为膜下滴灌，作物生育期土壤水分测定深度为100cm土层，具体试验设计方案见表2-1。

表2-1　不同试验处理土壤含水量（占田间持水率的百分数）的试验设计方案　%

处理	苗期	营养生长期	肉质根生长期	肉质根成熟期
CK	75～85[a]	75～85	75～85	75～85
WD1[b]	75～85	65～75	75～85	75～85
WD2	75～85	55～65	75～85	75～85
WD3	75～85	45～55	75～85	75～85
WD4	75～85	65～75	65～75	75～85
WD5	75～85	65～75	55～65	75～85
WD6	75～85	55～65	65～75	75～85
WD7	75～85	55～65	55～65	75～85
WD8	75～85	45～55	65～75	75～85
WD9	75～85	45～55	55～65	75～85

注　[a]土壤含水量占田间持水量的百分数。

[b] WD1：营养生长期轻度亏水；WD2：营养生长期中度亏水；WD3：营养生长期重度亏水；WD4：营养生长期和肉质根生长期轻度亏水；WD5：营养生长期轻度亏水和肉质根生长期中度亏水；WD6：营养生长期中度亏水和肉质根生长期轻度亏水；WD7：营养生长期和肉质根生长期中度亏水；WD8：营养生长期重度亏水和肉质根生长期轻度亏水；WD9：营养生长期重度亏水和肉质根生长期中度亏水；CK：各生育期正常供水。

数据分析与计算：根据测定结果计算菘蓝总生物量、水分利用效率、灌溉水利用效率等水生产力表征指标；分析菘蓝不同生育期土壤水分时空变化动态并计算菘蓝不同生育期和全生育期耗水特征；采用SPSS和GraphPad Prism5等软件进行试验数据统计分析；运用权重系数矩阵构建以菘蓝经济产量、水分利用效率和灌溉水利用效率及（R，S）-告依春含量为参评因子的综合评判矩阵，并通过矩阵运算优化确定膜下滴灌调亏菘蓝的最优灌溉模式。

2.3.4 技术路线

本研究在甘肃省张掖市民乐县洪水河灌区益民灌溉试验站进行，利用甘肃省干旱生境作物学国家重点实验室、甘肃农业大学植物生产类实验教学中心（国家级实验中心）、农业工程综合实验教学中心、食品科学和实验教学中心（省级实验中心）等仪器设备进行试验数据测定。课题组成员通过多年的科研工作实践，掌握了菘蓝试验所需的种植技术、膜下滴灌技术和相关数据测定技术。本研究试验技术路线如图 2－3 所示。

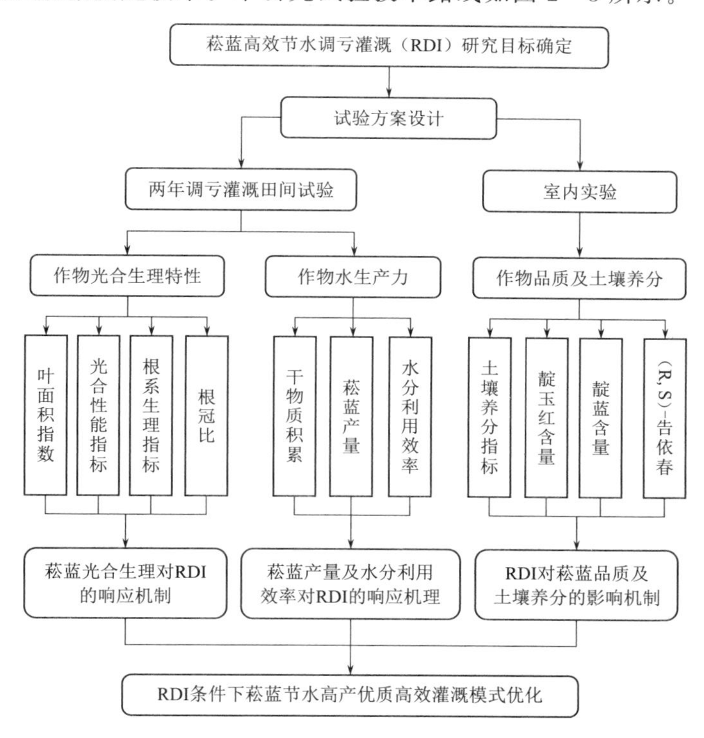

图 2－3 试验技术路线图

2.3.5 测定内容及方法

1. 土壤水分测定

土壤水分采用传统烘干称重法测定。用土钻在田间取样，并用铝盒封装带回实验室立即称重（湿土重和＋铝盒重），然后打开铝盒盖放至盒底，一起置于已预热至 105℃ 的烘箱中烘至恒重（约 8.5h），待至恒重后取出，置于干燥器内冷却至室温（约需 20min）后立即称重（干土重＋铝盒重），计算土壤含水量。取土样时每个小区用土钻分别随机在连续两株菘蓝植株连线中点处 0～20cm、20～40cm、40～60cm、60～80cm 和 80～100cm 土层深度钻取土样测定土壤含水率。因菘蓝根系主要分布在 0～50cm 土层内，取 0～60cm 土层土壤含水量平均值作为计划湿润层内土壤湿度，以 0～100cm 土层土壤水分变化计算作物耗水量。在菘蓝栽种前取土测定 1 次土壤水分，以后每隔 10 天左右取土一次，灌水及降雨前后各加测 1 次，每次取土深度均为 100cm。当土壤水分低于表 2－1 的设计下限时立即灌水至设计上限。

菘蓝灌溉水量计算公式为

$$M=10\gamma H_{p}P(\theta_{i}-\theta_{j}) \tag{2-1}$$

式中 M——灌水量，mm；

γ——计划湿润层土壤容积密度，g/cm^3；

H_p——计划湿润层深度，取 60cm；

θ_i——设计控制含水率上限（质量含水率），%；

θ_j——灌水前土壤质量含水率，%；

P——滴灌设计湿润比，取 65%。

2. 土壤温度测定

菘蓝试验田土壤地温测定利用直角铁管式地温计测量。菘蓝种植后 15 天开始分别测定每天 8：00、14：00、20：00 膜下 5cm、10cm、15cm、20cm、25cm 土层土壤温度。

3. 光合生理参数、干物质及产量测定

光合生理参数测定：在菘蓝每个生育期（苗期、营养生长期、肉质根生长期、肉质根成熟期）选择晴朗天气多个典型日，从 7：00 至 19：00 每隔 2h 测定一次菘蓝光合生理指标。利用 ECA-PB0402 型便携式光合测定仪（北京益康农科技发展有限公司生产）选取菘蓝完全展开叶顶叶进行田间活体测定。测定指标有叶片净光合速率［Pn，$\mu mol/(m^2 \cdot s)$］、蒸腾速率［Tr，$mmol/(m^2 \cdot s)$］、气孔导度［Gs，$mmol/(m^2 \cdot s)$］等。每个小区取样 3 株，为减小时间误差，测定在 15～20min 内完成并计算其平均值。

干物质测定：干物质测定采用烘干称重法。本试验小区菘蓝幼苗长势一致，分别在菘蓝不同生育期从每小区选取长势一致的 5 株菘蓝植株，将根、茎和叶用剪刀分离后分别称取其鲜重并记录，分别装入纸袋后放入烘箱，在 105℃高温杀青 1h 后将烘箱温度调为 85℃烘 8h 左右，烘干后分别称量干重并记录。

产量测定：待菘蓝成熟后按小区单独收获阴干并计产，各处理产量为 3 次重复的平均值。同时各小区随机取 15 株在室内考种，测定茎叶干物质和根干重等指标。

4. 土壤养分测定

对菘蓝每个生育期（苗期、营养生长期、肉质根生长期、肉质根成熟期）在每小区选取的 3 组长势相似的两株菘蓝间以 20cm 为梯度用土钻取土，取样深度为 60cm，然后用信封装袋、标记，静置于大气中自然风干。

碱解氮：待土样自然风干后过筛（≤1mm），采用丙三醇替代碱性胶液法测定。速效钾：待土样自然风干后过筛（≤1mm），采用 NH_4OAc 浸提、火焰光度法测定。速效磷：待土样自然风干后过筛（≤1mm），采用碳酸氢钠法测定。

5. 土壤微生物测定

对菘蓝每个生育期（苗期、营养生长期、肉质根生长期、肉质根成熟期）在每小区选取的 3 组长势相似的两株菘蓝间以 20cm 为梯度用土钻取土，取样深度为 60cm，然后尽快带回实验室置于 4℃的冷藏箱中及时测定。土壤微生物数量采用平板计数法测定，真菌采用马丁氏培养基，细菌采用牛肉膏蛋白胨培养基，放线菌采用高氏 1 号培养基。

6. 土壤酶活性测定

对菘蓝每个生育期（苗期、营养生长期、肉质根生长期、肉质根成熟期）在每小区选取的3组长势相似的两株菘蓝间以20cm为梯度用土钻取土，取样深度为60cm，然后用信封装袋、标记，静置于大气中自然风干。脲酶测定：待土样自然风干后过筛（≤1mm），用苯酚钠-次氯酸钠比色法测定。蔗糖酶测定：待土样自然风干后过筛（≤1mm），用比色法测定。

7. 菘蓝品质测定

样品供试液制备：采集菘蓝根样品，除去杂质、洗净、润透、切厚片，置于烘箱内60℃鼓风干燥至恒重，粉碎后过40目筛，精密称取同一批次菘蓝药材粉末1.0g（电子天平称定）置于锥形瓶中，加入去离子水50mL称重并记录，超声提取（功率500W，频率40kHz）50min后取出，冷却后称重并用水补足损失重量，摇匀后用0.45μm微孔滤膜过滤即得供试品溶液，每个样品平行制备6份。

高效液相色谱仪（LC－10AT$_{VP}$，岛津公司，日本）色谱条件：SPD－10A$_{vp}$（UV—VIS）检测器，色谱柱为Agilent Zorbax SB－C18（100mm×4.6mm，3.5μm），以甲醇—0.1%甲酸溶液为流动相；流速为1.0mL/min，自动样器进样，进样量为20μL；检测波长为280nm，柱温箱柱温为25℃。靛蓝、靛玉红、（R，S）-告依春标准品由中国药品生物制品检定所提供。

对照品溶液制备：分别用电子天平精密称取靛蓝标准品1.0mg、靛玉红标准品1.0mg和（R，S）-告依春标准品1.0mg，置于100mL量瓶中，加乙醇适量溶解，用乙醇稀释至刻度，摇匀即得靛玉红、靛蓝、（R，S）-告依春对照品贮备液。精密量取此贮备液0.5mL于10mL量筒中，用乙醇稀释至刻度，摇匀即得0.5μg/mL对照品溶液。

样品含量测定：精密吸取对照品溶液及样品供试液20μL，连续进样6次，记录色谱图并计算峰面积，按外标法计算靛玉红、靛蓝和（R，S）-告依春含量。

8. 水分利用效率计算

作物阶段耗水量运用农田水量平衡法计算，即

$$E_r = 10\sum_{j=1}^{n} r_j H_j (W_{j1} - W_{j2}) + M + P + K - C \tag{2-2}$$

式中 E_r——某生育阶段作物耗水量，mm；

j——土层编号；

H_j——第j层土层厚度，cm；

r_j——第j层土壤容重，取1.45g/cm^3；

W_{j1}、W_{j2}——第j层土壤在某测量时段始末土壤质量含水率，%；

P——某一时段内降雨量，mm；

K——深层土壤水向0～100cm土层的补给量，mm，因试验区地下水水位为20.00m，无深层水补给，故K值取0；

C——深层渗漏量，mm，因最大灌水量为田间持水量的85%且计划湿润层为60cm，无深层渗漏水，故C值取0。

菘蓝全生育期水分利用效率（WUE）和灌溉水利用效率（$IWUE$）计算公式为

$$WUE = Y/ET_a \tag{2-3}$$

$$IWUE = Y/I \tag{2-4}$$

式中 WUE——菘蓝全生育期水分利用效率，kg/(hm^2·mm)；

$IWUE$——菘蓝全生育期灌溉水利用效率，kg/(hm^2・mm)；

Y——菘蓝单位面积产量，kg/hm^2；

ET_a——菘蓝全生育期耗水量，mm；

I——菘蓝全生育期灌溉水量，mm。

2.3.6 数据分析处理

利用 Excel 2010 对所测数据进行计算，利用 SPSS 19.0 软件中 Duncan 多重比较法比较各处理相关数据差异的显著性。用 GraphPad Prism 5.01 作图，所有图表中数据均为三次重复的平均值。

第3章　调亏灌溉菘蓝土壤水分生态特征

土壤水分调控是农田节水的主要途径。土壤水分是作物运输养分和其他物质的基本媒介，控制土壤水分是调控作物生长发育和产量的有效手段。本章通过分析不同生育期膜调亏灌溉菘蓝根区土壤水分的生态特征，揭示调亏灌溉条件下土壤水分运动及变化规律，为合理确定膜下滴灌菘蓝最优调亏灌溉模式提供理论依据。

3.1　调亏灌溉菘蓝全生育期气象因子变化

2016和2017两个试验年度菘蓝全生育期（5—10月）基本气象要素数据见表3-1。2016年平均温度7.5℃，极端最高温度37.8℃，极端最低温度-30.3℃，年总降雨量199mm，无霜期125天，年日照时数约3000h；2017年平均温度8.1℃，极端最高温度38.2℃，极端最低温度-31.5℃，年总降雨量215mm，无霜期133天，年日照时数约3000h。

表3-1　2016和2017两个试验年度菘蓝全生育期（5—10月）基本气象要素数据

年份	月份	气温/℃			日照时数/(h/M)	蒸发量/(mm/d)	相对湿度/%	地表温度/℃
		最高	平均	最低				
2016	5	17.10	10.60	4.90	239.60	6.85	46.00	17.00
	6	22.50	16.70	10.60	292.60	8.53	44.00	23.90
	7	25.10	18.90	13.50	285.10	7.30	55.00	25.60
	8	22.70	17.20	13.10	153.60	5.45	82.00	21.40
	9	20.00	13.10	8.20	250.30	5.01	52.00	15.80
	10	17.21	8.55	3.30	160.00	4.06	46.60	13.56
	平均	20.77	14.18	8.93	230.20	6.20	54.27	19.54
2017	5	15.39	10.09	5.00	286.90	7.43	43.60	15.51
	6	18.07	12.85	8.23	259.30	6.20	43.08	21.56
	7	25.83	19.13	13.06	271.60	7.88	47.90	23.36
	8	22.68	17.37	13.12	183.20	5.91	61.39	19.33
	9	21.33	14.04	7.82	213.20	5.75	44.40	14.96
	10	13.07	6.51	0.32	54.10	4.42	40.60	12.10
	平均	19.40	13.33	7.93	211.38	6.28	46.83	17.80

注　数据在民乐县气象局益民灌溉试验站气象场测定。

3.1.1 调亏灌溉菘蓝全生育期气温与降雨量变化

气温是影响作物生长发育的重要因子，也是影响作物蒸散发量的主要因素。气温过高或过低均会对作物产生不利影响，阻碍作物生理代谢过程，进而造成作物减产。图 3-1 为 2016 年和 2017 年灌溉试验站菘蓝全生育期日平均气温变化。对于菘蓝全生育期日平均气温，有肉质根生长期＞营养生长期＞肉质根成熟期＞苗期的变化趋势，最高与最低气温相差较大。2016 年和 2017 年菘蓝全生育期日平均气温与近五年当地气温变化规律相近。2016 年，菘蓝全生育期最低日平均气温出现在苗期初期，为 7.2℃；最高日平均气温在肉质根生长期，为 28.4℃。菘蓝营养生长期平均气温为 21.6℃，温度变幅 6.7℃，且苗期和肉质根生长期变幅较大，温度变幅分别 15.3℃和 11.9℃。2017 年，菘蓝全生育期较低日平均气温出现在苗期初期和肉质根成熟期后期，分别为 3.75℃和 2.425℃；最高日平均气温出现在肉质根生长期，为 29.8℃。菘蓝营养生长期平均温度为 20.4℃，温度变幅 10.23℃。因此，该区温差较大，冷热交替频繁，尤其是菘蓝苗期和肉质根成熟期气温变幅均较大，且 2017 年最低气温较 2016 年更低，故苗期要尤其注意防冻害。

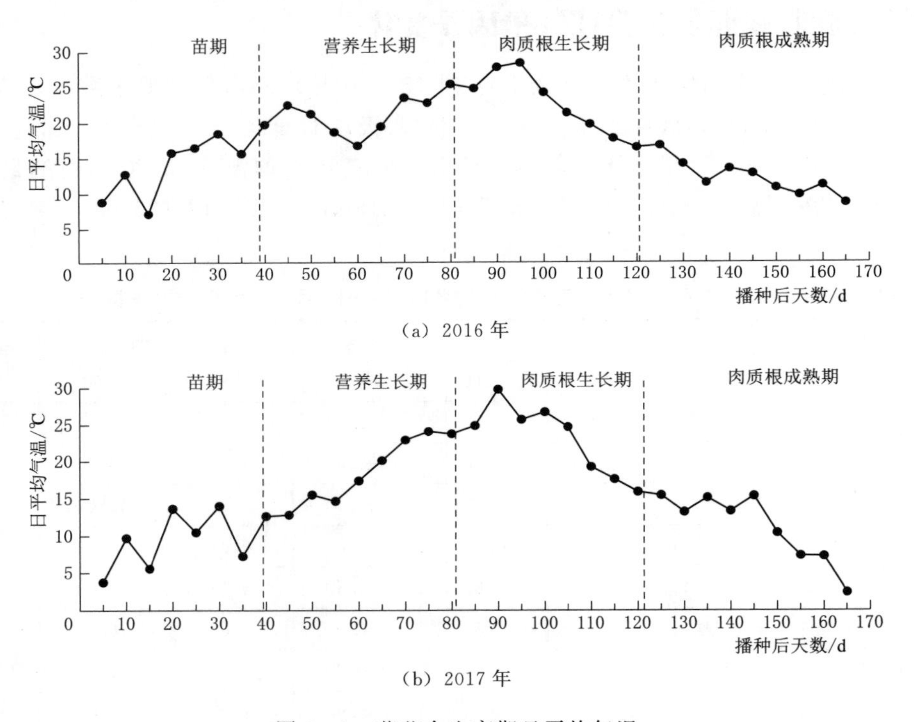

(a) 2016 年

(b) 2017 年

图 3-1 菘蓝全生育期日平均气温

菘蓝全生育期降雨量如图 3-2 所示。2016 年菘蓝全生育期总降雨量为 185.8mm，主要集中在肉质根生长期（72.8mm）和肉质根成熟期（60.5mm），分别占全生育期总降雨量的 39.18%和 32.56%。虽然降雨主要集中在肉质根生长期和肉质根成熟期，但由于该时期正好是每年的 7 月中旬至 8 月底，蒸散发量也较大，需要及时灌水来补充土壤水分。2017 年菘蓝全生育降雨量为 196.5mm，苗期、营养生长期、肉质根生长期和肉质根成熟期降雨量分别为 53.95mm、47.85mm、62.25mm 和 32.45mm，分别占全生育期总降雨量的27.46%、24.35%、31.68%和16.51%。2017年各生育期降雨量分布比较均匀，营养生长后期和肉质根生长期降雨量相比2016年偏少，此期要注意适时膜下滴灌调亏。

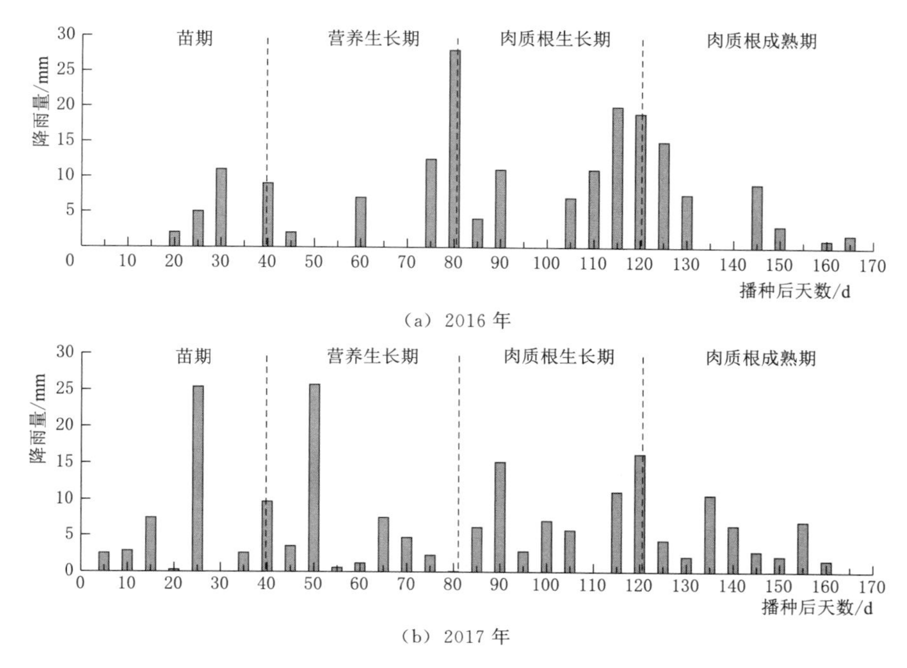

图3-2　菘蓝全生育期降雨量

3.1.2　调亏灌溉菘蓝全生育期大气相对湿度变化

2016年和2017年菘蓝全生育期大气相对湿度如图3-3所示，菘蓝全生育期大气湿度呈波动变化，且降雨时段大气相对湿度明显增大。2016年，肉质根生长期降雨量最大，因而平均大气相对湿度最大，为67.0%；营养生长期和肉质根成熟期次之，平均大气相对湿度分别为51.0%和49.0%；苗期降雨量最小，平均大气相对湿度也最小，为45.0%。2017年，苗期、营养生长期、肉质根生长期和肉质根成熟期相对湿度分别为45.27%、44.01%、57.76%和43.67%。北菘蓝适宜在相对干燥的环境条件下生长，如果大气湿度过大易发生病虫害。因此，在降雨量较大的生育期大气相对湿度较大，需注意防范病虫害。

3.1.3　调亏灌溉菘蓝全生育期日照时数变化

菘蓝全生育期日照时数变化如图3-4所示。2016年菘蓝全生育期日照总时数为1288.7h，全生育期日平均日照时数为7.9h；苗期、营养生长期、肉质根生长期和肉质根成熟期总日照时数分别为384.1h、356.6h、251.7h和296.3h。2017年菘蓝全生育期日照总数为1268.3h，全生育期平均日照时数为7.8h，苗期、营养生长期、肉质根生长期和肉质根成熟期总日照时数分别为382.9h、386.2h、256.9h和242.3h。日照时间较短会影响菘蓝生长发育，不利于光合作用进行，肉质根生长期降雨量较大，日照时数小，对菘蓝生长和产量形成不利。

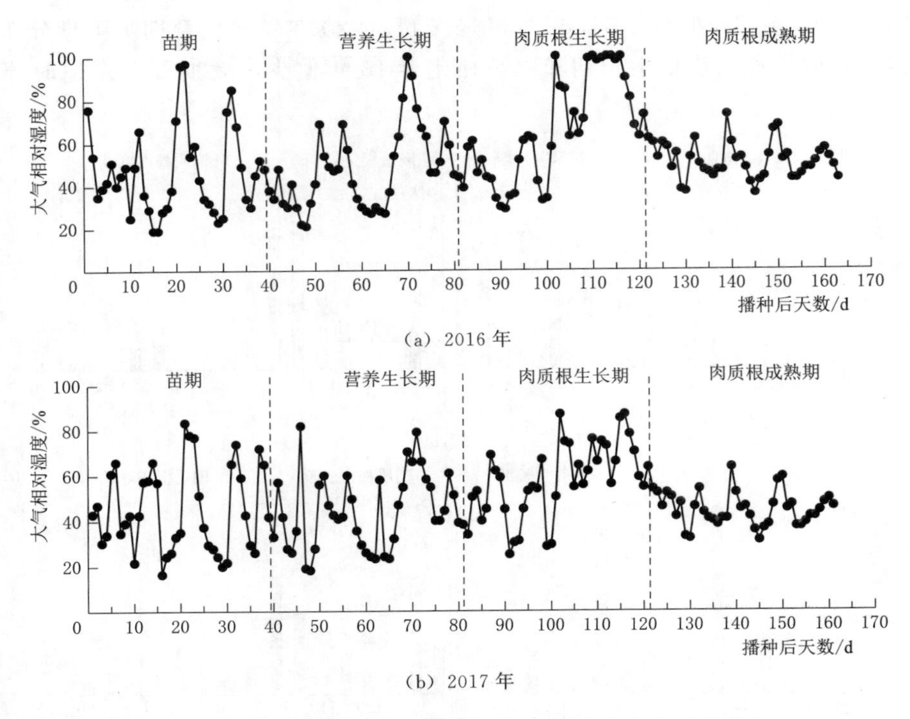

图 3-3 2016 年和 2017 年菘蓝全生育期大气相对湿度

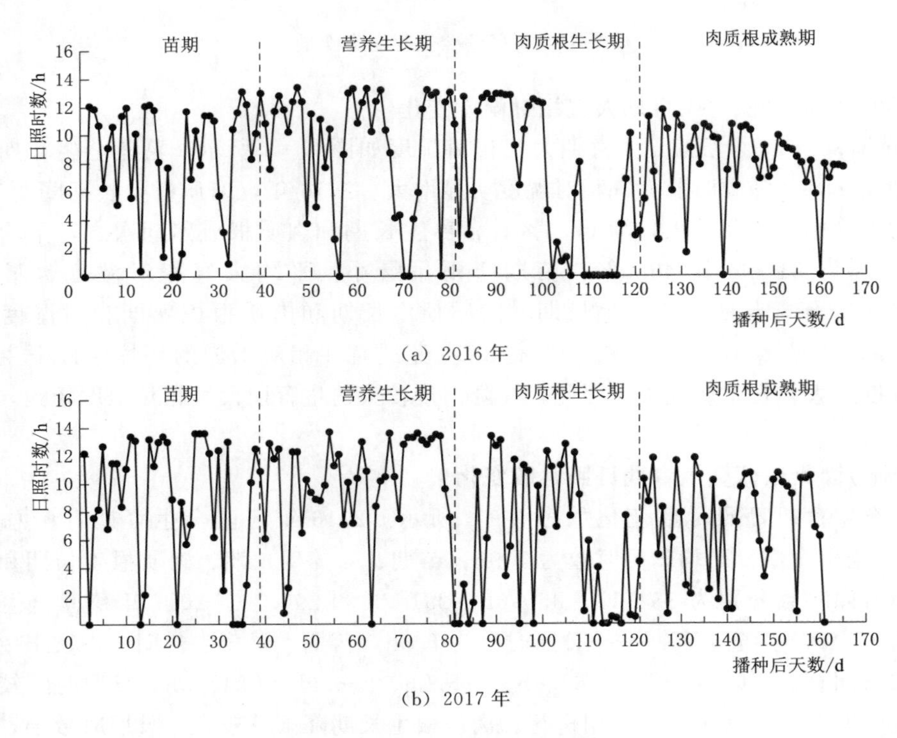

图 3-4 菘蓝全生育期日照时数变化

3.1.4 调亏灌溉菘蓝全生育期蒸发强度变化特征

西北干旱半干旱地区水资源短缺，同时降雨量偏少，但是蒸发量却较高，形成光照充足但水分不足的气候特点（表3-2）。2016年菘蓝全生育蒸发量为1066.58mm，主要分布在5月、6月和7月，其中6月蒸发量在全生育期内最高，达255.9mm，9月和10月蒸发量较低。2017年菘蓝全生育期蒸发量为1064.94mm，主要分布在5月、6月、7月和8月，其中7月蒸发量在全生育期内最高，达244.28mm。2016年和2017年菘蓝全生育蒸发总量相近，但2016年5月、6月和7月蒸发较高，2017年5月和7月蒸发量较高，两年较高的蒸发量均出现在菘蓝苗期和营养生长期，此期需适时适度增加灌溉水量和提高灌水频率以满足菘蓝正常生理生态需水要求。

表3-2　2016年和2017年菘蓝全生育期蒸发量分布

月份	2016年		2017年	
	月累计蒸发量/mm	月累计所占比例/%	月累计蒸发量/mm	月累计所占比例/%
5	212.35	19.91	230.33	21.63
6	255.9	23.99	186.0	17.47
7	226.3	21.22	244.28	22.94
8	168.95	15.84	183.21	17.20
9	150.3	14.09	172.5	16.20
10	52.78	4.95	48.62	4.56
合计	1066.58	100.00	1064.94	100.00

注　数据在民乐县气象局益民灌溉试验站气象场测定。

3.2 不同亏水处理菘蓝耗水特征

菘蓝阶段耗水量和全生育期耗水量与作物生长状况及其所处的自然环境等因素有关，随时间和所处空间变化而变化。作物耗水量时间变化指在生长过程中由于农作物品种基因改变、耕作技术改变和产量不断提高等而引起的作物阶段耗水量变化；耗水量空间变化是指环境因素尤其是气象因子引起的变化，这种变化较为明显，变化幅度较大。因此，环境因素是影响作物耗水量的主要因子，但对局部地区而言土壤水分适时管理和耕作技术也是影响作物耗水量的重要因素，同时若土壤水分发生较大变化将直接影响作物生长状况和产量。

3.2.1 膜下滴灌调亏菘蓝耗水量

由表3-3可知，水分调亏处理菘蓝全生育期耗水量受膜下滴灌调亏的影响，其中对照CK全生育期耗水量最大（2016年374.04mm，2017年381.75mm），其他各处理全生育期耗水量均比CK显著降低（$p<0.05$）4.11%～15.71%，同时其他各处理全生育期耗水量随调亏程度加重呈下降趋势。因此，水分调亏程度影响菘蓝全生育阶段耗水量，且全生育阶段耗水量随调亏程度增大而减少的趋势越发明显。

表3-3为不同调亏灌溉处理菘蓝苗期、营养生长期、肉质根生长期和肉质根成熟期阶段耗水量分布状况。综合2016年和2017年耗水量数据可知，菘蓝苗期耗水量较低，占总耗水量的10%左右，主要是由于该生育期菘蓝生长所需水量很少且生长速度缓慢，同

时该地区5月降雨量可充分被菘蓝吸收利用。菘蓝耗水量主要集中在营养生长期和肉质根生长期，达100～150mm，占菘蓝全生育期总耗水量的60%～80%。菘蓝肉质根成熟期耗水量也较低，占总耗水量15%左右，该期菘蓝需水量减少，生长较为缓慢。

表3-3　菘蓝不同生育阶段耗水量

年份	处理	耗水量/mm				
		苗期	营养生长期	肉质根生长期	肉质根成熟期	全生育期
2016	CK	33.56a	138.09a	125.67a	76.72a	374.04a
	WD1	35.08a	128.77b	126.55a	52.88d	343.28bc
	WD2	34.86a	126.65bc	118.52b	73.02ab	353.05b
	WD3	35.21a	110.76f	117.65b	72.30ab	335.92c
	WD4	34.13a	125.65bc	118.56b	62.51c	340.85c
	WD5	32.45a	120.01cde	117.43b	76.17a	346.06bc
	WD6	33.78a	117.36def	120.67b	66.57bc	338.38c
	WD7	31.87a	122.56bcd	119.54b	64.59c	338.56c
	WD8	31.11a	115.33def	109.21c	60.38c	316.03d
	WD9	32.17a	113.65ef	105.21c	64.24c	315.27d
2017	CK	35.55a	140.89a	128.48a	76.83ab	381.75a
	WD1	35.35a	136.73b	125.86a	57.31d	355.25cd
	WD2	35.46a	128.57c	127.85a	74.18ab	366.06b
	WD3	33.55ab	113.52f	122.35b	74.20ab	343.62f
	WD4	32.77ab	126.87c	125.65a	68.64abc	353.93cde
	WD5	33.58ab	125.74c	120.85b	77.48a	357.65c
	WD6	31.75b	120.78d	118.82b	77.31a	348.66def
	WD7	32.06b	119.65de	121.73b	73.91ab	347.35ef
	WD8	32.98ab	117.37e	114.22c	64.45cd	329.02g
	WD9	32.75ab	118.87de	108.36d	67.80bc	327.78g

注　表中数值为每个处理3次重复的平均值；同列字母不同表示处理在0.05水平上差异显著。

2016年苗期各处理耗水量与对照CK差异不显著（$p>0.05$）。营养生长期对照CK耗水量最大，达138.09mm，其他处理与对照间差异显著（$p<0.05$）。其次是轻中度水分亏缺处理，重度水分亏缺处理耗水量最小（WD8和WD9），较CK显著降低16.48%和17.69%。肉质根生长期WD1处理耗水量最大，但与CK间差异不显著，重度水分亏缺处理耗水量最小（WD8和WD9）。肉质根成熟期对照CK耗水量最大，WD1处理耗水量最小，为52.88mm，较CK显著降低31.07%。

2017年不同处理间各生育期苗期耗水量除了WD6和WD7处理外其余各处理与CK间耗水量差异不显著（$p>0.05$）。营养生长期CK耗水量最大，达140.89mm，与其他处理间差异显著（$p<0.05$）。其次是轻中度水分亏缺处理，重度水分亏缺处理耗水量最小（WD8和WD9），较CK显著降低16.69%和15.62%。肉质根生长期CK耗水量最大，

与WD1、WD2和WD4处理间无显著差异，且重度水分亏缺处理耗水量最小（WD9）。肉质根成熟期WD5处理耗水量最大，但WD1处理耗水量最小，为57.31mm，较CK显著降低25.41%。

膜下滴灌调亏灌溉条件下菘蓝各生育期耗水量随水分亏缺程度增大变化明显。2016年苗期耗水量与2017年苗期相近，且各处理与对照CK无显著差异（$p>0.05$）。营养生长期和肉质根生长期各处理耗水量随水分亏缺程度加剧逐渐降低，与CK相比显著降低（$p<0.05$）。肉质根成熟期2016年CK耗水量最大，而2017年WD5耗水量最大，但与CK间无显著差异。

3.2.2 菘蓝不同生育阶段膜下滴灌调亏耗水强度

耗水强度可间接反映作物各生育阶段及全生育期耗水量变化规律。耗水强度受环境因素和作物土壤水分及耕作技术等诸多因素的影响，在特定区域特定时段内作物耗水强度变化主要受光合速率和土壤水分状况的影响。膜下滴灌条件下不同水分亏缺处理菘蓝耗水强度与全生育期生长状况、生理特性及环境因子等密切相关。

由表3-4可知，2016年菘蓝苗期各处理耗水强度与对照CK间无显著差异（$p>0.05$）。营养生长期CK耗水强度最大，达3.29mm/d，与其他处理间差异显著（$p<0.05$），其次是WD1、WD2和WD4处理，且WD8和WD9处理耗水强度较CK显著降低16.41%和17.63%。肉质根生长期WD1处理耗水强度最大，达3.16mm/d，与CK间无显著差异，重度水分亏缺处理耗水强度最小（WD9）。肉质根成熟期CK耗水强度最大，WD1处理耗水强度最小，为1.23mm/d，较CK显著降低30.89%。

表3-4　　菘蓝各生育阶段耗水特征

年份	处理	苗期		营养生长期		肉质根生长期		肉质根成熟期	
		耗水强度/(mm/d)	耗水模数/%	耗水强度/(mm/d)	耗水模数/%	耗水强度/(mm/d)	耗水模数/%	耗水强度/(mm/d)	耗水模数/%
2016	CK	0.88a	8.97a	3.29a	36.92ab	3.14a	33.60de	1.78a	20.51abc
	WD1	0.92a	10.25a	3.07b	37.52a	3.16a	36.86a	1.23d	15.45e
	WD2	0.92a	9.87a	3.02bc	35.88ab	2.96b	33.57de	1.70ab	20.68abc
	WD3	0.93a	10.48a	2.64f	32.96c	2.94b	35.04bc	1.68ab	21.52ab
	WD4	0.95a	10.60a	2.99bc	36.89ab	2.96b	34.81bc	1.71c	18.31d
	WD5	0.85a	9.38a	2.86cde	34.68bc	2.94b	33.93cde	1.77a	22.01a
	WD6	0.89a	9.98a	2.79def	34.68bc	3.02b	35.66b	1.55bc	19.67bcd
	WD7	0.84a	9.41a	2.92bcd	36.20ab	2.99b	35.31b	1.50c	19.08cd
	WD8	0.82a	9.84a	2.75def	36.51ab	2.73c	34.56cde	1.40c	19.11cd
	WD9	0.85a	10.20a	2.71def	36.05ab	2.63c	33.37e	1.49c	20.38bcd
2017	CK	0.94a	9.31bc	3.35a	36.91b	3.21a	33.66cd	1.87ab	20.13ab
	WD1	0.96a	10.23ab	3.26b	38.49a	3.15a	35.43ab	1.37d	15.85c
	WD2	0.93a	9.69abc	3.11c	35.67de	3.20a	34.93abc	1.76ab	19.72ab
	WD3	0.88ab	9.76abc	2.70f	33.04f	3.06b	35.61a	1.81ab	21.59ab

续表

年份	处理	苗　期		营养生长期		肉质根生长期		肉质根成熟期	
		耗水强度/(mm/d)	耗水模数/%	耗水强度/(mm/d)	耗水模数/%	耗水强度/(mm/d)	耗水模数/%	耗水强度/(mm/d)	耗水模数/%
2017	WD4	0.86ab	9.26c	3.02c	35.85cd	3.14a	35.50ab	1.67abc	19.39b
	WD5	0.88ab	9.39abc	2.95c	34.60de	3.02b	33.79cd	1.94a	22.22ab
	WD6	0.84b	9.11c	2.88d	34.64e	2.97b	34.08bcd	1.89a	22.17a
	WD7	0.84b	9.23c	2.85de	34.45e	3.04b	35.05abc	1.80ab	21.28ab
	WD8	0.87ab	10.02a	2.79e	35.67cd	2.86e	34.72abc	1.57cd	19.59b
	WD9	0.81ab	9.38a	2.83de	36.27bc	2.71d	33.06d	1.70bc	21.29ab

注　表中数值为每个处理3次重复的平均值；同列字母不同表示处理在0.05水平上差异显著。

2017年菘蓝苗期除WD6和WD7处理外其他各处理耗水强度与对照CK间无显著差异（$p>0.05$）；营养生长期对照CK耗水强度最大，达3.35mm/d，与其他处理间差异显著（$p<0.05$），其次为WD1、WD2、WD4和WD5处理，WD8处理耗水强度较CK显著降低16.72%；肉质根生长期CK耗水强度最大，达到3.21mm/d，WD1、WD2和WD4处理与CK间无显著差异，重度水分亏缺处理WD9耗水强度最小；肉质根成熟期WD5处理耗水强度最大，与CK间无显著差异，但WD1处理耗水强度最小，为1.37mm/d，较CK显著降低26.74%。

综合2016年和2017年耗水强度试验数据可以得出，菘蓝耗水强度基本呈苗期最小（约0.90mm/d）、肉质根成熟期较大（约1.60mm/d）、营养生长期和肉质根生长期最大（约3.00mm/d）的变化规律。苗期由于菘蓝植株弱小，作物蒸腾量很小，且大气温度和地表温度较低，土壤蒸发量也较小，因此该生育期菘蓝耗水强度最小，显著低于其他各生育期。营养生长期和肉质根生长期菘蓝生理生长非常旺盛，植株强壮，茎叶茂盛，作物蒸腾旺盛，因此这两个生育期菘蓝耗水强度大，耗水量占全生育期70%左右。菘蓝肉质根成熟期菘蓝蒸腾作用逐渐减弱，大气温度也逐渐降低，因而耗水量呈下降趋势。

3.2.3　膜下滴灌调亏菘蓝不同生育阶段耗水模数

耗水模数指作物某个生育期耗水量占全生育期总耗水量的百分比，其大小与耗水强度、全生育期总消耗水量、环境变化和生育阶段持续时间长短等因素密切相关。从表3-4可以发现，2016年苗期各处理耗水模数与对照CK间无显著差异（$p>0.05$）；营养生长期WD1处理耗水模数最大，达37.52%，其次为WD4、WD8、WD7、WD9、WD2、WD5、WD6和WD3处理，除WD3处理耗水模数显著（$p<0.05$）小于CK外其他处理均与CK间无显著差异；肉质根生长期WD1处理耗水模数最大，其次为WD6、WD7、WD3、WD4、WD8、WD5、WD2、WD9处理，其中WD1、WD3、WD4、WD6、WD7处理耗水模数显著大于CK，其他处理则与CK间差异不显著（$p<0.05$）；肉质根成熟期WD5处理耗水模数最大，其次为WD3、WD2、WD9、WD6、WD8、WD7、WD4、WD1处理，以WD1处理耗水模数最小，除处理WD4、WD1耗水模数显著小于CK外，其他处理耗水模数均与CK间无显著差异，而WD1处理耗水模数最小。

2017 年除 WD8 和 WD9 处理外苗期其他各处理耗水模数与对照 CK 间无显著差异（$p>0.05$）；营养生长期 WD1 处理耗水模数最大，达 38.49%，与 CK 间差异显著（$p<0.05$），其次为 WD9 处理；肉质根生长期 WD3 处理耗水模数最大，其次为 WD4 和 WD1 处理，均显著大于 CK，而其他处理则与 CK 间差异不显著；肉质根成熟期 WD6 处理耗水模数最大，与 CK 间无显著差异，而 WD1 处理耗水模数最小。

两个试验年度菘蓝各生育期耗水模数变化情况较为相似。因菘蓝苗期植株矮小、生长缓慢、气温较低等原因，两个试验年度苗期各处理耗水模数在 8.97%～10.60%之间；进入营养生长期和肉质根生长期后，菘蓝根冠发育迅速，加之气温升高，耗水模数也随之增至 32.97%～38.49%；菘蓝肉质根成熟期气温降低，生长速度逐渐下降，耗水模数也降至 15.45%～22.22%。因此，不同水分亏缺处理耗水模数不随水分亏缺程度加剧呈规律性变化。

3.3 不同亏水处理菘蓝土壤水分动态变化

3.3.1 不同亏水处理菘蓝土壤水分时间变化

膜下滴灌菘蓝土壤水分主要受降雨、蒸发、作物吸收和灌溉水量等因素的影响。从图 3-5 中发现，不同水分调亏处理 0～100cm 土层土壤含水量随时间变化规律一致，均随降雨量（图 3-2）和水分调亏（表 2-1）呈现有规律的锯齿状波动，波动范围介于 8%～23%之间。在营养生长期和肉质根生长期，由于骤然降雨和及时灌溉，菘蓝土壤含水量波动剧烈，尤其是中度和重度调亏处理 WD3 和 WD5 土壤水分波动更为剧烈，土壤含水量较其他处理更低。

菘蓝根系分布主要集中在 0～60cm 土层以内。从图 3-6 菘蓝全生育期 0～60cm 土层土壤含水量随时间的变化可以看出，2016 年和 2017 年 0～60cm 土层土壤含水量随时间变化规律基本一致，呈现随降雨量（图 3-2）和水分调亏（表 2-1）有规律的锯齿状波动，波动范围介于 7%～18%之间，较之于 0～100cm 土层变幅更大。在所有处理中，中度和重度水分调亏处理 0～60cm 土层土壤含水量变化更为显著，主要是由于水分胁迫激发了作物胁迫响应机制，使其对土壤水分利用更加高效，导致土壤水分显著降低。

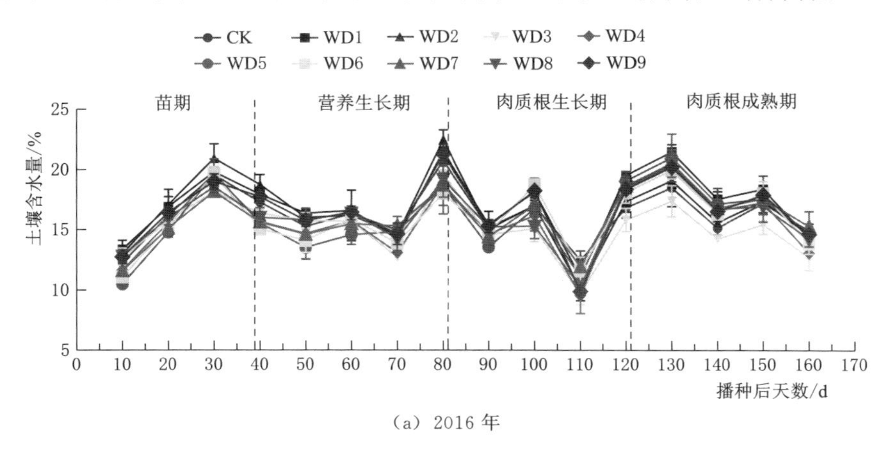

(a) 2016 年

图 3-5（一） 菘蓝全生育期不同水分调亏处理 0～100cm 土层土壤含水量变化

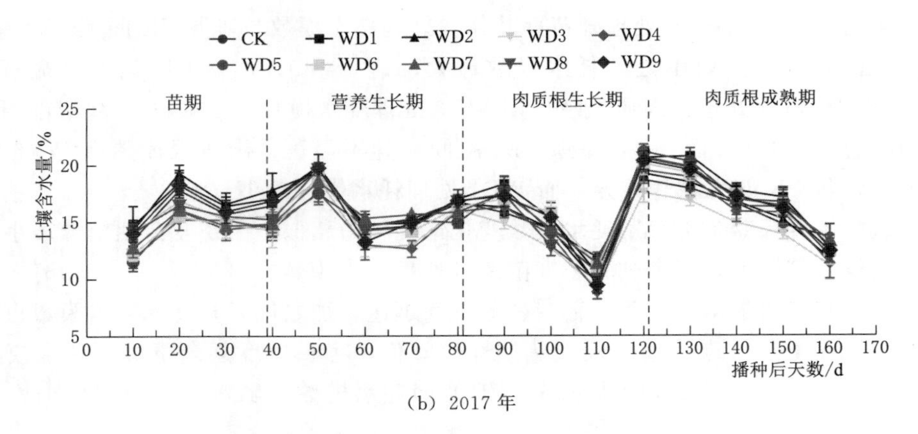

(b) 2017 年

图 3-5（二）　菘蓝全生育期不同水分调亏处理 0～100cm 土层土壤含水量变化

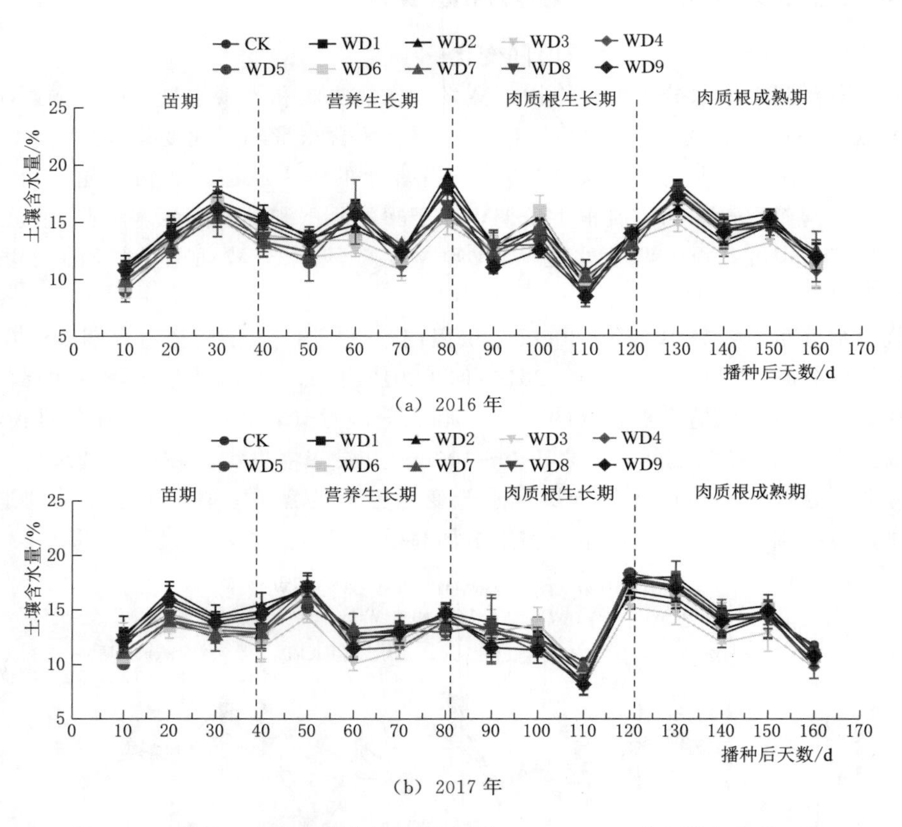

(a) 2016 年

(b) 2017 年

图 3-6　菘蓝全生育期不同水分调亏处理 0～60cm 土层土壤含水量变化

从图 3-7 可以看出，2016 年和 2017 年菘蓝 60～100cm 土层土壤含水量随时间变化的趋势基本一致，呈现随降雨量（图 3-2）和水分调亏（表 2-1）有规律锯齿状波动，波动范围介于 13%～26%之间，整体变化趋势较为平缓。较之于浅层 0～60cm 土层含水量，深层 60～100cm 土层含水量更高，且变化更为平缓。在所有处理中轻度水分亏缺（WD2等）深层土壤含水量高于重度水分亏缺（WD3等），是因为营养生长期重度水分亏缺导致菘蓝根部吸水不可逆转，根系不能充分利用更深层次土壤水分。菘蓝不同生育期各充分供水处理土壤水分差异不大，水分变化情况也基本一致，而各水分调亏处理水分明显低于充分供水处理，且各水分调亏处理不同生育期60～100cm土层土壤水分随调亏程度增加增幅较小，但浅层土壤水分增幅较大，说明充分供水及轻中度调亏灌溉条件下菘蓝主要消耗0～60cm土层的土壤水分。

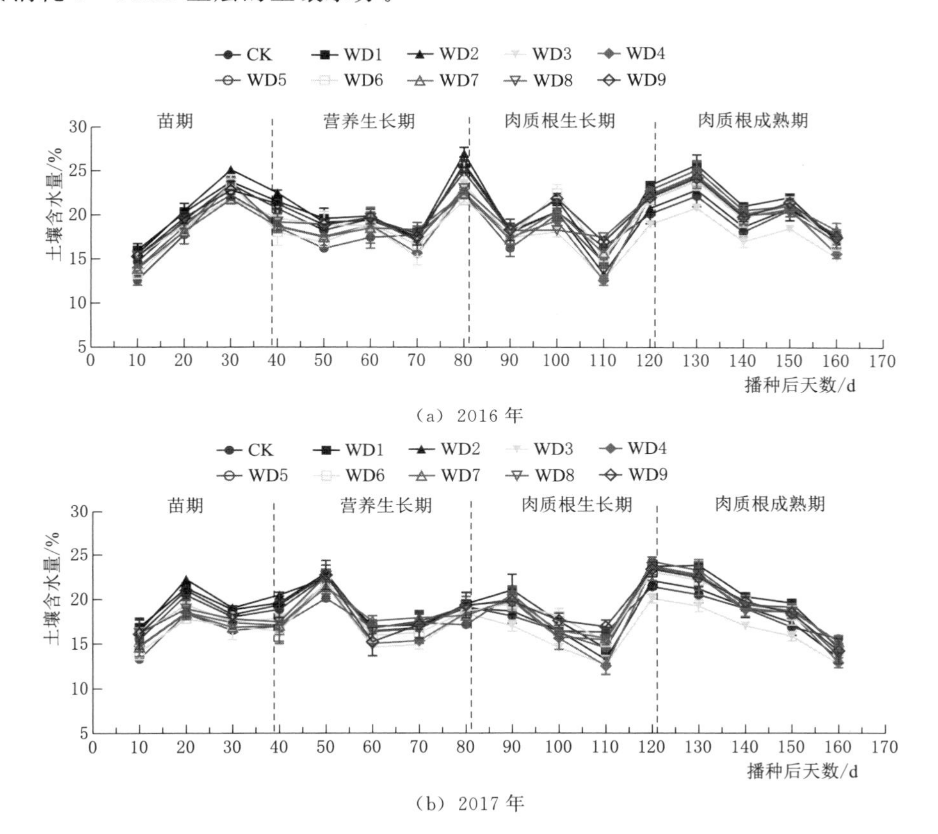

图3-7　菘蓝全生育期不同水分调亏处理60～100cm土层土壤含水量变化

3.3.2　不同亏水处理菘蓝土壤水分空间变化

膜下滴灌调亏菘蓝各生育期（苗期、营养生长期、肉质根生长期、肉质根成熟期）0～100cm土壤剖面水分变化如图3-8和图3-9所示。菘蓝四个生育期0～100cm土层土壤水分基本均呈倒S形变化，苗期土壤水分变化较为平缓，营养生长期和肉质根生长期土壤水分波动明显，且肉质根生长期土壤水分较其他生育期偏低，肉质根成熟期土壤水分变化平缓且总体呈升高趋势。从不同土层深度土壤含水量变化来看，膜下滴灌菘蓝土壤最大含水量集中在10～40cm处，20～60cm土层含水量变幅最大，且50～70cm土层含水量维持在较低水平，而在深层80～100cm土层处土壤含水量则显著回升。主要原因是菘蓝根系分布区主要集中在5～50cm土层，土壤水分易被植物根系充分吸收利用；在肉质根成熟期气温降低、蒸发减少，同时受水分调亏的影响5～60cm土层水分变幅较大，而60～

100cm 土层水分受影响较小且呈逐渐升高趋势。在菘蓝苗期和肉质根成熟期各处理均进行充分供水，20～60cm 土层土壤水分变化较为平缓。营养生长期重度水分亏缺处理 WD3 0～80cm 土层平均土壤含水量比对照 CK 降低 18.2%，而营养生长期和肉质根生长期分别受重度和中度水分亏缺处理 WD9 0～80cm 土层土壤含水量比 CK 降低 10.3%。肉质根生长期充分供水处理 WD1、WD2 及 CK 0～60cm 土层含水量在此期均有所回升，而营养生长期和肉质根生长期分别受轻度水分亏缺的 WD4 处理和中度水分亏缺处理 WD7 0～80cm 土层含水量比 CK 分别降低 7.6%和 5.4%。

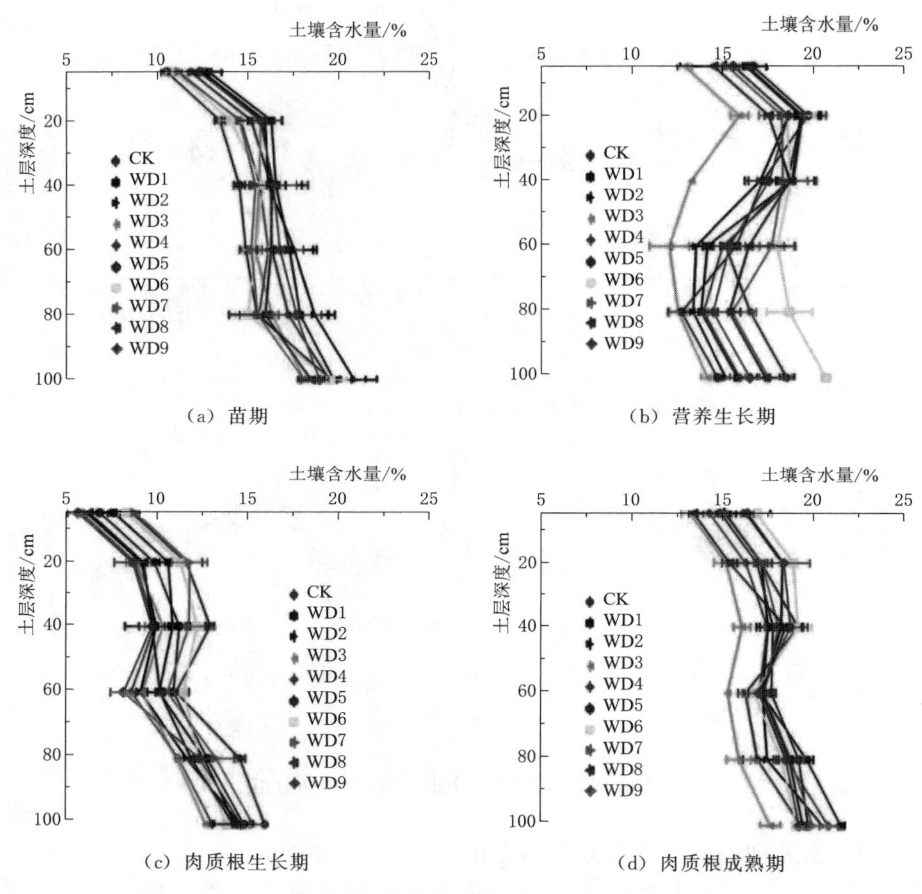

图 3-8 2016 年菘蓝不同生育期 0～100cm 土壤剖面水分变化

2016 年和 2017 年菘蓝各生育期末 0～60cm 土层土壤水分随土层深度增加逐渐增大，且变幅较大；60～100cm 土层土壤水分在垂直方向上变化较为平缓。在水分调亏条件下菘蓝计划湿润层土壤水分明显小于充分灌水对照 CK，且作物耗水量也随水分亏缺程度加重而减少，但随土层深度增加减幅变小。菘蓝可利用土壤水分主要蓄存于 0～60cm 土层，尤其在 40cm 土层附近土壤含水量始终保持在较高水平。肉质根生长期菘蓝植株生长迅速，根冠茂盛，蒸腾作用强烈，土壤水分比其他三个生育期明显降低。从图 3-8 可知，60～100cm 土层土壤含水量也保持在较高水平且变化平缓。

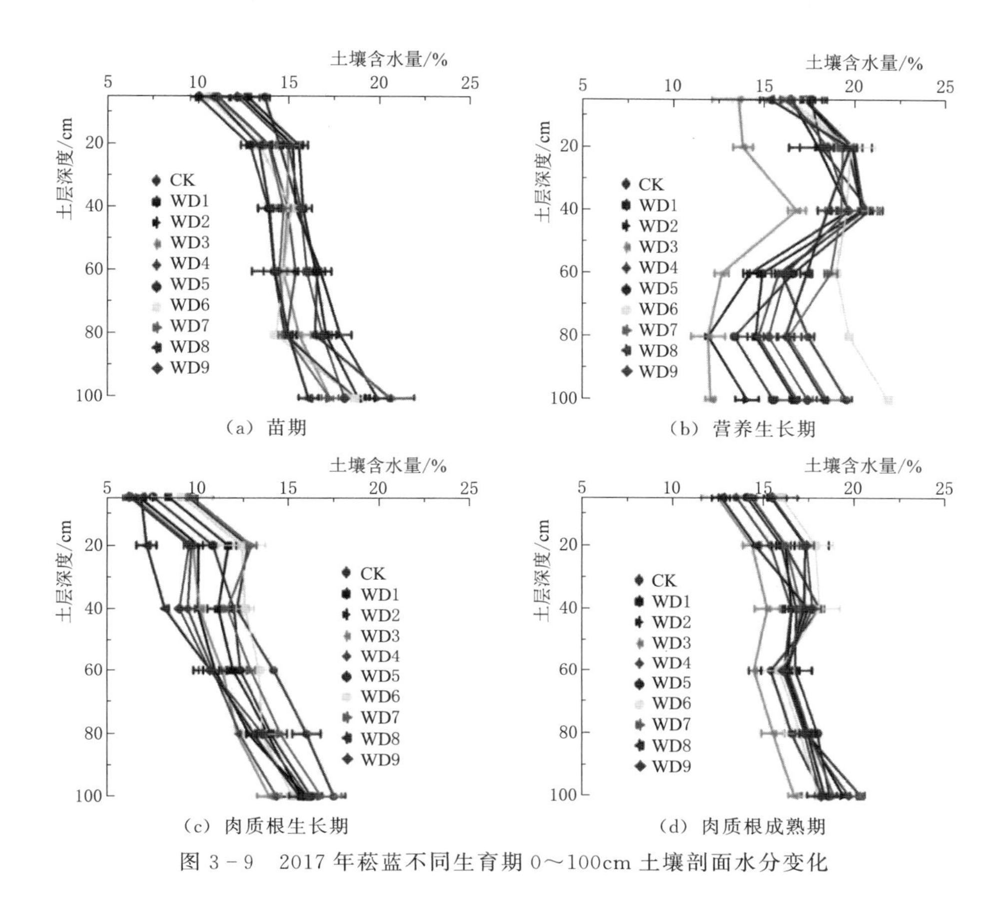

(a) 苗期

(b) 营养生长期

(c) 肉质根生长期

(d) 肉质根成熟期

图3-9　2017年菘蓝不同生育期0～100cm土壤剖面水分变化

3.4　不同亏水处理菘蓝土壤温度变化特征

3.4.1　菘蓝土壤温度全生育期变化动态

由图3-10可知，由于菘蓝全生育期干旱、少雨、多日照，苗期、营养生长期、肉质根生长期和肉质根成熟期土壤温度均呈先增后降变化趋势。苗期土壤温度呈稳步增高趋势，营养生长期土温逐步上升，至肉质根生长期达最高峰，主要源于肉质根生长期处于最高气温（8月），而肉质根成熟期土温下降较快。综合2016年和2017年5cm、10cm、15cm、20cm和25cm处温度，10cm处土温变化最为剧烈，波动幅度大，肉质根生长期最高气温达36.1℃和35.3℃；5cm处土温变化较为明显，而20cm和25cm处土温变化较缓慢，总体变化趋势相似。

3.4.2　不同土层土壤温度日变化

为研究不同土层土壤深度温度日变化规律，在菘蓝苗期、营养生长期、肉质根生长期、肉质根成熟期四个生育期分别选取三个天气晴朗典型日观测不同生育期膜下滴灌各土层（5cm、10cm、15cm、20cm、25cm）两个试验年度菘蓝各处理日平均土壤温度变化规律（图3-11）。由图3-11可知，菘蓝各生育期不同土层深度5cm和10cm处土壤温度受外界气温影响最大，而15cm、20cm和25cm土层土壤温度受外界气温的影响一般不大。菘蓝不同生育期各土层温度变化趋势相近，5cm 和 10cm 土层土壤温度呈现：清晨较低，随时间推移逐渐升高，下午 2 点至 4 点达最高温度，此后逐渐下降。15cm、20cm 和 25cm 土层土壤温度随时间变化呈逐渐增高趋势，晚上 8 点 25cm 土层土壤温度高于上午 8 点。

苗期菘蓝各处理不同土层土壤温度在上午 8 点基本保持在 14℃左右，然后开始随时间推移增高，至中午 2 点至下午 4 点间出现最高温度（5cm 处，25℃），到晚上 8 点 5cm 处土壤温度降至最低（13℃），而更深土层如 20cm 和 25cm 土壤温度则分别为 15.5℃和

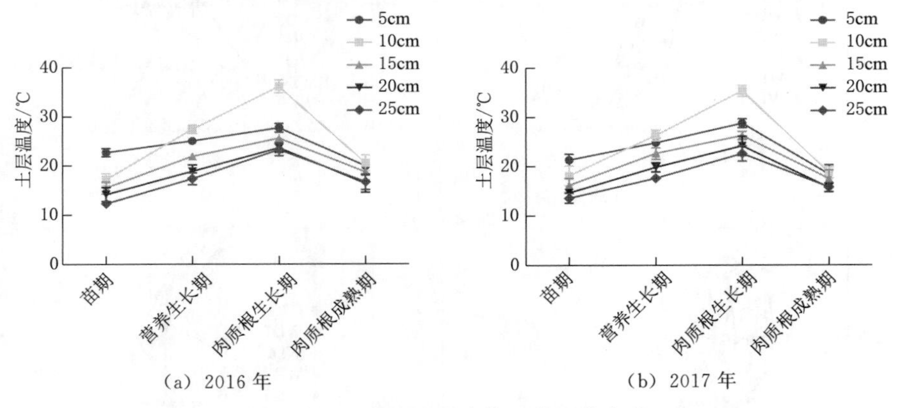

图 3－10　菘蓝全生育期土壤温度变化

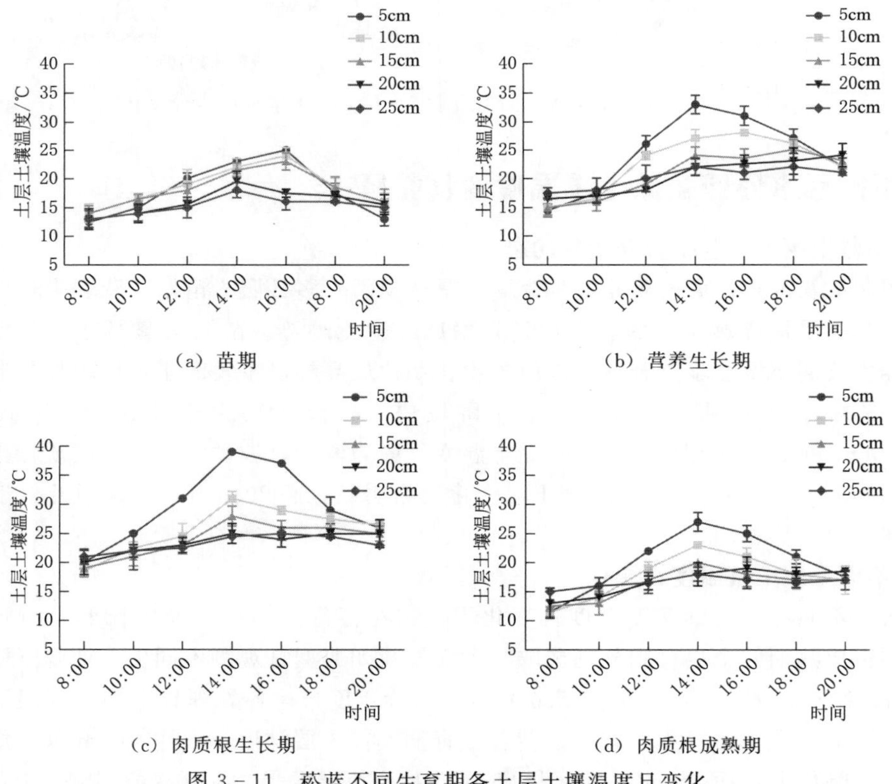

图 3－11　菘蓝不同生育期各土层土壤温度日变化

15℃。营养生长期各土层土壤温度在上午 8 点保持在 14.5～17℃之间，而后随时间上升，到下午 2 点至 4 点间出现最高温度（5cm 处，33℃），至晚上 8 点左右土壤温度保持在 21～24℃之间。肉质根生长期上午 8 点各土层温度在 18.5～21℃之间，下午 2 点至下午 4 点间出现最高温度（5cm 处，39℃），到晚上 8 点左右保持在 23～26.5℃之间。肉质根成熟期上午 8 点各土层温度介于 11.5～15℃之间，下午 2 点至下午 4 点间出现最高温度（5cm 处，27℃），晚上 8 点左右土壤温度保持在 16～18.5℃之间。

土壤水分和热量是影响作物生长的关键因子，合理的种植方法和适宜的土壤水分有利于形成作物根区适宜的水热生态环境，且可有效促进作物生长。地膜覆盖和滴灌技术的结合可有效降低田间土壤含水量过低和地温较高对作物的伤害。膜下土壤含水量增加可提高土壤最低温度和降低土壤最高温度，从而减小土壤温度变幅，从而减少土壤温度剧烈变化对作物生长的危害。

该区菘蓝生长适宜温度介于 10～35℃之间，但菘蓝全生育期气温变幅较大，昼夜极端高温和低温在苗期和肉质根成熟期交替出现，苗期较低温度会抑制幼苗生长，而肉质根成熟期土壤温度则不会对菘蓝生长造成影响。营养生长期和肉质根生长期土壤温度较为适宜，昼夜温差不明显，同时地膜覆盖下 20cm 和 25cm 处存在土壤积温效应，可有效保持较为恒定的土层土壤温度，有利于菘蓝生长。因此，采用膜下滴灌方式可有效调节或改变菘蓝根区 20cm 和 25cm 土层土壤温度积累，改善菘蓝根区水热环境并促进根系生长。

3.5 讨论与小结

作物全生育期阶段耗水量代表各生育期需水特性及要求，也反映不同生育期阶段对水分的敏感程度。邱新强等研究发现，不同水分亏缺条件下对照 CK 总耗水量总是最大，随着胁迫程度的加剧，夏玉米总耗水量也普遍降低，不同生育阶段水分胁迫导致夏玉米阶段耗水量和日耗水强度均较 CK 普遍降低，其中轻旱处理降幅最小，重旱处理降幅最大。孟兆江等研究表明，冬小麦全生育期耗水量随水分调亏程度加重而降低，降幅为 12.8%～46.5%。

本研究发现，受膜下滴灌调亏的影响，与全生育期耗水量最高的对照 CK（2016 年 374.04mm，2017 年 381.75mm）相比，各水分调亏处理菘蓝全生育期耗水量均比 CK 显著（$p<0.05$）降低 4.11%～15.71%，同时随调亏程度加重各处理全生育期耗水量呈逐渐下降趋势。综合两个试验年度，营养生长期 CK 耗水量最多，与其他水分调亏处理间差异显著，其次为轻中度水分亏缺处理，耗水量显著减少 6.74%～14.32%，重度水分亏缺处理耗水量最少（WD8 和 WD9），较 CK 显著降低 15.62%～17.69%；肉质根生长期 WD1 处理耗水量最多，但与 CK 间无显著差异，重度水分亏缺处理耗水量最低（WD8 和 WD9）。与充分灌溉相比，苹果树微喷灌调亏节约灌溉用水，生育期内耗水量可减少 10.2%～11.2%，与黄兴法等研究结果一致。各水分调亏处理均可减少菘蓝土壤水分消耗并降低总耗水量，营养生长期和肉质根生长期轻度调亏处理 WD1 和 WD4 菘蓝耗水量比 CK 依次降低 8.22 和 8.87%。

菘蓝耗水强度呈苗期最小、肉质根成熟期较大的变化规律，以营养生长期和肉质根生长期最大。综合 2016 年和 2017 年耗水强度试验数据可以得出，菘蓝耗水强度呈苗期最小（约 0.90mm/d）、肉质根成熟期较大（约 1.60mm/d）、营养生长期和肉质根生长期最大（约 3.00mm/d）的变化规律。营养生长期对照 CK 耗水强度最大，与其他处理间差异显著（$p<0.05$），轻度水分调亏处理次之，重度调亏处理耗水强度则较对照 CK 显著降低 16.41%～17.63%。张步翀等也得出相似结论，即在小麦生长旺盛的抽穗—灌浆期日耗水强度达到最大，此期为小麦水分较为敏感时期。

土壤水分对作物生长有直接影响，同时间接影响土壤其他肥力要素，如肥、气、热等。国内外研究表明，相比常规农田灌溉，膜下滴灌可获得较高产量和水分利用效率，同时有效减少地面蒸发和防止深层渗漏，并且可保持土壤根系层内主要养分。刘梅先等的研究表明，在棉花整个生育期内相同滴水量时高频滴灌处理表层 0～20cm 土层土壤含水率较高，而低频滴灌则有利于水分下渗，可有效提高深层土壤含水量。本研究采用膜下滴灌方式将计划湿润层土壤水分控制在田间持水量的 45%～85%范围内时，土壤水分主要集中在 0～50cm 土层，土壤含水量最大值一般在地表以下 40cm 处，而菘蓝根系也主要分布在 0～50cm 土层以内，因此菘蓝根系可充分利用土壤水分，从而实现水分高效利用。同时，受水分调亏的影响，5～60cm 土层土壤水分变幅较大，但对下层 60～100cm 土层土壤水分影响较小，且呈现逐渐增高趋势。菘蓝苗期和肉质根成熟期各处理均为充分供水，故这两个生育期 20～60cm 土层土壤水分变化较为平缓。营养生长期经受重度水分亏缺的 WD3 处理平均土壤含水量较 CK 降低 4.53%～7.94%，而营养生长期和肉质根生长期分别经受重度和中度水分亏缺的 WD9 处理平均土壤含水量较 CK 降低 4.78%～8.92%，与张步翀等的研究结果相似，即春小麦营养生长中期以后，为期相对较长的中度和重度水分胁迫将导致土壤水分剧烈消耗而降低土壤含水量。肉质根生长期充分供水的 WD1、WD2 处理及 CK 对照 0～60cm 土层土壤含水量在该生育期有所增加，而营养生长期和肉质根生长期分别经受轻度水分亏缺的 WD4 处理和经受中度水分亏缺的 WD7 处理 0～100cm 土层平均土壤含水量比 CK 有所降低。

不同水分调亏处理菘蓝 0～100cm 土层土壤含水量随时间变化规律一致，即呈随降雨量和灌溉水量增大有规律的锯齿状波动，波动范围介于 8%～23%之间。营养生长期和肉质根生长期因骤然降雨和适时灌水补给，菘蓝土壤含水量波动剧烈，尤其是中度和重度水分调亏处理 WD3 和 WD5 波动更为剧烈。膜下滴灌调亏菘蓝土壤水分主要集中在 0～60cm 土层，菘蓝根系也主要分布在该层土壤，因而菘蓝根系能充分利用土壤水分，营养生长期和肉质根生长期轻度水分亏缺有利于菘蓝水分利用效率提高。此外，不同生育期调亏灌溉菘蓝根区土壤水分生态特征和耗水特征分析发现，不同水分调亏处理间菘蓝耗水量存在显著差异，且水分调亏处理菘蓝全生育期耗水量均显著（$p<0.05$）低于对照 CK，且随调亏程度逐渐加重各处理全生育期耗水量呈逐渐下降趋势。菘蓝耗水强度呈苗期最小、肉质根成熟期较大、营养生长期和肉质根生长期最大的变化趋势。

第4章　调亏灌溉对菘蓝光合特性的影响

气候干旱和土壤水分不足制约作物光合作用和生产力。光合作用是作物合成有机物质和形成产量的重要途径，是作物最重要的生理过程，作为光合作用的重要物质来源，土壤水分对作物光合作用的重要性不言而喻。作物光合作用受土壤水分影响明显。作物受水分胁迫时，作物体内的激素有传导胁迫信号作用，其中最为明显的激素为脱落酸，当作物根部缺水时脱落酸逐渐增加，导致作物叶片气孔关闭，作物蒸腾作用减弱，为作物生命活动提供充足的水分和养分。石岩等研究结果发现，随着土壤水分胁迫的加重，小麦旗叶、根系和籽粒中脱落酸（ABA）含量迅速达到高峰，之后又快速降低。不同程度水分胁迫可导致不同的适应性反应。研究认为，植物对干旱的反应过程包括胁迫感受、激素反应、信号转导、基因表达调控、酶活性变化、渗透调节、气孔运动、形态或生长速率改变等多个或其中几个环节的协同作用，而植物对干旱响应的自我调节过程是一个适应、伤害、修复、补偿的过程。

4.1　不同亏水处理对菘蓝净光合速率的影响

净光合速率是表征植物光合作用积累有机物的重要指标，为总光合速率减去呼吸速率的差值。土壤水分亏缺通常影响叶片含水量，而叶片是光合作用的重要器官，其含水量变化必将影响光合作用。

由图4-1可知，2016年各水分调亏处理菘蓝苗期净光合速率与对照CK间无显著差异（$p>0.05$），而营养生长期和肉质根生长期水分亏缺对该阶段净光合速率影响显著（$p<0.05$）。图4-1中，不同小写字母表示各处理间在$p<0.5$水平上显著差异。营养生长期中度亏水的WD2处理和重度亏水的WD3处理净光合速率分别较CK显著降低15.8%和17.1%，而WD9处理较CK显著降低19.1%，其他处理也有所降低但降幅不大，介于3.2%～7.8%之间。肉质根生长期WD1和WD4处理在复水后净光合速率出现复水补偿效应且超过CK，分别达19.62μmol/(m^2·s)和19.84μmol/(m^2·s)；处理WD3复水后净光合速率较营养生长期有所增加但增幅不大且低于CK对照14.28%，仅为16.05μmol/(m^2·s)。肉质根生长期中度亏水处理WD5和WD7复水后净光合速率分别较CK下降10.13%和7.88%，而肉质根成熟期WD5和WD7处理复水后净光合速率有所回升，略低于CK对照的3.82%和4.75%。2017年各水分调亏处理菘蓝苗期净光合速率与CK间无显著差异，但营养生长期和肉质根生长期亏水对该期净光合速率影响显著，与2016年研究结果相似。营养生长期轻度亏水处理WD1和WD4净光合速率较CK增加

5.51%和1.82%，而其他各处理均较CK有所降低，降幅2.2%～15.6%。肉质根生长期轻度亏水处理WD1净光合速率较CK显著增加8.48%，但其他处理则降低0.5%～19.4%，且随水分亏缺程度加重降低明显。因此，菘蓝营养生长期和肉质根生长期虽然受到水分亏缺影响，但复水后在肉质根生长期和肉质根成熟期净光合速率有所回升，表现出较强的复水补偿效应。

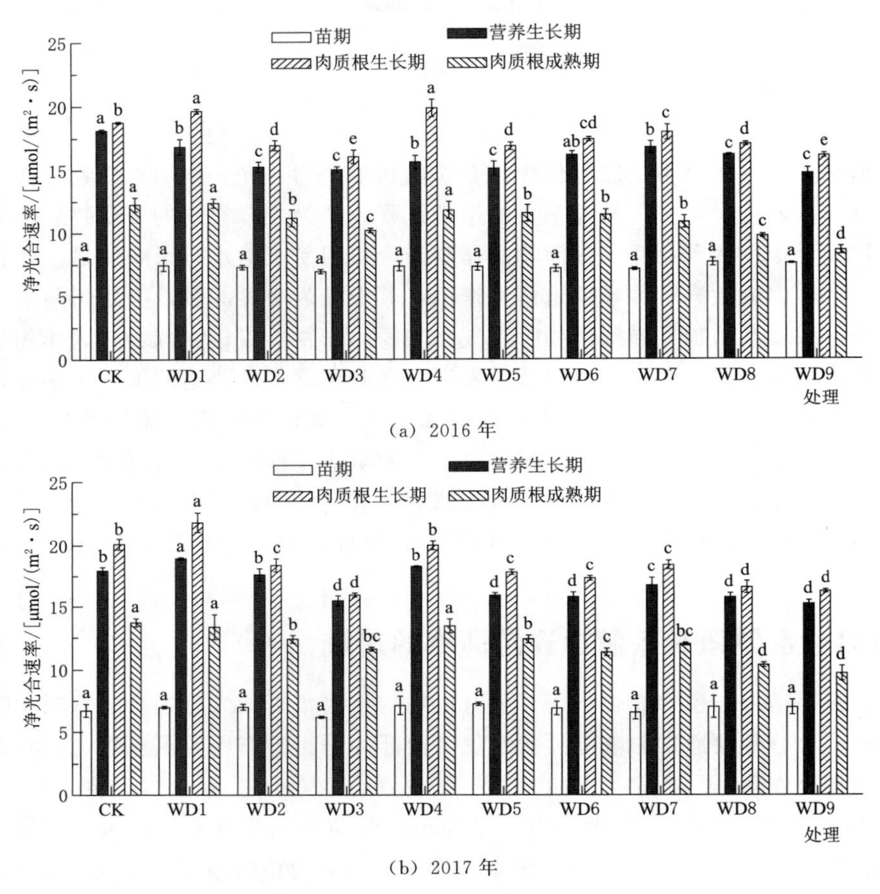

(a) 2016年

(b) 2017年

图4-1 水分调亏对菘蓝净光合速率的影响

4.2 不同亏水处理对菘蓝气孔导度的影响

气孔是植物叶片与外界进行气体交换的主要通道。通过气孔扩散的气体主要有O_2、CO_2和水蒸气。气孔开度对植物蒸腾有直接影响，同时影响植物体光合作用。植物通过气孔与外界进行气体交换时，植物缺水容易造成叶肉细胞膨压下降，气孔开度变小，气孔导度（*Gs*）降低。

由图4-2可知，菘蓝各生育期水分亏缺均导致叶片气孔导度变小，且水分亏缺程度越大气孔导度越小。2016年营养生长期轻度亏水处理WD1和WD4气孔导度略高于对照CK，但无显著差异（$p>0.05$），而其他中度和重度亏水处理气孔导度均低于CK，其中

WD3、WD8和WD9分别显著降低20.0%、20.1%和25.7%（$p<0.05$）；肉质根生长期轻度亏水处理WD1和WD4复水后净光合速率存在复水补偿效应，气孔导度也随之增大，而其他中度和重度亏水处理均显著低于CK，其中WD2、WD5、WD6和WD7处理分别比CK降低5.8%、6.2%、13.2%和11.8%。

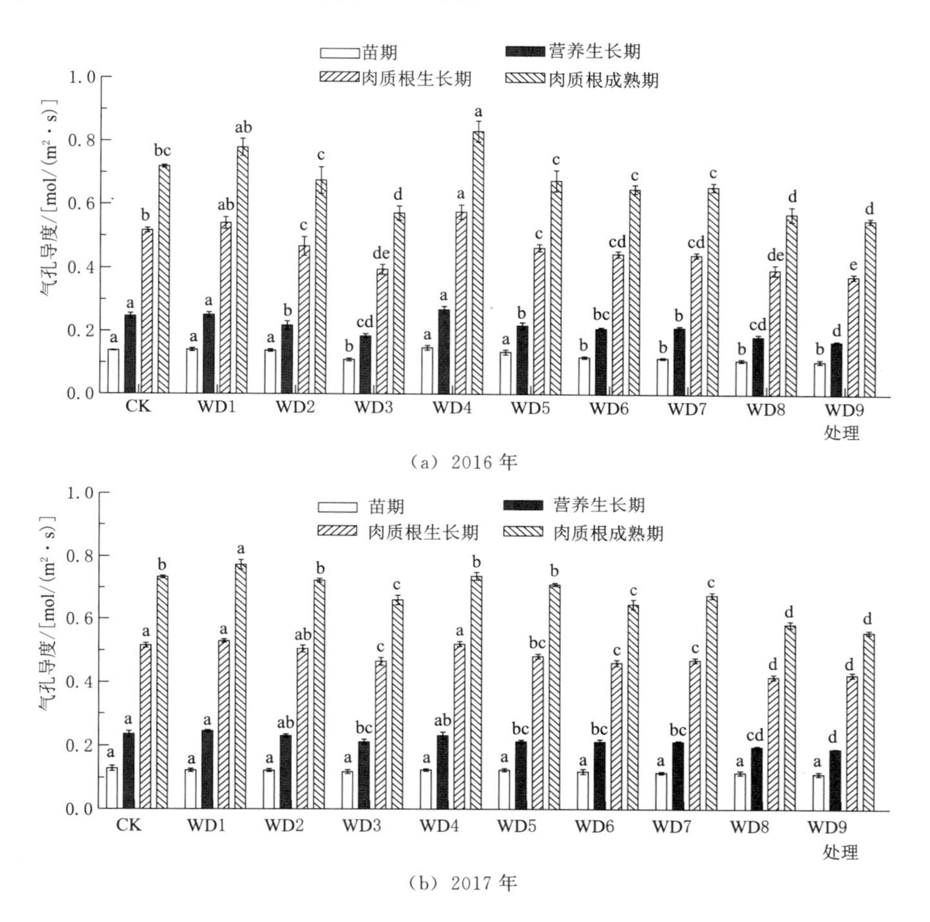

图4-2 水分调亏对菘蓝气孔导度的影响

2017年营养生长期轻度亏水处理WD1气孔导度比对照CK增加3.9%，WD2和WD4较CK降低2.4%和1.9%，但与其无显著差异（$p>0.05$），其他各处理相比CK均显著降低（$p<0.05$），降幅为9.6%～19.5%；肉质根生长期轻度亏水处理WD1和WD4在复水后净光合速率出现复水补偿效应，气孔导度也随之增大，比CK增加2.7%和1.0%，但与CK间无显著差异，而其他各处理相比CK均有所降低，降幅为2.1%～19.1%，且随水分亏缺程度加重降低显著。然而，菘蓝营养生长期和肉质根生长期中度和重度亏水导致气孔开度变小。

4.3 不同亏水处理对菘蓝蒸腾速率的影响

蒸腾作用是植物水分从叶片散失到大气中的过程，不仅受外界环境条件的影响，还受植物本身的调节和控制。蒸腾作用是植物吸收和运输水分的主要动力，也是矿质营养元素运输的主要途径。植物可通过叶片蒸腾作用将矿物质和水分输送到植物体各个器官和部位，也可通过蒸腾作用降低叶片温度来抵抗高温热害。

由图 4-3 可知，2016 年水分亏缺对菘蓝各生育期叶片蒸腾速率均产生不同程度的影响。营养生长期轻度亏水处理 WD4 蒸腾速率略高于对照 CK，但无显著差异（$p>0.05$），其他轻度、中度和重度亏水处理蒸腾速率均显著低于 CK，其中 WD3、WD8 和 WD9 处理分别比 CK 降低 10.4%，28.2%和 35.8%。肉质根生长期所有水分调亏处理蒸腾速率均低于 CK，其中处理 WD8 和 WD9 比 CK 显著（$p<0.05$）降低 24.2%和 26.2%。

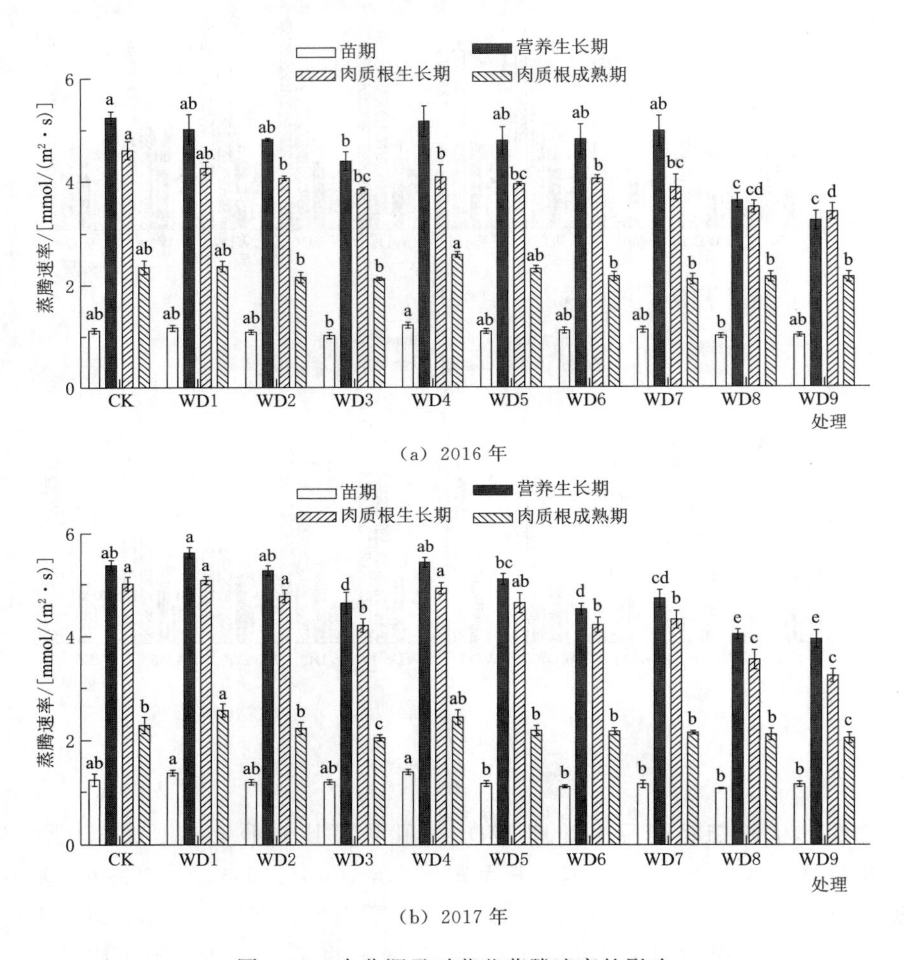

(a) 2016 年

(b) 2017 年

图 4-3 水分调亏对菘蓝蒸腾速率的影响

2017 年营养生长期轻度和中度亏水处理 WD1 和 WD4 叶片蒸腾速率比 CK 分别增加 4.6%和 0.9%，但无显著差异（$p>0.05$），其他各处理蒸腾速率则有所降低，其中重度亏水处理 WD3、WD8 和 WD9 蒸腾速率比 CK 显著（$p<0.05$）降低 13.6%～26.6%；肉质根生长期轻度亏水处理 WD1 复水后蒸腾速率比 CK 增加 1.2%，但无显著差异，其他处理则比 CK 均有所降低，降幅为 1.8%～35.5%，且水分亏缺程度越大，蒸腾速率降

低越显著，而重度亏水处理 WD3、WD8 和 WD9 表现更为明显。

综合两年试验数据，营养生长期和肉质根生长期水分亏缺菘蓝叶片蒸腾速率均低于充分供水，且蒸腾速率随着水分亏缺程度增加呈下降趋势，以营养生长期和肉质根生长期表现尤为突出。各生育期水分调亏均可在一定程度上抑制菘蓝蒸腾速率，且随水分调亏程度增加蒸腾速率呈下降趋势，尤以苗期和营养生长期表现突出，而成熟期水分调亏则对菘蓝蒸腾速率影响最小。

4.4 不同亏水处理对菘蓝叶面积指数的影响

菘蓝各生育时期叶面积指数（*LAI*）的变化规律为苗期至营养生长期缓慢增高，肉质根生长期增长迅速，肉质根成熟期增长趋于平缓，总体呈现单峰增长曲线（图 4-4）。除经受水分亏缺的 WD9 处理 *LAI* 峰值出现在肉质根生长期外，其他各水分亏缺处理及 CK 对照 *LAI* 峰值均出现在肉质根成熟期，且肉质根生长期各处理间差异明显，进入肉质根成熟期 *LAI* 逐渐增加，但增长平缓。由图 4-4 可知，2016 年进入苗期后菘蓝各处理及对照 *LAI* 缓慢增高，进入营养生长期 *LAI* 增速显著加大，进入肉质根生长期增速放缓，其中水分调亏处理 WD3、WD8 和 WD9 较 CK 对照 *LAI* 分别显著（$p<0.05$）降低 18.2%、

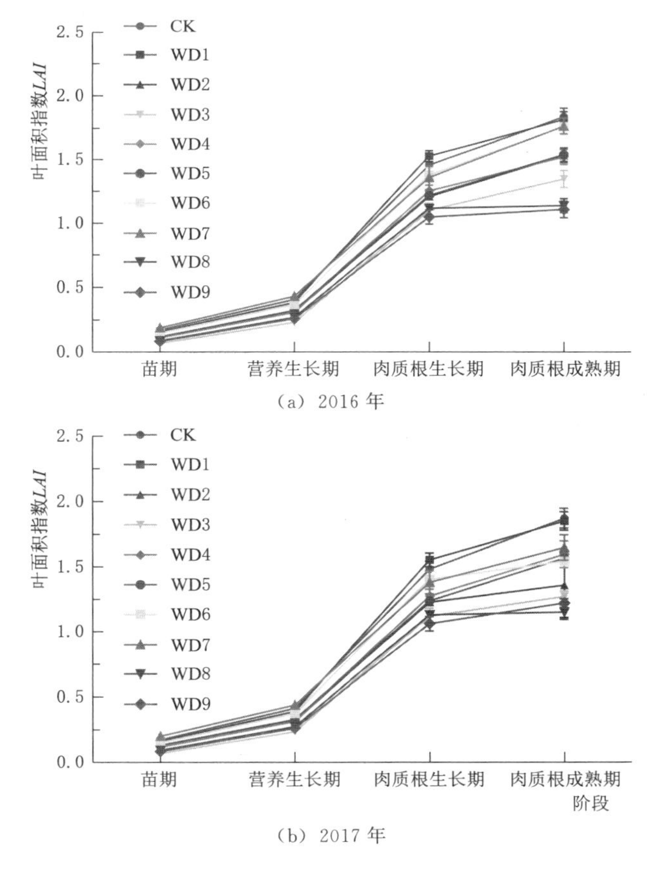

(a) 2016 年

(b) 2017 年

图 4-4　菘蓝各生育时期叶面积指数变化

18.7%和21.5%，其他处理除WD1比CK增加4.6%外均有所下降，降幅3.8%～15.0%。肉质成熟期水分调亏处理WD1和CK对照*LAI*最高，WD9则最低。2017年肉质根生长期水分调亏处理WD3、WD8和WD9的*LAI*较CK分别降低24.2%、23.6%和28.2%，其他处理除WD1比CK增加4.8%外均有所下降。肉质成熟期CK对照*LAI*最高，WD1处理次之，WD8处理最低。

4.5 讨论与小结

水分胁迫可造成叶绿素含量下降、气孔关闭、叶片淀粉水解，导致光合产物输出变慢，影响光合生理过程，叶绿体结构受损，光合作用受阻，进而影响光合产物积累。然而，适时适度的水分调亏可显著抑制玉米蒸腾速率，而光合速率下降则不明显，光合产物积累具有超补偿效应，有利于向籽粒分配。裴冬等研究发现，水分胁迫使作物光合速率的峰值提前出现，有利于作物利用有限的土壤水分，且蒸腾速率对水分胁迫的响应较光合速率更为敏感，更易受气孔调节的影响。

本研究表明，营养生长期经受轻度亏水的WD1和WD4处理菘蓝净光合速率较对照CK增加5.5%和1.8%，而肉质根生长期WD1净光合速率较CK显著增加8.5%（$p<0.05$），且净光合速率随水分亏缺程度加重降低明显。营养生长期WD1处理菘蓝气孔导度较CK增加2.1%～3.9%，但无显著差异（$p>0.05$），而肉质根生长期WD1和WD4处理复水后净光合速率出现复水补偿效应，气孔导度也随之增大，比CK增加2.7%和1.0%，但与CK间无显著差异。营养生长期WD1和WD4处理菘蓝蒸腾速率比CK分别增加4.6%和0.9%，但差异不显著。与CK相比，中度和重度亏水菘蓝净光合速率显著降低7.8%～19.1%，气孔导度显著降低5.8%～19.5%，蒸腾速率显著降低13.6%～26.6%，与裴冬等的研究结果相近。

本研究发现，中度和重度水分胁迫造成光合速率降低，而复水后菘蓝叶片净光合速率、气孔导度和蒸腾速率则均有所增大，主要是由于水分胁迫后复水符合作物生长需水规律。菘蓝营养生长期和肉质根生长期虽然受水分亏缺影响，但复水后在肉质根生长期和肉质根成熟期净光合速率有所增加，表现出较强的复水补偿效应。罗永忠等研究表明，水分胁迫能降低紫花苜蓿叶水势、蒸腾速率和气孔导度，且随水分胁迫程度加重降幅越大，与本研究结论相似。崔秀妹等研究水分胁迫对扁蓿豆光合作用和品质的影响发现，干旱可降低扁蓿豆光合能力。王海珍等研究认为，重度干旱可对灰胡杨叶片光合系统造成不可逆伤害；高阳等研究也发现重度水分胁迫处理冬小麦光合速率和蒸腾速率均降低较明显，严重抑制了正常生长和光合作用。

菘蓝不同生育期轻度、中度和重度亏水结果表明，中度和重度亏水将抑制菘蓝光合作用。一般而言，土壤水分含量高则土壤通气性差，造成主根长度短且侧根数增多，药用价值降低；土壤水分含量过低则使根系木质化程度加重，同样不利于根系生长。由于菘蓝生长到一定阶段后其外部形态基本不变，主要表现为肉质根缓慢增粗，而营养生长期和肉质根生长期处于细胞快速增殖时期，该生育期菘蓝对水分最敏感，此时水分亏缺将抑制细胞分裂而造成减产。因此，营养生长期和肉质根生长期是菘蓝需水关键期，该生育期水分亏缺显著影响作物生长发育过程，可抑制菘蓝株高、地上生物量和肉质根生长。

干旱胁迫导致大豆叶片净光合速率降低，但复水后叶片水势和净光合速率等均可迅速恢复。随着地下水水位下降引发的干旱胁迫程度加剧，胡杨的叶水势显著降低，光合活性明显降低。菘蓝各生育期水分亏缺均导致叶片气孔导度变小，且气孔导度随水分亏缺程度加重而减小。轻度亏水处理 WD1 和 WD4 在复水后净光合速率出现复水补偿效应，气孔导度也随之增大，其他各处理比对照 CK 分别降低 2.1%～19.1%，且降幅随水分亏缺程度加重而显著增大。此外，菘蓝营养生长期和肉质根生长期中度和重度亏水将导致气孔导度变小。

营养生长期和肉质根生长期水分调亏菘蓝蒸腾速率降低，且降幅随水分亏缺程度加重而增大，其中营养生长期和肉质根生长期表现尤为突出。水分调亏对菘蓝各生育期叶片蒸腾速率均产生不同影响。不同生育期水分调亏均可抑制蒸腾速率，且降幅随水分亏缺程度加重而增大，尤以苗期和营养生长期表现突出，而根成熟期水分调亏对蒸腾速率影响最小。此外，菘蓝可通过蒸腾作用将矿物质和水分运输至不同器官和部位，还可通过蒸腾失水降温来避免热害。菘蓝营养生长期和肉质根生长期重度亏水处理（WD3、WD8、WD9）对菘蓝净光合速率、气孔导度和蒸腾速率负面影响最大，而营养生长期和肉质根生长期轻度亏水处理（WD1、WD4、WD5）对菘蓝净光合速率、气孔导度和蒸腾速率影响不明显，且复水后菘蓝叶片光合速率、蒸腾速率和气孔导度均有所增大。

综上所述，可得结论：①轻度水分亏缺对菘蓝净光合速率影响不显著，而随亏水程度加剧净光合速率降低明显，菘蓝各生育期水分亏缺均使叶片气孔导度变小，且气孔导度随水分亏缺程度加重而变小，水分亏缺导致菘蓝叶片蒸腾速率有降低趋势，且蒸腾速率随水分亏缺程度增加显著下降；②营养生长期和肉质根生长期水分亏缺显著影响菘蓝净光合速率、气孔导度和蒸腾速率等光合指标，进而抑制菘蓝生物量积累；③苗期后水分调亏菘蓝叶面积指数缓慢增高，营养生长期增速显著加大，肉质根生长期则增速放缓，肉质根成熟期逐渐增加，但增长平缓。

第5章　调亏灌溉对菘蓝生长动态的影响

5.1　不同亏水处理对菘蓝株高及茎叶生长的影响

5.1.1　株高

不同水分亏缺处理菘蓝株高生长趋势基本一致，苗期和营养生长期生长缓慢，肉质根生长期大青叶和菘蓝均迅速生长，进入肉质根成熟期茎干生长较为缓慢，而根系持续生长。由图5-1可知，2016年各生育期不同水分调亏处理菘蓝植株苗期长势基本一致，营养生长期经受重度水分亏缺的WD3处理株高较对照CK显著（$p<0.05$）降低17.6%，但进入肉质根成熟期株高显著增加，表现出明显的复水补偿效应；营养生长期和肉质根生长期WD9处理株高均显著低于CK及其他各处理。2017年各生育期不同水分调亏处理菘蓝植株苗期长势也基本一致，营养生长期经受重度水分亏缺的WD3、WD8和WD9处理在营养生长期和肉质根生长期株高均显著低于CK。综合对比两年数据，各生育期不同水分调亏处理菘蓝苗期长势基本一致，各处理及对照间株高无显著差异；进入营养生长期和肉质根生长期各处理株高表现为轻度亏水＞中度亏水＞重度亏水；肉质根成熟期中轻度亏水处理株高显著高于重度亏水处理。

5.1.2　茎叶

从表5-1可以看出，水分调亏对菘蓝茎叶有显著影响（$p<0.05$），重度亏水导致菘蓝茎叶生长变慢，与充分灌水对照间差异显著。综合两年数据，较之于CK，其他各水分亏缺处理菘蓝株高均有不同程度降低，以营养生长期重度亏水处理WD9最为显著，降幅

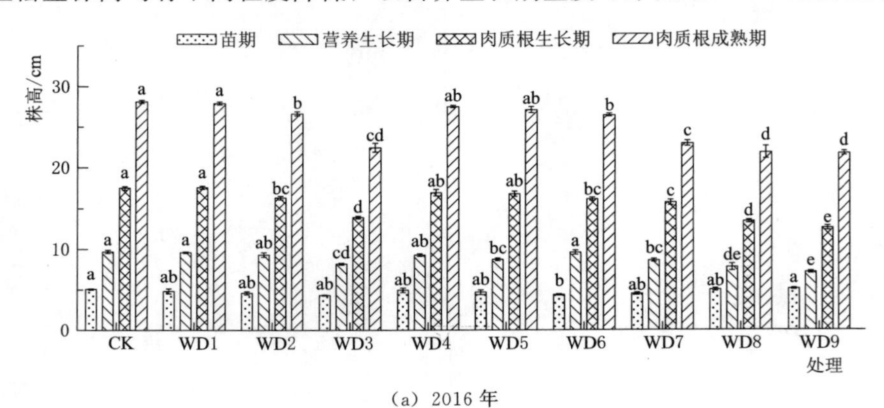

(a) 2016年

图5-1（一）　不同调亏处理株高生长动态

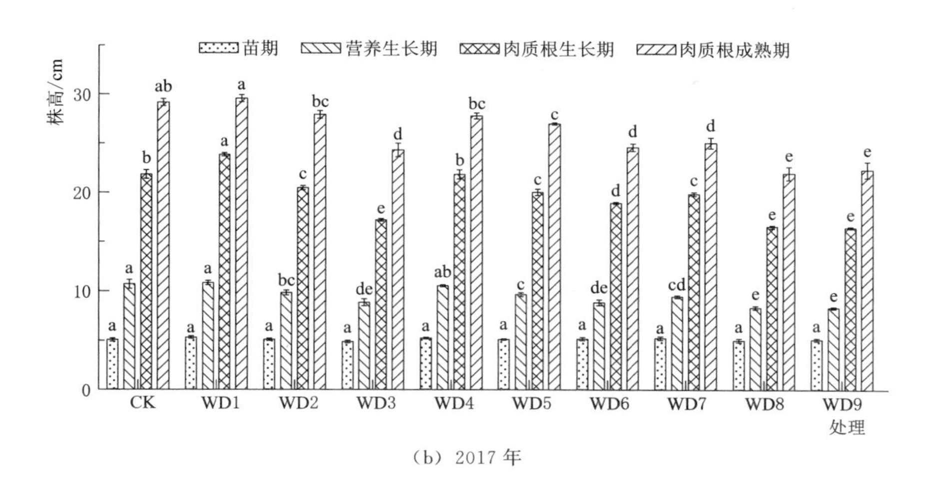

(b) 2017 年

图 5-1(二)　不同调亏处理株高生长动态

表 5-1　水分调亏对菘蓝地上部生长的影响

年份	处理	株高/cm	叶片数/(个/株)	最大叶长/cm	最大叶宽/cm	叶片厚度/mm
2016	CK	28.14a	33ab	34.77a	10.17b	1.23b
	WD1	27.94a	35a	35.19a	11.68a	1.36a
	WD2	26.65b	28cd	32.58ab	10.21b	1.03b
	WD3	22.45cd	24d	30.14b	9.86b	0.95de
	WD4	27.52ab	31bc	33.38ab	10.19b	1.20bc
	WD5	27.11ab	30bc	32.25ab	9.66b	0.97de
	WD6	26.45b	27cd	31.91ab	9.53b	0.99de
	WD7	22.95c	28cd	32.49ab	9.92b	1.08cd
	WD8	21.87d	24d	25.48c	8.45c	0.86e
	WD9	21.74d	25d	25.27c	7.91c	0.88e
2017	CK	29.17ab	35ab	34.92ab	11.11ab	1.20a
	WD1	29.58a	36a	36.40a	12.09a	1.30a
	WD2	27.95bc	34ab	32.70abc	10.87ab	1.15ab
	WD3	24.32d	28de	29.80c	9.88bcd	0.92cd
	WD4	27.82bc	32bc	34.52ab	10.85ab	1.18ab
	WD5	27.03c	30cd	31.89bc	10.04bcd	1.02bc
	WD6	24.63d	28de	32.06bc	10.12bcd	0.96cd
	WD7	25.09d	27de	33.09abc	10.29abc	1.01bcd
	WD8	22.38e	25e	25.55d	8.62cd	0.83d
	WD9	22.00e	24e	24.98d	8.24d	0.85cd

注　同列数值后不同字母表示处理间差异显著($p<0.05$)。

达 24.92%，其他处理降幅介于 0.48%～24.92%之间；茎叶生物量变化与株高基本保持一致，WD1 处理较 CK 增加不显著（$p>0.05$），但较之于 WD9 和 WD8 处理则显著降低 25.66%和 24.68%，其他处理也有不同程度下降，降幅 4.35%～16.96%。此外，菘蓝最大叶长、叶宽和叶片厚度也均随水分亏缺程度加重呈减小趋势，其中以重度水分亏缺处理减幅最大。

菘蓝单株叶片数随水分亏缺程度加重逐渐减少，叶片长度、宽度和厚度也均有相似变化趋势，表明水分亏缺对菘蓝茎叶生长有明显影响。随着水分亏缺程度的加重，叶片生长减慢，相比充分灌溉菘蓝叶片偏小，但轻度水分亏缺处理菘蓝茎叶生长动态与充分灌溉菘蓝较为接近，水分对生长的负面影响较小。

5.2 不同水处理对菘蓝根部生长的影响

不同水分亏缺对菘蓝各器官生物量影响见表 5－2 和图 5－2。2016 年不同水分调亏处理主根变化各不相同，WD1 和 WD4 处理主根长较对照 CK 分别增加 8.33%和 9.79%，其他处理主根长均较 CK 有不同程度降低，降幅介于 5.12%～21.87%之间；WD4 处理主根直径相比 CK 增加不显著，而其他处理则均有不同程度降低，降幅在 1.78%～30.18%之间，其中重度亏水处理 WD8、WD9 与 CK 间差异显著（$p<0.05$），减幅为 27.22%和 30.18%，WD1、WD4 处理与 CK 间无显著差异（$p>0.05$）。WD1 和 WD4 处理根干重较 CK 分别增加 16.29%和 17.87%，其他处理则均不同程度降低，其中重度亏水处理 WD8 和 WD9 分别比 CK 显著降低 33.98%和 37.5%。2017 年茎叶生物量、主根长、根干重等生长指标均随水分调亏程度变化与 2016 年较为相近，但 2017 年各处理单株根干重较 2016 年大，主要源于 2017 年菘蓝生长态势较 2016 年旺盛。因此，轻度亏水不会显著降低菘蓝生物量，反而有利于根系生长，但重度亏水将引起地上和地下部生物量降低，严重影响菘蓝根系干物质积累。

表 5－2　水分调亏对菘蓝根部生长的影响

年份	处理	茎叶 /(g/株)	主根长 /cm	主根直径 /cm	根干重 /(g/株)	根冠比
2016	CK	13.09a	22.09b	1.69a	11.36b	0.868b
	WD1	13.22a	22.80ab	1.66a	13.21a	0.999a
	WD2	11.95bc	19.83c	1.47bc	10.96b	0.921b
	WD3	10.87d	19.05cd	1.42c	9.57c	0.883b
	WD4	12.52ab	23.17a	1.72a	13.39a	1.070a
	WD5	11.67cd	19.29cd	1.50b	10.02c	0.871b
	WD6	11.45cd	19.72c	1.41c	10.13c	0.878b
	WD7	11.46cd	18.59d	1.45c	9.53c	0.854b
	WD8	9.86e	16.40e	1.23d	7.50d	0.762c
	WD9	9.73e	16.33e	1.18d	7.10d	0.730c

续表

年份	处理	茎叶/(g/株)	主根长/cm	主根直径/cm	根干重/(g/株)	根冠比
2017	CK	13.85a	23.21a	1.63b	12.66ab	0.914ab
	WD1	14.02a	23.24a	1.64a	13.55a	0.970ab
	WD2	13.74a	22.20a	1.55bc	12.02bc	0.875b
	WD3	10.99b	18.67bc	1.40ef	10.59d	0.966ab
	WD4	13.47a	23.25a	1.66a	11.08cd	1.020a
	WD5	11.64b	20.04b	1.51cd	13.74a	0.954ab
	WD6	11.61b	19.92b	1.46de	10.77d	0.930ab
	WD7	11.99b	19.93b	1.44de	11.01cd	0.919ab
	WD8	9.91c	17.23cd	1.32f	8.54e	0.861b
	WD9	9.68c	16.66d	1.31f	8.43e	0.872b

注 同列数值后不同字母表示处理间差异显著（$p<0.05$）。

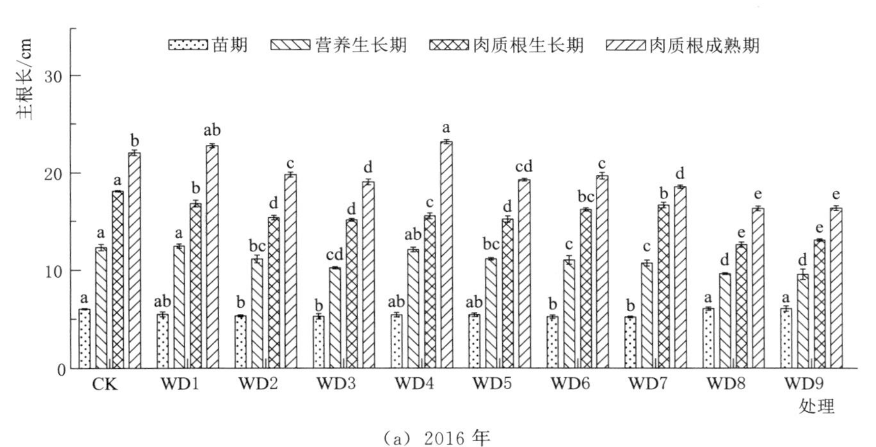

（a）2016年

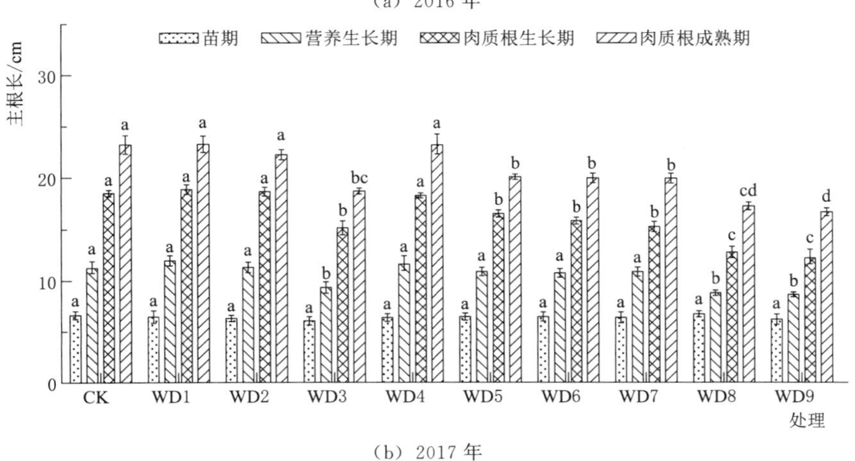

（b）2017年

图5-2 不同调亏处理主根长生长动态

根冠比是植物地下部根系生物量与地上部冠层生物量的比值，可作为植物抗旱性的表征指标之一。2016 年 WD8 和 WD9 处理菘蓝根冠比较 CK 显著降低 12.21%和 15.89%（$p<0.05$），WD7 处理与 CK 间无显著差异（$p>0.05$），其他处理均比 CK 有所增加，其中 WD4 和 WD1 处理分别显著增加 23.27%和 15.09%，WD3 处理肉质根生长期复水补偿效应较为明显，虽然菘蓝产量下降但根冠比与 CK 相近。2017 年 WD2、WD8 和 WD9 处理根冠比较 CK 分别降低 4.28%、5.85%和 4.61%，其余各处理根冠比均有所增加。对比两年数据，2017 年根冠比整体比 2016 年增长 5.37%。因此，营养生长期和肉质根生长期轻度和中度亏水菘蓝光合同化产物向地下根部转移，增加根干物质，根冠比增大；而营养生长期和肉质根生长期重度和中度亏水则会影响菘蓝根系营养生长，导致根干物质积累减少，根冠比下降。

5.3 不同亏水处理对菘蓝干物质积累的影响

膜下滴灌不同亏水处理菘蓝各生育期干物质积累如图 5-3 所示。菘蓝干物质积累过程在整个生育期呈现出 S 形增长曲线，幼苗期至营养生长期植株生长缓慢，干物质积累量

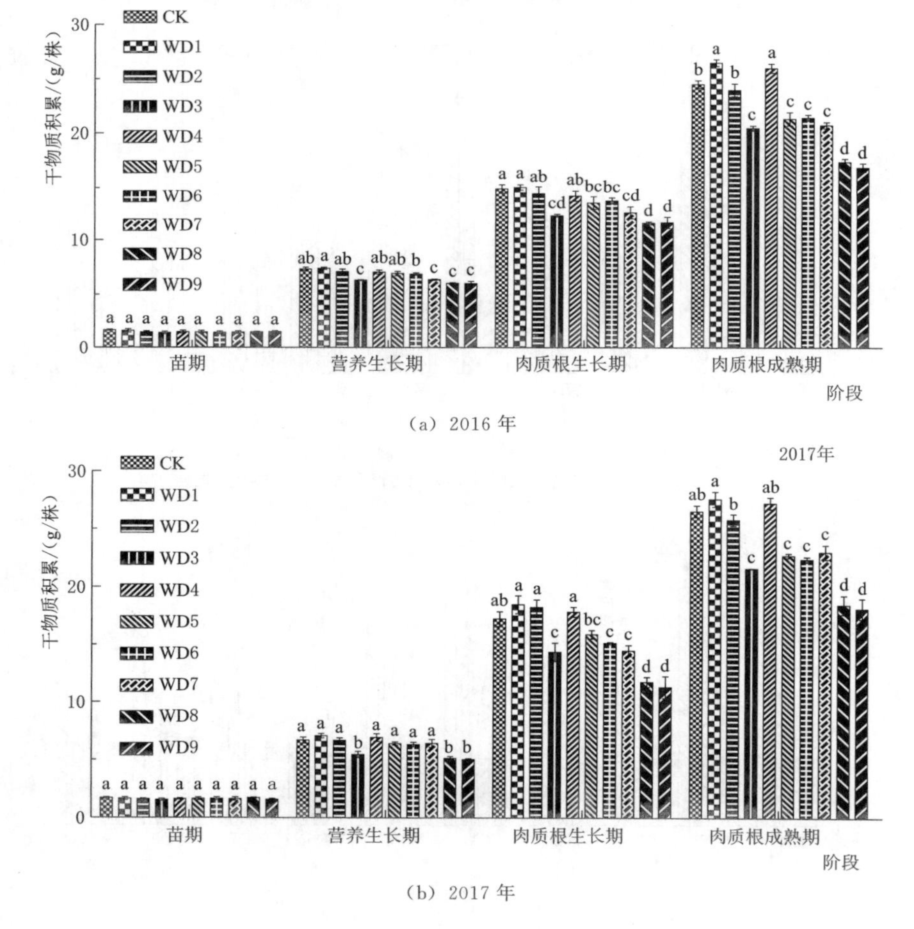

(a) 2016 年

(b) 2017 年

图 5-3 不同亏水处理菘蓝各生育期干物质积累

较小；营养生长期至肉质根生长期植株生长旺盛，干物质积累迅速；肉质根生长期至肉质根成熟期植株生长较慢，但干物质积累稳步增长。2016 年菘蓝营养生长期 WD1 处理单株干物质积累量达最大值 7.38g/株，与对照 CK 间无显著差异（$p>0.05$），其他处理则均低于 CK，其中 WD3、WD7、WD8 和 WD9 处理单株干物质较 CK 显著降低（$p<0.05$），降幅为 12.8%～17.6%；菘蓝肉质根生长期 WD1、WD2 和 WD4 处理与 CK 间无显著差异，其他处理则均低于 CK；菘蓝肉质根成熟期 WD1 和 WD4 处理分别较 CK 显著增加 8.1%和 6.1%，中度和重度亏水处理均显著低于 CK，降幅为 12.5%～31.1%。2017 年菘蓝营养生长期轻度和中度亏水处理与 CK 间无显著差异，重度亏水处理 WD3、WD8 和 WD9 分别较 CK 显著降低 18.3%、23.1%和 24.4%；菘蓝肉质根生长期 WD1、WD2 和 WD4 处理与 CK 间无显著差异，其他处理较 CK 则显著降低；肉质根成熟期 WD1 较 CK 增加 4.0%，但并无显著差异。

综合两年试验数据，2016 年和 2017 年菘蓝干物质积累过程较为相似，因苗期未进行亏水处理及对照间干物质在该生育期无显著差异（$p>0.05$）；营养生长期和肉质根生长期亏水菘蓝干物质积累各处理及对照间差异显著（$p<0.05$）；肉质根成熟期各亏水处理及对照间干物质积累也表现出显著差异。营养生长期重度亏水处理 WD3、WD8 和 WD9 菘蓝干物质积累均比充分灌溉对照 CK 显著降低 12.8%～24.4%；肉质根生长期轻度亏水处理 WD1 和 WD4 较 CK 显著增加 8.1%和 6.1%；肉质根成熟期轻度亏水处理 WD1 和 WD4 菘蓝干物质积累比 CK 显著增加，中度亏水处理 WD5、WD6 和 WD7 比 CK 有所降低，重度亏水处理均则显著低于 CK，降幅为 12.5%～31.1%，主要因为其干物质积累受水分亏缺影响严重，最终导致产量降低。本研究菘蓝干物质积累在全生育期内随时间变化呈 S 形增长曲线，重度亏水会显著降低菘蓝干物质积累量，而适时适度轻度亏水不仅不会显著影响干物质积累，还有利于作物水分利用效率的提高。

5.4 讨论与小结

过度亏水将造成植物叶绿素含量下降、气孔关闭，导致光合作用减慢，影响光合生理过程，造成干物质积累量降低，抑制植物生长。吴敏等研究表明，对栓皮栎幼苗进行中度和重度胁迫会抑制细根生长，但并未出现严重脱水和死亡现象。白向历等研究表明，各生育期重度水分胁迫会降低玉米产量，其中抽雄吐丝期胁迫严重降低玉米产量，其次为拔节期胁迫，苗期胁迫影响相对较轻。马树庆等研究表明，持续干旱对玉米幼苗根和茎叶影响显著，土壤湿度降低 1%时玉米苗期根干重下降 9%，茎叶和总生物量下降 11%。本研究发现，较之于对照 CK，中度和重度亏水菘蓝株高均不同程度降低，其中 WD9 处理降幅最为显著，降幅达 24.92%，而其他处理降幅则介于 3.66%～24.92%之间；各亏水处理茎叶生物量随水分亏缺程度的变化与株高表现基本一致，WD1 处理茎叶生物量较 CK 增加不显著（$p>0.05$），WD9 和 WD8 处理则分别比 CK 显著降低 25.66%和 24.68%，其他处理也有不同程度下降，降幅介于 4.35%～16.96%之间。菘蓝营养生长期和肉质根生长期轻度亏水对菘蓝生长影响不显著（$p>0.05$），中度亏水会抑制菘蓝生长，而重度亏水则显著影响菘蓝生长，株高、茎粗、茎叶生物量、根干重等显著（$p<0.05$）小于 CK。

本研究发现，WD4 和 WD1 处理根冠比较对照 CK 分别显著（$p<0.05$）增加

23.27%和15.09%，因此轻度亏水可促进板蓝干物质向根部积累，显著提高根冠比；WD3处理肉质根生长期复水补偿效应较为明显，虽产量有所下降但根冠比与CK间无显著差异（$p>0.05$），与魏永霞等对滴灌玉米水分调亏的研究结论相似。重度亏水处理WD8和WD9根冠比较CK分别显著降低12.21%和15.89%，但WD7与CK间无显著差异。营养生长期和肉质根生长期轻度和中度亏水促进菘蓝光合同化产物向地下部转移，提高植物抗旱性，而营养生长期和肉质根生长期重度和中度亏水则会影响菘蓝根系营养生长，导致根干物质积累减少，根冠比下降。

彭世彰等研究发现，水稻拔节孕穗后期亏水加重会直接降低生育后期干物质积累。唐梅等研究表明，盆栽大豆苗期轻度亏水处理可提高干物质积累量，但中度和重度亏水则显著降低大豆干物质积累量。乌兰等研究显示，马铃薯干物质积累随苗期亏水加剧而降低，复水后干物质积累呈轻度亏水>充分灌溉>重度亏水的变化规律。本研究营养生长期重度亏水处理WD3、WD8和WD9菘蓝干物质积累均比充分灌溉对照CK显著降低12.8%～24.4%（$p<0.05$）；菘蓝肉质根生长期轻度亏水处理WD1、WD2和WD4与CK间无显著差异（$p>0.05$），其他处理则均低于CK；肉质根成熟期轻度亏水处理WD1和WD4干物质积累分别比CK显著增加8.1%和6.1%，中度亏水处理WD5、WD6和WD7相比CK有所降低，而重度亏水处理则均显著低于CK，降幅为12.5%～31.1%。

营养生长期和肉质根生长期经受轻度和中度亏水处理的菘蓝复水后肉质根生长期和肉质根成熟期净光合速率有所增加，表现出较强的复水补偿效应。轻度亏水不仅不会显著降低菘蓝生物量，反而有利于根系生长，但重度亏水则引起地上部和地下部生物量减少，严重影响菘蓝根系干物质积累。轻度亏水不仅不会显著影响干物质积累，而且有利于作物水分利用效率提高。菘蓝营养生长期和肉质根生长期轻度和中度亏水促进光合同化产物向地下部转移，可提高菘蓝抗旱性，而营养生长期和肉质根生长期重度和中度亏水则影响根系营养生长，导致根干物质积累减少，根冠比下降。

通过研究膜下滴灌调亏菘蓝地上部株高、茎叶等和地下部根系主根长、根直径和干物质等指标变化，可得结论：①轻度亏水对菘蓝生长影响不显著，中度亏水会抑制菘蓝生长，而重度亏水则显著影响菘蓝生物量，株高、茎粗、茎叶生物量、根干重等均显著小于充分灌溉，主要是因为重度亏水无法满足营养生长期和肉质根生长期菘蓝旺盛生长，最终导致光合作用显著降低，无法合成更多生物量；②轻度亏水不会降低菘蓝生物量，复水后在肉质根生长期和肉质根成熟期菘蓝净光合速率有所增大，表现出较强的复水补偿效应，有利于根系生长；但重度亏水引起菘蓝地上部和地下部生物量减少，严重影响根系干物质积累。

第6章　调亏灌溉对菘蓝生产力的影响

作物生产力指单位土地面积上作物形成有机物的最大能力，受气候、土壤、作物自身及栽培管理等诸多因素的影响。探析作物生产力的限制因素并优化田间水分管理策略是提高作物生产力的基本途径，而在西北干旱绿洲区水分是作物生产力的首要限制因子。因此，提高该区作物生产力的主要途径之一就是通过灌溉模式优化提高作物水分利用效率。韩占江等的冬小麦调亏灌溉研究发现，合理的水分亏缺可有效提高冬小麦生产力和水分利用效率。袁淑芬等研究表明，春玉米不同生育阶段对水分胁迫的敏感程度大小依次为抽穗期＞大喇叭口期＞灌浆期＞拔节期，适时适度合理的水分胁迫可提高春玉米生产力。

6.1　不同亏水处理对菘蓝产量及其构成要素的影响

由表6-1可知，2016年全生育期充分灌水对照CK菘蓝产量最高（8315.58kg/hm²），其他亏水处理菘蓝产量均较CK有所降低，降幅为0.93%～37.12%。营养生长期和肉质根生长期均进行轻度亏水处理的WD1和WD4菘蓝产量与CK间无显著差异（$p>0.05$），分别达8239.56kg/hm²和8215.52kg/hm²；营养生长期重度亏水和肉质根生长期中度和重度亏水处理WD3、WD7、WD8和WD9菘蓝产量均与CK间差异显著（$p<0.05$），分别减产17.09%、16.23%、36.13%和37.12%。

表6-1　不同亏水处理菘蓝产量和水分利用效率

年份	处理	经济产量/(kg/hm²)	比对照增减产	总生物量/(kg/hm²)	比对照增减产	收获指数	比对照增减
2016	CK	8315.58a	0	12504.35a	0	0.6650bc	0
	WD1	8239.56a	-0.91%	12323.54b	-1.45%	0.6686b	0.54%
	WD2	7219.67b	-13.18%	10620.32d	-15.07%	0.6704b	0.81%
	WD3	6894.60d	-17.09%	10017.14e	-19.89%	0.6604c	-0.69%
	WD4	8215.52a	-1.20%	12080.46c	-3.39%	0.6801a	2.27%
	WD5	7164.91bc	-13.84%	10472.38d	-16.25%	0.6708b	0.87%
	WD6	7083.69c	-14.81%	10447.58d	-16.45%	0.6691b	0.62%
	WD7	6965.85d	-16.23%	9999.41e	-20.03%	0.6717b	1.01%
	WD8	5311.57e	-36.13%	8416.61f	-32.69%	0.6311d	-5.10%
	WD9	5228.54e	-37.12%	8293.01f	-33.68%	0.6305d	-5.19%
2017	CK	8322.25a	0	12489.96a	0	0.6663b	0
	WD1	8390.80a	0.82%	12476.23a	-0.11%	0.6725ab	0.93%

续表

年份	处理	经济产量/(kg/hm²)	比对照增减产	总生物量/(kg/hm²)	比对照增减产	收获指数	比对照增减
2017	WD2	7462.24b	−10.33%	11015.42c	−11.81%	0.6775ab	1.68%
	WD3	6800.36e	−18.29%	10186.77e	−18.44%	0.6675b	0.18%
	WD4	8235.32a	−1.04%	12084.28b	−3.25%	0.6815a	2.28%
	WD5	7051.11c	−15.27%	10502.59d	−15.91%	0.6714ab	0.77%
	WD6	6981.71cd	−16.11%	10475.91d	−16.13%	0.6665b	0.03%
	WD7	6819.79de	−18.05%	10111.34e	−19.04%	0.6745ab	1.23%
	WD8	5686.71f	−31.67%	8763.28f	−29.84%	0.6489c	−2.61%
	WD9	5539.79f	−33.43%	8620.97f	−30.98%	0.6426c	−3.56%

注　同列数值后不同字母表示处理间差异显著（$p<0.05$）。

2017年营养生长期轻度亏水而其他生育期充分灌溉处理WD1的菘蓝产量最高（8390.80kg/hm²），其他亏水处理的产量均有所降低，与CK相比降幅为1.04%～33.43%。营养生长期和肉质根生长期轻度亏水处理WD4菘蓝产量与CK间无显著差异（$p>0.05$），达8235.32kg/hm²；而营养生长期重度亏水和肉质根生长期分别中度、重度亏水的处理WD3、WD7、WD8和WD9的菘蓝产量均与CK间差异显著（$p<0.05$），分别减产18.29%、18.05%、31.67%和33.43%。2016年和2017年亏水程度对菘蓝经济产量的影响相似，轻度亏水处理WD1和WD4产量与CK间无显著差异，而中度和重度亏水则较CK显著降低菘蓝产量。综合两年试验结果，西北干旱半干旱区水资源短缺条件下菘蓝的适时适度调亏灌溉具有显著增产作用，若菘蓝水分调亏时段控制合理，轻度亏水可获得与充分灌溉相近的经济产量。因此，适度亏水可减少作物生育期耗水量，有利于作物水分高效利用，同时可节约灌溉用水，对作物产量影响不显著，与郑建华等的研究结果一致。

菘蓝产量构成要素主要包括主根长、主根直径、根干重和侧根数。表6-2为膜下滴灌调亏菘蓝产量及其构成要素。从表6-2可知，菘蓝侧根数受亏水程度影响不显著（$p>0.05$），而其他产量构成要素主根长、主根直径和根干重等受亏水程度影响显著（$p<0.05$），轻度亏水处理主根长、主根直径和根干重等则与对照CK相近，重度亏水处理主根长、主根直径和根干重比CK显著减小。主要原因是水分严重亏缺导致根系主动吸水作用减弱，影响光合作用进行，进而导致主根长、主根直径和根干重等产量的构成要素显著降低。

表6-2　　膜下滴灌调亏菘蓝产量及其构成要素

年份	处理	侧根数量/(个/株)	主根长/mm	主根直径/mm	根干重/g	产量/(kg/hm²)
2016	CK	11.0a	22.09b	1.69a	11.36b	8315.58a
	WD1	10.7a	22.80ab	1.66a	13.21a	8239.56a
	WD2	9.3abc	19.83c	1.47bc	10.96b	7219.67b

续表

年份	处理	侧根数量/(个/株)	主根长/mm	主根直径/mm	根干重/g	产量/(kg/hm²)
2016	WD3	7.3c	19.05cd	1.42c	9.57c	6894.60d
	WD4	10.3ab	23.17a	1.72a	13.39a	8215.52a
	WD5	9.7abc	19.29cd	1.50b	10.02c	7164.91bc
	WD6	9.3abc	19.72c	1.41c	10.13c	7083.69c
	WD7	9.7abc	18.59d	1.45c	9.53c	6965.85d
	WD8	8.7abc	16.40e	1.23d	7.50d	5311.57e
	WD9	8.0bc	16.33e	1.18d	7.10c	5228.54e
2017	CK	10.7a	23.21a	1.63b	12.66ab	8322.25a
	WD1	10.7a	23.24a	1.64a	13.55a	8390.80a
	WD2	9.3ab	22.20a	1.55bc	12.02bc	7462.24b
	WD3	7.3b	18.67bc	1.40ef	10.59d	6800.36e
	WD4	10.3ab	23.25a	1.66a	11.08cd	8235.32a
	WD5	9.3ab	20.04b	1.51cd	13.74a	7051.11c
	WD6	8.3ab	19.92b	1.46de	10.77d	6981.71cd
	WD7	9.3ab	19.93b	1.44de	11.01cd	6819.79de
	WD8	7.7ab	17.23cd	1.32f	8.54e	5686.71f
	WD9	7.3b	16.66d	1.31f	8.43e	5539.79f

注　同列数值后不同字母表示处理间差异显著（$p<0.05$）。

2016年全生育期充分灌水对照CK菘蓝产量最高，各亏水处理菘蓝产量均不同程度降低。轻度亏水处理WD1和WD4菘蓝产量与CK间无显著差异，而中度和重度亏水处理WD3、WD7、WD8和WD9产量均与CK间差异显著，减产较明显。2017年营养生长期轻度亏水而其他生育期充分灌溉处理WD1菘蓝产量最高，其他亏缺处理均导致菘蓝产量降低，其中轻度亏水处理WD4菘蓝产量与CK间无显著差异，而中度和重度亏水处理WD3、WD7、WD8和WD9菘蓝产量均与CK间差异显著，减产明显。因此，水分亏缺显著影响膜下滴灌菘蓝产量，同时也影响产量构成要素（主根长、主根直径和根干重等）。

Pearson相关性分析发现，膜下滴灌亏水菘蓝产量与其构成要素间存在一定的相关性（表6-3）。2016年菘蓝产量与侧根数、主根长、主根直径和根干重间相关系数分别为0.565、0.968、0.964和0.944，表现出较强的相关性；2017年菘蓝产量与侧根数、主根长、主根直径和根干重间相关系数分别为0.587、0.940、0.913和0.907，也表现出较强的相关性。主根长、主根直径和根干重为影响菘蓝产量的关键因子，侧根数与菘蓝产量间相关系数虽然不高，但仍达极显著正相关。因此，适时适度的水分调亏可促进菘蓝主根长、主根直径和根干重等产量构成要素增加，同时节约灌溉水量并提高菘蓝水分利用效率。

表 6-3 菘蓝产量构成要素间的相关性分析

年份	产量要素	侧根数量	主根长	主根直径	根干重	产量
2016	侧根数量	1				
	主根长	0.553**	1			
	主根直径	0.546**	0.943**	1		
	根干重	0.526**	0.955**	0.922**	1	
	产量	0.565**	0.968**	0.964**	0.944**	1
2017	产量要素	侧根数量	主根长	主根直径	根干重	产量
	侧根数量	1				
	主根长	0.629**	1			
	主根直径	0.548**	0.905**	1		
	根干重	0.661**	0.920**	0.899**	1	
	产量	0.587**	0.940**	0.913**	0.907**	1

注 ** 表示 0.01 水平上显著相关。

6.2 不同亏水处理对菘蓝总生物量的影响

生物量指作物光合产物积累形成的干物质总量，又称生物产量。菘蓝总生物量主要包括地上部茎叶和地下部根系两部分。对表 6-1 显著性分析发现，2016 年菘蓝总生物量随土壤水分亏缺程度加重呈下降趋势，其中充分灌水对照 CK 总生物量在所有处理中最大（12504.35kg/hm^2）；其他各处理总生物量较 CK 均有所降低，降幅为 1.45%～33.68%。营养生长期和肉质根生长期轻度水分调亏处理 WD1 和 WD4 较之于 CK 菘蓝总生物量降幅不显著（$p>0.05$），但营养生长期和肉质根生长期重度水分调亏处理 WD3、WD8 和 WD9 菘蓝总生物量均与 CK 间差异显著（$p<0.05$），降幅分别为 19.89%、32.69%和 33.68%。2017 年菘蓝总生物量随土壤水分亏缺程度加重亦呈下降趋势，其中充分灌水对照 CK 总生物量亦为所有处理中最大（为 12489.96kg/hm^2）；其他各处理总生物量较 CK 均有所降低，降幅为 0.11%～30.98%。营养生长期和肉质根生长期轻度亏水处理 WD1 菘蓝总生物量与 CK 间无显著差异（$p>0.05$），但营养生长期和肉质根生长期重度亏水处理 WD3、WD8 和 WD9 菘蓝总生物量均与 CK 间差异显著（$p<0.05$），降幅分别为 18.44%、29.84%和 30.98%。因此，2016 和 2017 两个试验年度亏水对菘蓝总生物量的影响相似，轻度亏水处理 WD1 和 WD4 总生物量与充分灌溉对照 CK 间无显著差异，而中度和重度亏水处理则显著降低菘蓝总生物量。

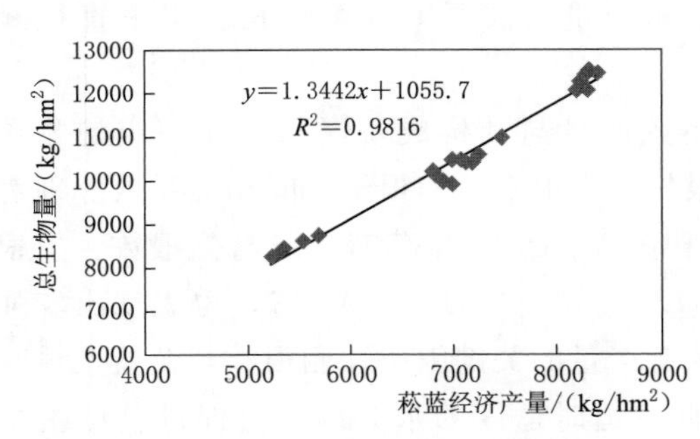

图 6-1 不同调亏灌溉处理下菘蓝经济产量（x）和总生物量（y）间的关系

显著性分析发现，膜下滴灌菘蓝总生物量受亏水影响显著，且随水分亏缺程度加重呈下降趋势（图 6-1）。轻度亏水处理总生物量与充分灌溉对照 CK 相近，而营养生长期和肉质根生长期中度亏水显著影响菘蓝总生物量积累，主要是因为营养生长期和肉质根生长期为菘蓝生物量积累的关键时期，水分是该生育期作物生长的重要限制因子。由于 WD8 和 WD9 处理在肉质根生长期进行了重度亏水处理，对生物量积累影响严重，因此菘蓝栽培要避免作物遭受持续干旱。从图 6-1 的回归分析发现，调亏灌溉条件下菘蓝经济产量和总生物量间呈良好的线性正相关，回归方程可描述为 $y=1.3442x+1055.7$（$R^2=0.9816$）。因此，本研究干旱环境下调亏灌溉菘蓝经济产量随总生物量增加呈线性增加趋势，要获得较高的经济产量可通过增加总生物量积累来实现。

6.3 不同亏水处理对菘蓝收获指数的影响

收获指数随作物品种改良和栽培技术改进而逐步提高，一定程度上反映作物生产水平。由表 6-1 可知，2016 年轻度亏水处理 WD4 收获指数最高，比充分灌溉对照 CK 增加 2.28%，但与 CK 间无显著差异（$p>0.05$）；重度亏水处理 WD8 和 WD9 收获指数分别较对照显著（$p<0.05$）降低 4.26% 和 4.61%；其他处理 WD1、WD2、WD5、WD6 和 WD7 收获指数也有所增加，但与 CK 间无显著差异。2017 年轻度亏水处理 WD4 收获指数最高，比充分灌溉对照 CK 增加 2.28%，中度亏水处理 WD7 收获指数比 CK 增加 1.23%，而重度亏水处理 WD8 和 WD9 收获指数则较 CK 显著降低 2.61% 和 3.56%；其他处理 WD1、WD2、WD3、WD5、WD6 和 WD7 收获指数也有所增加，但与 CK 间无显著差异。2016 年和 2017 年亏水程度对菘蓝收获指数的影响相似，轻度和中度亏水处理收获指数与 CK 间无显著差异，而重度亏水处理收获指数则较对照 CK 显著降低。

由图 6-2 可知，收获指数和总生物量间呈二次曲线关系，回归方程为 $y=-5\times10^{-9}x^2+0.0001x+0.0788$（$R^2=0.9106$），表明调亏灌溉条件下菘蓝收获指数随总生物量增加呈先增后降趋势。由图 6-3 可知，收获指数和经济产量间呈线性关系，回归方程为 $y=10^{-5}x+0.5737$（$R^2=0.7185$），表明调亏灌溉菘蓝收获指数随经济产量增加而线性增加。对菘蓝产量、总生物量和收获指数间的关系分析发现，收获指数和总生物量是表征菘蓝产量的主要指标，提高作物收获指数和总生物量可获得较高的经济产量，但若仅注重总生物量增加而忽略收获指数则不一定可获得较高经济产量，总生物量增加到一定程度时经济产量和收获指数反而下降。

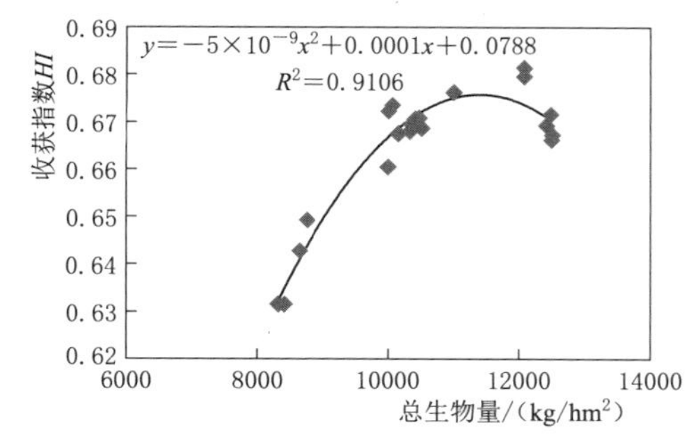

图 6-2 收获指数（y）与总生物量（x）的关系

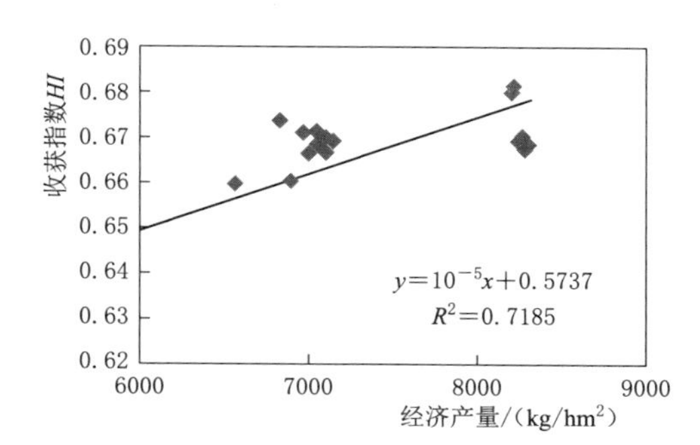

图 6-3 收获指数（y）与经济产量（x）的关系

6.4 不同亏水处理对菘蓝水分利用效率的影响

6.4.1 水分利用效率

膜下滴灌调亏可有效提高菘蓝水分利用效率（表6-4）。2016年营养生长期和肉质根生长期轻度亏水处理对菘蓝水分利用效率影响显著，其中WD1和WD4处理水分利用效率较充分灌溉对照CK增加最为显著（$p<0.05$），增幅为8.00%和8.45%；其他处理水分利用效率较CK则均有所降低，其中WD2、WD3、WD7、WD8和WD9处理水分利用效率显著低于CK，分别降低8.01%、7.69%、7.45%、24.38%和25.41%。2017年WD1处理水分利用效率最高[23.62kg/(hm^2·mm)]，比CK显著提高8.35%，WD4处理次之，比CK提高6.74%，因此营养生长期和肉质根生长期轻度亏水对菘蓝水分利用效率影响显著；其他处理水分利用效率则均较CK有所降低，其中WD2、WD3、WD5、WD6、WD7、WD8和WD9处理水分利用效率显著低于CK，分别降低6.47%、9.22%、9.54%、8.17%、9.95%、20.73%和22.48%。因此，在营养生长期和肉质根成熟期进

表6-4 调亏灌溉菘蓝水分利用效率

年份	处理	降雨量/mm	总耗水量/mm	产量/(kg/hm^2)	*IWUE*/[kg/(hm^2·mm)]	*WUE*/[kg/(hm^2·mm)]
2016	CK	185.8	374.04	8315.58a	50.94b	22.23b
	WD1	185.8	343.28	8239.56a	54.04a	24.01a
	WD2	185.8	353.05	7219.67b	49.03c	20.45d
	WD3	185.8	335.92	6894.60d	51.03b	20.52d
	WD4	185.8	340.85	8215.52a	54.67a	24.11a
	WD5	185.8	346.06	7164.91bc	49.32c	20.70cd
	WD6	185.8	338.38	7083.69c	49.68c	20.93c
	WD7	185.8	338.56	6965.85d	50.57b	20.57d
	WD8	185.8	316.03	5311.57e	46.10d	16.81e
	WD9	185.8	315.27	5228.54e	46.48d	16.58e
2017	CK	196.5	381.75	8322.25a	50.36bc	21.80b
	WD1	196.5	355.25	8390.80a	54.57a	23.62a
	WD2	196.5	366.06	7462.24b	49.89c	20.39c
	WD3	196.5	343.62	6800.36e	51.47b	19.79d
	WD4	196.5	353.93	8235.32a	54.03a	23.27a
	WD5	196.5	357.65	7051.11c	48.25d	19.72d
	WD6	196.5	348.66	6981.71cd	49.11cd	20.02cd
	WD7	196.5	347.35	6819.79de	50.20bc	19.63d
	WD8	196.5	329.02	5686.71f	48.39d	17.28e
	WD9	196.5	327.78	5539.79f	48.48d	16.90e

注 同列数值后不同字母表示处理间差异显著（$p<0.05$）。

行轻度亏水处理可提高菘蓝水分利用效率，而中度和重度亏水处理则明显降低菘蓝水分利用效率。

6.4.2 灌溉水分利用效率

灌溉水利用效率（irrigation water use efficiency，IWUE）为作物经济产量与灌溉用水总量的比值，是衡量灌溉水利用程度的重要指标。本研究发现，肉质根生长期轻度亏水可显著提高菘蓝灌溉水利用效率，而肉质根生长期中度和重度亏水则降低灌溉水利用效率。由表6-4可知，2016年营养生长期轻度亏水处理对灌溉水利用效率影响显著，WD1和WD4处理较对照CK显著提高6.08%和7.32%（$p<0.05$），而营养生长期重度亏水和肉质根生长期轻度、中度亏水处理WD8和WD9灌溉水利用效率降幅最大，分别为9.50%和8.75%。2017年营养生长期轻度亏水处理也对菘蓝灌溉水利用效率有显著影响，WD1处理灌溉水分利用效率最高为54.57kg/(hm^2·mm)，比充分灌溉对照CK显著提高8.36%，WD4处理次之，比CK提高7.29%；营养生长期中度、重度水分调亏和肉质根生长期中度亏水处理WD5、WD8和WD9菘蓝灌溉水利用效率较对照CK降幅分别为4.19%、3.91%和3.73%。因此，肉质根生长期轻度亏水对菘蓝灌溉水利用效率提高有明显促进作用，而肉质根生长期中度和重度亏水则将明显降低灌溉水利用效率。

6.4.3 菘蓝产量、生物量、收获指数与水分利用效率的关系

由图6-4可知，2016年和2017年膜下滴灌调亏菘蓝产量与水分利用效率间呈线性关系，回归模型分别为 $y=0.0022x+4.8961$（$R^2=0.943$，2016年）和 $y=0.0021x+5.1004$（$R^2=0.9448$，2017年），表明调亏灌溉条件下菘蓝水分利用效率与产量呈线性正相关，决定系数分别为0.943和0.9448。因此，调亏灌溉条件下膜下滴灌菘蓝水分利用效率随产量增加呈线性增加趋势，当灌水量逐渐增大时菘蓝水分利用效率呈先增后降趋势，适度水分胁迫可提高菘蓝产量和水分利用效率。

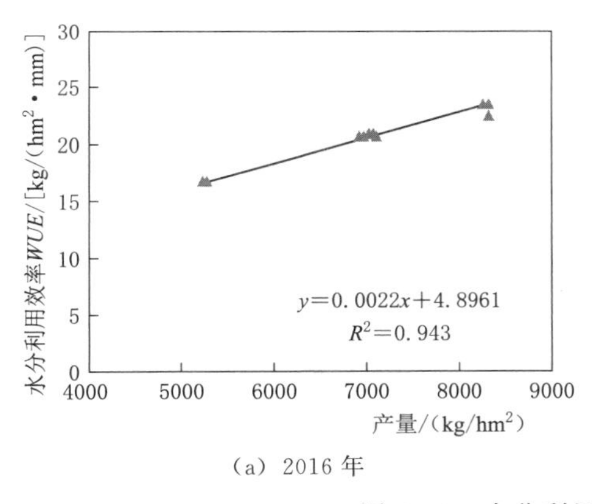

(a) 2016年

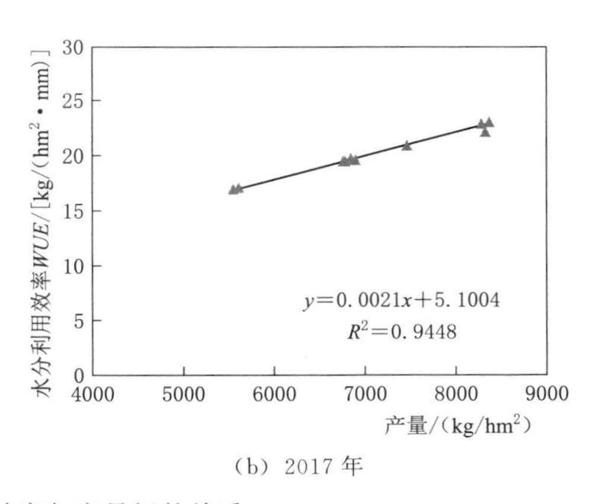

(b) 2017年

图6-4 水分利用效率与产量间的关系

由图6-5发现，2016年和2017年膜下滴灌调亏菘蓝总生物量与水分利用效率间呈线性关系，回归模型分别为 $y=0.0016x+3.5835$（$R^2=0.9044$，2016年）和 $y=0.0015x+3.7675$（$R^2=0.9309$，2017年）。回归分析表明，膜下滴灌菘蓝水分利用效率和总生物量间呈现良好的线性正相关，决定系数分别为0.9044和0.9309。因此，调亏灌

溉条件下膜下滴灌菘蓝水分利用效率随产量增加呈线性增加趋势。

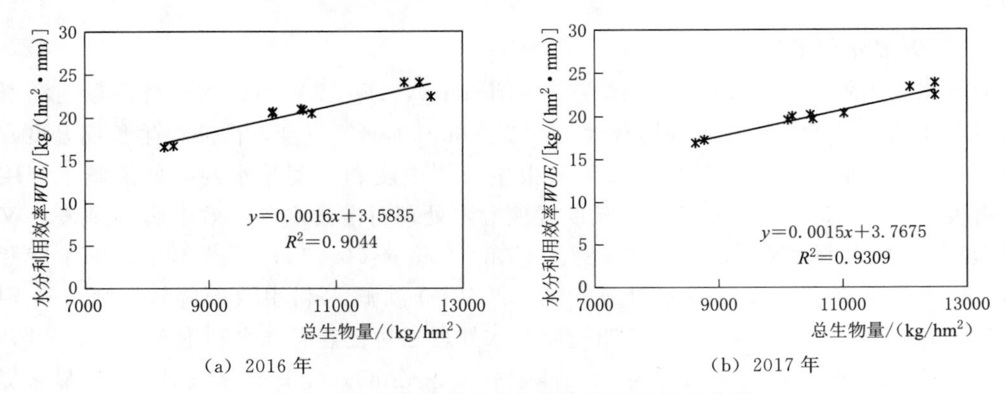

(a) 2016年　　(b) 2017年

图6-5　水分利用效率与总生物量之间的关系

由图6-6发现，2016年和2017年调亏灌溉条件下膜下滴灌菘蓝收获指数与水分利用效率间呈线性关系，回归模型分别为 $y=128.42x-64.291$（$R^2=0.7559$，2016年）和 $y=141.53x-74.148$（$R^2=0.6165$，2017年）。回归分析表明，膜下滴灌菘蓝水分利用效率和收获指数间呈线性正相关。因此，调亏灌溉条件下膜下滴灌菘蓝水分利用效率随收获指数增加呈线性增加趋势。

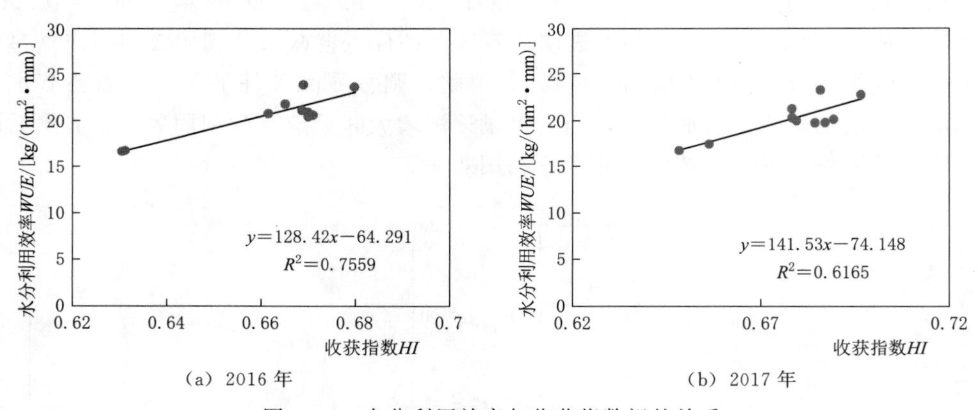

(a) 2016年　　(b) 2017年

图6-6　水分利用效率与收获指数间的关系

6.5 菘蓝产量、总生物量和收获指数与耗水量的关系

菘蓝全生育期耗水量受降雨量、灌溉水量及其他气象因子和土壤环境的影响。从图6-7可知，调亏灌溉条件下菘蓝产量与全生育期耗水量的关系可用二次抛物线表示，两者较为相似。耗水量较小时菘蓝产量随耗水量增加呈线性增加趋势，2016年耗水量为370mm时获得最大产量8140kg/hm²，2017年耗水量为381mm时获得最大产量8193kg/hm²，当耗水量超过临界值时菘蓝产量不再增加，反而随耗水量增加呈下降趋势。

由图6-7可知，2016年和2017年调亏灌溉菘蓝水分利用效率随耗水量增加呈二次抛物线关系，回归模型分别为 $y=-0.0031x^2+2.2451x-379.75$（$R^2=0.6825$，2016

年）和 $y=-0.0028x^2+2.1015x-366.26$（$R^2=0.6309$，2017年），两者较为相似。回归分析发现，菘蓝水分利用效率随耗水量增加总体呈上升趋势，但当耗水量达到临界值（2016年360mm，2017年369mm）后，水分利用效率将呈下降趋势。因此，要同时获得最高产量和最高水分利用效率，菘蓝耗水量应保持在355～370mm之间。由图6-8发现，调亏灌溉条件下2016年和2017年菘蓝总生物量与耗水量间关系可用线性方程描述，回归模型分别为 $y=71.28x-13728$（$R^2=0.6717$，2016年）和 $y=71.587x-14462$（$R^2=0.6993$，2017年）。从回归方程可以看出，2016年和2017年调亏灌溉菘蓝耗水量与总生物量间呈线性正相关，决定系数分别为0.6717和0.6993。因此，调亏灌溉条件下膜下滴灌菘蓝总生物量随耗水量增加呈线性增加趋势。

由图6-9发现，2016年和2017年调亏灌溉条件下菘蓝收获指数与耗水量间关系可用二次抛物线来描述，其回归模型分别为 $y=-3\times10^{-5}x^2+0.021x-3.0358$（$R^2=0.9297$，2016年）和 $y=-3\times10^{-5}x^2+0.0194x-2.8425$（$R^2=0.9066$，2017年）。从以上两个回归方程可以看出，调亏灌溉条件下菘蓝的收获指数与耗水量之间呈现出较好的二次抛物线关系，其决定系数分别是0.9297和0.9066，表明在膜下滴灌调亏条件下该区菘蓝的收获指数随耗水量增加而增大，当耗水量到达某一临界值时，收获指数达到最大值，

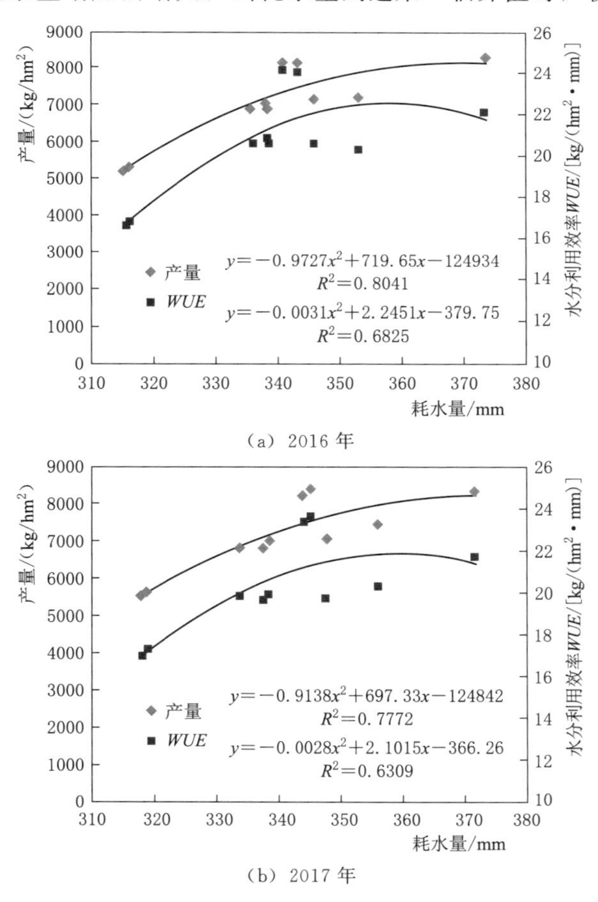

图6-7 产量及水分利用效率与耗水量间的关系

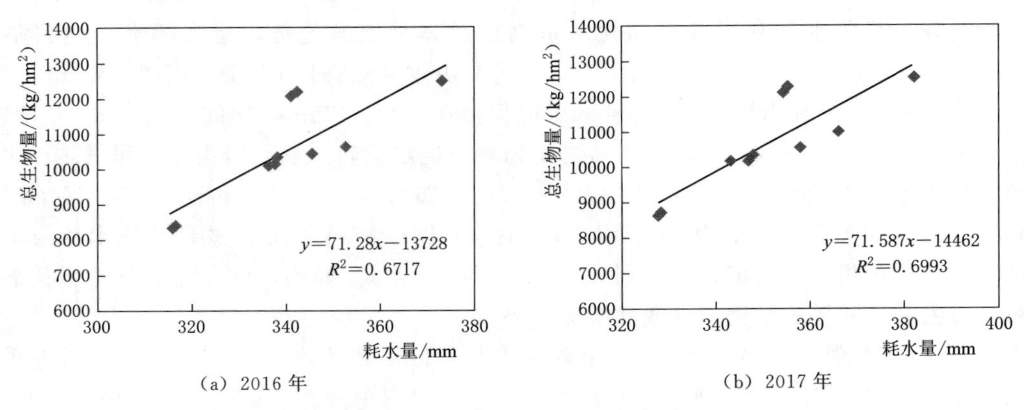

(a) 2016 年　　(b) 2017 年

图 6-8　总生物量与耗水量间的关系

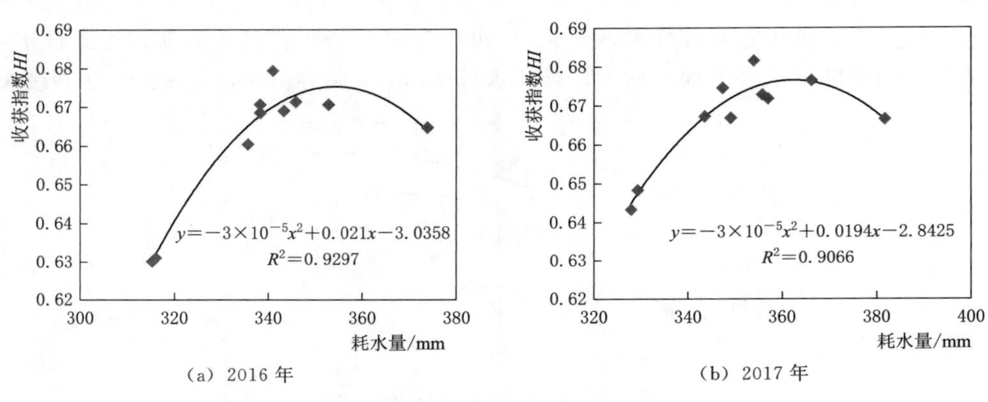

(a) 2016 年　　(b) 2017 年

图 6-9　收获指数与耗水量间关系

此后收获指数随耗水量增加逐渐减小。因此，在获得较高产量和水分利用效率的同时，还应考虑收获指数，当耗水量在 350～360mm（2016 年）和 355～365mm（2017 年）之间时菘蓝收获指数将达到最大值。

6.6　膜下滴灌调亏菘蓝水分生产函数

作物水分生产函数可反映作物产量随水分投入量变化的规律，而影响产量和水分的因素很多，如作物品种和遗传特性、大气环境和作物水分分配及蒸腾作用等。目前，常用的阶段作物水分生产函数模型有 Blank 模型和 Jensen 模型。本试验采用的生育阶段水分生产函数模型（Blank 模型和 Jensen 模型）可反映供水时间和供水次数对作物产量的影响。两种水分生产函数模型为

Blank（1975）模型
$$\frac{Y_a}{Y_m}=\sum_{i=1}^{n}A_i\left(\frac{ET_{ai}}{ET_{mi}}\right)\tag{6-1}$$

Jensen（1968）模型
$$\frac{Y_a}{Y_m}=\prod_{i=1}^{n}\left(\frac{ET_{ai}}{ET_{mi}}\right)^{\lambda_i}\tag{6-2}$$

式中 Y_{a}、Y_{m}——水分亏缺条件下和充分灌溉条件下的菘蓝作物产量，kg/hm²；

ET_{ai}、ET_{mi}——水分亏缺条件下各处理和充分灌溉条件下作物蒸腾蒸发量，mm，其中下脚 m 指水分亏缺处理的数量，本试验 $m=10$；

i——生育阶段编号；

n——作物生育阶段总数，本试验 $n=4$；

A、λ——菘蓝产量对缺水的敏感系数。

6.6.1 膜下滴灌调亏菘蓝水分生产函数求解

1. Blank 模型求解

对式（6-1），令

$$Z=\frac{Y_{a}}{Y_{m}},X_{i}=\frac{ET_{ai}}{ET_{mi}} \tag{6-3}$$

因此，式（6-1）可用线性公式表示为

$$Z=\sum_{i=1}^{n}A_{i}X_{i} \tag{6-4}$$

若有 m 个处理，可得 j 组 $X_{ij}\cdot Z_{j}(j=1,2,\cdots,m;i=1,2,\cdots,n)$。采用最小二乘法可求得满足条件的 A_{i} 值，即

$$\min\theta=\sum_{j=1}^{m}\left(A_{j}-\sum_{i=1}^{n}A_{i}X_{i}X_{ij}\right)^{2} \tag{6-5}$$

令$\dfrac{\partial\theta}{A_{i}}=0$，则由式（6-4）得

$$-2\sum_{j=1}^{m}\left(Z_{j}-\sum_{i=1}^{n}A_{i}\cdot X_{ij}\right)\cdot X_{ij}=0 \tag{6-6}$$

可得联立线性方程组：

$$\begin{cases}L_{1,1}A_{1}+L_{1,2}A_{2}+\cdots+L_{1,n}A_{n}=L_{1,z}\\ L_{2,1}A_{1}+L_{2,2}A_{2}+\cdots+L_{2,n}A_{n}=L_{2,z}\\ \cdots\cdots\\ L_{n,1}A_{1}+L_{n,2}A_{2}+\cdots+L_{n,n}A_{n}=L_{n,z}\\ L_{i,k}=\sum_{j=1}^{m}X_{kj}\cdot X_{ij}\qquad k=1,2,3,\cdots,n\\ L_{i,z}=\sum_{j=1}^{m}X_{ij}\cdot Z_{j}\qquad k=1,2,3,\cdots,n\end{cases} \tag{6-7}$$

$$R_{1}=\left[\frac{\sum_{i=1}^{n}A_{i}\cdot L_{i,n+1}}{L_{n+1,n+1}}\right]^{\frac{1}{2}} \tag{6-8}$$

2. Jensen 模型求解

将式（6-2）两边取 ln 对数得

$$\ln\frac{Y_{a}}{Y_{m}}=\lambda_{i}\sum_{i=1}^{n}\ln\frac{ET_{ai}}{ET_{mi}} \tag{6-9}$$

对式（6－9）可令 $P=\frac{Y_a}{Y_m}$，$Q_i=\ln\frac{ET_{ai}}{ET_{mi}}$

因此，式（6－9）可用线性公式表示为

$$P=\sum_{i=1}^{n}\lambda_i\cdot Q_i \tag{6-10}$$

若有 m 个处理，可得 j 组 $Q_{ij}\cdot P_j$ （$j=1,2,\cdots,m;i=1,2,\cdots,n$），采用最小二乘法，可求得满足条件的 λ_i 值，即

$$\min\beta=\sum_{j=1}^{m}\left(P_j-\sum_{i=1}^{n}\lambda_i\cdot Q_iQ_{ij}\right)^2 \tag{6-11}$$

令 $\frac{\partial\beta}{\lambda_i}=0$，则由式（6－11）可得

$$-2\sum_{j=1}^{m}\left(P_j-\sum_{i=1}^{n}\lambda_i\cdot Q_{ij}\right)\cdot Q_{ij}=0 \tag{6-12}$$

可得联立线性方程组：

$$\begin{cases}I_{11}\lambda_1+I_{12}\lambda_2+\cdots+I_{1n}\lambda_n=I_{1z}\\ I_{21}\lambda_1+I_{22}\lambda_2+\cdots+I_{2n}\lambda_n=I_{2z}\\ \cdots\cdots\\ I_{n1}\lambda_1+I_{n2}\lambda_2+\cdots+I_{nn}\lambda_n=I_{nz}\\ I_{ik}=\sum_{j=1}^{m}Q_{kj}\cdot Q_{ij}\qquad k=1,2,3,\cdots,n\\ L_{iz}=\sum_{j=1}^{m}Q_{ij}\cdot P_j\qquad k=1,2,3,\cdots,n\end{cases} \tag{6-13}$$

$$R_2=\left[\frac{\sum_{i=1}^{n}\lambda_i\cdot I_{i,n+1}}{I_{n+1,n+1}}\right]^{\frac{1}{2}} \tag{6-14}$$

6.6.2 膜下滴灌调亏菘蓝水分生产函数求解结果

求解式（6－7）可求得 A_i，并根据式（6－8）可得 R_1，结果见表 6－5。Blank 模型相关系数 R_1 为 0.988，采用 Blank 模型水分生产函数可较好地反映菘蓝产量和耗水量间的关系，且菘蓝苗期水分敏感系数最大，肉质根生长期次之，表明苗期和肉质根生长期缺水对菘蓝产量影响较大。由 Blank 模型计算水分敏感系数 A，可得试验条件下菘蓝水分生产函数为

$$\frac{Y_a}{Y_m}=0.733\frac{ET_1}{ET_{m1}}+0.404\frac{ET_2}{ET_{m2}}+0.721\frac{ET_3}{ET_{m3}}+0.156\frac{ET_4}{ET_{m4}} \tag{6-15}$$

式中 1、2、3、4——代表菘蓝苗期、营养生长期、肉质根生长期和肉质根成熟期四个生育期。

求解式（6－13）可计算求得 λ_i，根据式（6－14）可得 R_2，结果见表 6－5。Jensen 模型相关系数 R_2 为 0.932，用 Jensen 模型求解的菘蓝水分生产函数模型也能较好地反映菘蓝产量和耗水量间的关系。菘蓝水分敏感系数在苗期最大，肉质根生长期次之，表明苗

期和肉质根生长期缺水对菘蓝产量影响较大，这与用 Blank 模型求解所得结果一致。由 Jensen 模型计算水分敏感指数 λ，得到本试验条件下菘蓝的水分生产函数，即

$$\frac{Y_a}{Y_m}=\left(\frac{ET_1}{ET_{m1}}\right)^{1.316}\times\left(\frac{ET_2}{ET_{m2}}\right)^{0.303}\times\left(\frac{ET_3}{ET_{m3}}\right)^{1.060}\times\left(\frac{ET_4}{ET_{m4}}\right)^{0.024} \tag{6-16}$$

式中 1、2、3、4——代表菘蓝苗期、营养生长期、肉质根生长期和肉质根成熟期四个生育期。

通过 Blank 模型和 Jensen 模型计算所得菘蓝水分生产函数模型的相关系数 R 分别为 0.988 和 0.932（表 6-5），表明 Blank 模型和 Jensen 模型能较好地反映菘蓝产量与耗水量间的关系，且两种模型所求解菘蓝各生育阶段水分敏感系数大小依次为苗期、肉质根生长期、营养生长期、肉质根成熟期，而两种模型所得菘蓝水分敏感系数较大的生育期为苗期和肉质根生长期。

表 6-5 菘蓝不同生育期水分敏感系数

模型	水分敏感系数	苗期	营养生长期	肉质根生长期	肉质根成熟期	相关系数（R_1、R_2）
Blank 模型	A	0.733	0.404	0.721	0.156	0.988
Jensen 模型	λ	1.316	0.303	1.060	0.024	0.932

6.7 讨论与小结

调亏灌溉不仅可用于果树节水增产，对大田作物玉米、小麦和水稻也具有节水增产效果。雷艳等研究表明，冬小麦在返青期经受水分亏缺导致干物质显著降低 7.7%，但却促进产量和水分利用效率分别提高 4.95%和 7.56%。时学双等研究发现，亏水条件下春青稞产量均低于充分灌溉，且产量随亏水程度加重而降低，但轻度亏水可显著提高春青稞水分利用效率和收获指数，而重度亏水则显著降低产量、水分利用效率和收获指数。本研究表明，菘蓝营养生长期和肉质根生长期轻度亏水（WD1 和 WD4）对菘蓝产量影响不显著（$p>0.05$），但其他水分亏缺处理均导致菘蓝产量降低，尤其重度水分亏缺（WD3、WD7、WD8 和 WD9）菘蓝产量与 CK 间差异显著（$p<0.05$），降幅为 17.09%～37.42%。

显著性分析发现，膜下滴灌调亏显著影响菘蓝总生物量，且总生物量随水分亏缺程度加重呈下降趋势。其中对照 CK 总生物量最大，其他各亏水处理总生物量较 CK 均有所降低，降幅在 0.11%～33.68%之间。营养生长期和肉质根生长期均轻度亏水处理 WD1 和 WD4 菘蓝总生物量降幅不显著（$p>0.05$），而营养生长期和肉质根生长期均重度亏水处理 WD3、WD8 和 WD9 菘蓝总生物量分别显著（$p<0.05$）低于 CK 对照 18.44%～33.68%，这与闫映宇、李炫臻研究结论相似，即充足水分有利于作物生物量积累，而亏水程度加重则对生物量积累有显著影响。营养生长期和肉质根生长期是菘蓝生物量积累的关键时期，水分为该时期作物生长的重要限制因子，肉质根生长期重度亏水（WD8 和 WD9）严重影响菘蓝生物量积累，因此需避免作物遭受持续干旱。

适时适度亏水可有效提高作物产量和生物量，从而显著提高作物收获指数，但严重亏水则导致收获指数降低。丁林等研究发现，大豆水分敏感期进行水分调亏会导致收获指数

显著降低。本研究发现，轻度亏水处理WD4菘蓝收获指数最高，但与对照CK间无显著差异（$p>0.05$）；重度亏水处理WD8和WD9收获指数较CK显著（$p<0.05$）降低2.61%～4.26%；其他亏水处理WD1、WD2、WD3、WD5、WD6和WD7收获指数也有所增加，但与CK间无显著差异。本研究调亏灌溉条件下膜下滴灌菘蓝收获指数随耗水量增加而增加，当耗水量增加至某一临界值（350～360mm，2016年；355～365mm，2017年）时收获指数达到最大值，之后收获指数随耗水量继续增加呈下降趋势。

董国锋等研究结果表明，轻度亏水可显著提高苜蓿水分利用效率。本研究认为，营养生长期和肉质根生长期亏水对菘蓝水分利用效率影响显著，轻度亏水处理WD1和WD4水分利用效率显著增加（$p<0.05$），较对照CK增加6.74%～8.45%，而其他处理水分利用效率均有所降低，其中WD2、WD3、WD7、WD8和WD9处理水分利用效率显著低于CK对照6.47%～25.41%。主要是因为中度和重度亏水使细胞壁坚固，复水后难以恢复，从而导致生物量减产；此外，亏水导致菘蓝根系木质化程度加重，不利于根系生长，药用价值也降低。因此，菘蓝营养生长期和肉质根成熟期轻度亏水可提高其水分利用效率，而中度和重度亏水将显著降低水分利用效率。

回归分析发现，菘蓝产量、总生物量和收获指数与水分利用效率间均呈线性关系，产量和收获指数与耗水量均呈二次抛物线关系，与张步翀等对春小麦调亏灌溉研究结论相似。本研究菘蓝产量与耗水量间呈二次抛物线关系，在耗水量较低阶段菘蓝产量随耗水量增加呈线性增加，当耗水量增加至某一临界值（2016年为370mm，2017年为381mm）时菘蓝产量最高（2016年为8140kg/hm^2；2017年为8193kg/hm^2），此后菘蓝产量则将随耗水量增加而下降。

杨静敬等研究发现，通过Jensen模型确定冬小麦水分敏感生育时期为抽穗—灌浆期，该时期应避免水分亏缺，否则将对作物产量造成影响。本研究通过Blank模型和Jensen模型求得菘蓝水分生产函数模型的相关系数分别为0.988和0.932，发现Blank模型和Jensen模型均能较好地反映菘蓝产量与耗水量间的关系，且菘蓝各生育阶段水分敏感系数从大到小依次为苗期、肉质根生长期、营养生长期、肉质根成熟期，因此菘蓝水分敏感系数较大的生育期为苗期和肉质根生长期。

综上，研究膜下滴灌调亏菘蓝经济产量、总生物量、收获指数、水分利用效率和灌溉水利用效率间的关系可知：

（1）菘蓝经济产量受轻度亏水影响不显著，而中度和重度亏水显著降低菘蓝经济产量。亏水显著影响菘蓝总生物量，且总生物量随亏水程度加重呈下降趋势，因此轻度亏水可有效抑制菘蓝地上部生物量积累且不显著降低菘蓝经济产量。

（2）菘蓝水分利用效率受亏水影响显著。轻度亏水处理导致菘蓝水分利用效率显著增加，而其他亏水处理水分利用效率均有所降低。

（3）Blank模型和Jensen模型能较好地反映菘蓝产量与耗水量间的关系，通过两种模型所得菘蓝水分敏感系数较大的生育期为苗期和肉质根生长期，此期间应保证菘蓝得到充足的水分供应。

第7章 调亏灌溉对菘蓝土壤养分、微生物及酶活性的影响

现代农业已从石化农业向生态农业逐步转变。石化农业主要以化肥、农药和动植物生长激素的高投入获取更高的产出，虽然已给人类带来较高的劳动生产率和丰富的农产品，但也不可避免地出现了诸多生态问题，如土壤重金属污染、土壤侵蚀、化肥农药用量不断攀升、土地荒漠化及环境污染等。因此迫切需要一种新型农业发展模式，此种背景下生态农业应运而生。生态农业的基础要素之一为良好的土壤生态环境，主要包括土壤养分、土壤微生物、土壤酶活性和土壤 pH 值等方面。

7.1 不同亏水处理对土壤养分的影响

土壤养分指土壤中能直接或经转化后能被植物根系吸收的矿质营养成分，主要来源于土壤有机质和土壤矿物质等。土壤养分转化过程研究内容主要包括植物体土壤养分吸收利用、土壤养分淋溶损失、气态挥发损失、侵蚀流失和土壤养分有效性及其人为调节等。道地药材栽培是符合现代生态学原理的用药历史经验的总结。良好的土壤生态环境是形成道地药材的重要保障，对道地药材生长发育、产量和品质均有直接影响。

由表 7-1 可以看出，菘蓝播前 0～40cm 土层各处理间土壤中碱解氮、速效磷和速效钾含量差异不显著，说明播前土壤施肥均匀，农田平整效果良好。综合 2016 年和 2017 年试验数据，收获后菘蓝不同亏水处理间土壤碱解氮、速效磷和速效钾差异显著（$p<0.05$），重度亏水处理 WD3、WD8 和 WD9 碱解氮与播前相近，而轻度和中度亏水处理 WD1、WD2、WD4、WD5 和 WD7 碱解氮含量较低。

表 7-1　菘蓝农田各处理土壤碱解氮、速效磷、速效钾含量变化

年份	处理	碱解氮/(mg/kg)		速效磷/(mg/kg)		速效钾/(mg/kg)	
		播种前 BP	收获后 AH	播种前 BP	收获后 AH	播种前 BP	收获后 AH
2016	CK	82.48a	64.49bc	25.42ab	21.59a	110.71a	95.46a
	WD1	81.26a	59.57c	24.22ab	20.50ab	113.41a	79.22bcd
	WD2	82.22a	65.14bc	25.74a	20.76a	111.17a	75.50cd
	WD3	82.58a	79.37a	22.44b	18.08c	112.54a	83.90bc
	WD4	82.43a	66.95bc	24.44ab	18.35bc	110.45ab	74.39cd
	WD5	82.17a	60.27c	22.98ab	17.27c	106.25ab	74.58cd
	WD6	83.16a	70.75b	23.48ab	17.40c	112.32a	72.80d

续表

年份	处理	碱解氮/(mg/kg)		速效磷/(mg/kg)		速效钾/(mg/kg)	
		播种前 BP	收获后 AH	播种前 BP	收获后 AH	播种前 BP	收获后 AH
2016	WD7	83.84a	65.96bc	24.51ab	21.39a	109.75ab	78.08bcd
	WD8	81.11a	80.24a	26.07a	21.17a	107.99ab	87.58ab
	WD9	82.19a	80.54a	22.54b	22.11a	102.14b	86.96ab
2017	CK	59.84a	51.15cd	27.56a	22.93a	88.22a	75.87a
	WD1	58.11a	46.17d	27.23a	21.89ab	89.67a	59.29c
	WD2	60.61a	52.67cd	26.90a	20.35abc	89.57a	69.03ab
	WD3	59.02a	62.89ab	25.66a	17.43c	88.84a	71.78a
	WD4	60.13a	53.58cd	26.31a	18.94bc	88.34a	62.39bc
	WD5	59.30a	47.26d	25.57a	18.64bc	86.99a	71.66a
	WD6	61.40a	57.50bc	24.71a	19.12bc	90.59a	59.75c
	WD7	60.76a	52.26cd	26.84a	20.65abc	87.30a	71.32a
	WD8	60.09a	65.84a	26.87a	22.91a	87.27a	72.34a
	WD9	58.36a	63.53ab	26.12a	24.01a	85.38a	75.23a

注 同列数值后不同字母表示处理间差异显著（$p<0.05$）。

所有亏水处理及对照 CK 菘蓝收获后速效磷含量均比播前有所降低。收获后土壤速效磷含量 WD8、WD9 和 CK 较高，而处理 WD3、WD4、WD5、WD6 和 WD7 速效磷含量则显著降低（$p<0.05$），缘于肉质根生长期轻、中度亏水有利于菘蓝根系对土壤速效磷的吸收利用。所有处理及对照菘蓝收获后速效钾含量均比播前有所降低，且以 WD3、WD8、WD9 和 CK 较高，而处理 WD1、WD4 和 WD6 速效钾含量则较低，主要是由于营养生长期和肉质根生长期轻、中度亏水有利于菘蓝根系对土壤速效钾的吸收利用。

7.2 不同亏水处理对土壤微生物的影响

土壤微生物数量是土壤微生物研究的最基本指标。土壤细菌数量在土壤微生物中占比最大，土壤放线菌是土壤微生物的第二大类群，可分泌大量活性物质且土壤放线菌和有益拮抗放线菌的比例对土壤微生物生态平衡十分重要。土壤真菌是土壤微生物系统的重要组成部分，包含有益真菌和病原真菌，它们共同构成土壤真菌的多样性。细菌和真菌是土壤微生物量的主要组成部分，细菌和真菌的相对比例是土壤微生物群落结构稳定性和生态系统自我调节的重要指标，较高的真菌/细菌比代表更稳定的土壤生态系统。季节性气候变化、耕作方式、植被类型、土壤理化性质、灌水方式等均直接或间接影响土壤微生物数量。

由图 7-1 可以发现，2017 年土壤细菌数量随土层深度增加总体呈下降趋势，菘蓝各生育期 0～20cm 土层细菌数量＞20～40cm 土层细菌数量＞40～60cm 土层细菌数量。从菘蓝整个生育期来看，营养生长期土壤细菌数量多于苗期、肉质根生长期和肉质根成熟期，其他三个生育期土壤细菌数量比较接近。不同亏水对土壤细菌数量均有影响，菘蓝苗期0～20cm土层对照CK和WD1、WD2、WD4、WD7处理细菌数量较多，重度亏水处理WD3、WD8和WD9细菌数量较少，各处理20～40cm与40～60cm土层细菌数量较为接近；营养生长期0～20cm土层对照CK和WD1、WD2、WD4处理细菌数量较多，且各处理20～40cm和40～60cm土层细菌数量较为接近；肉质根生长期0～20cm土层WD2、WD3和WD4处理土壤细菌数量较多，WD5、WD8和WD9处理20～40cm土层土壤细菌数量明显少于其他处理；肉质根成熟期0～20cm土层对照CK和WD1、WD3、WD4、WD6处理土壤细菌数量较多，且各处理20～40cm和40～60cm土层细菌数量较为接近。试验数据表明，菘蓝营养生长期轻、中度亏水不会显著影响0～20cm土层土壤细菌数量，但重度亏水时20～40cm和40～60cm土层土壤细菌数量较充分灌溉和轻度亏水降低明显；肉质根生长期水分过多导致表层土壤细菌数量减少，而亏水引起的复水补偿效应则导致表层土壤细菌数量增加。

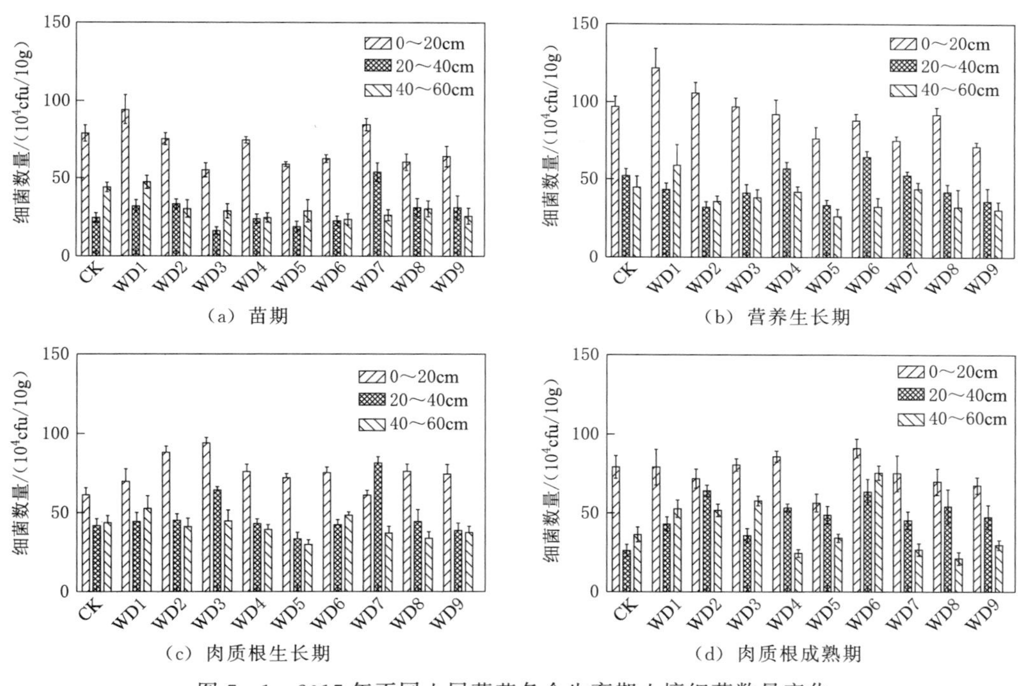

图7-1 2017年不同土层菘蓝各个生育期土壤细菌数量变化

由图7-2可以看出，2017年土壤真菌数量随土层深度增加总体呈降低趋势。菘蓝不同生育期土壤真菌数量基本上呈0～20cm土层＞20～40cm土层＞40～60cm土层的变化趋势。从菘蓝整个生育期来看，0～20cm土层土壤真菌数量呈营养生长期＞肉质根成熟期＞肉质根生长期＞苗期的变化趋势。不同水分调亏处理对土壤真菌数量均有影响。营养生长期0～20cm土层对照CK和WD1、WD4、WD5等亏水处理土壤真菌数量较多且显著高于其他处理，营养生长期中度和重度亏水处理土壤真菌数量与其他各生育期相近，且各处理20～40cm和40～60cm土层真菌数量也较为接近。此外，肉质根生长期0～20cm土层对照 CK 和 WD1、WD4 处理土壤真菌数量较多。试验数据表明，菘蓝营养生长期水分调亏不会显著影响 0～20cm 土层土壤真菌数量，而轻度亏水则可增加土壤真菌数量；肉质根生长期中度和重度亏水也不会显著影响土壤真菌数量。

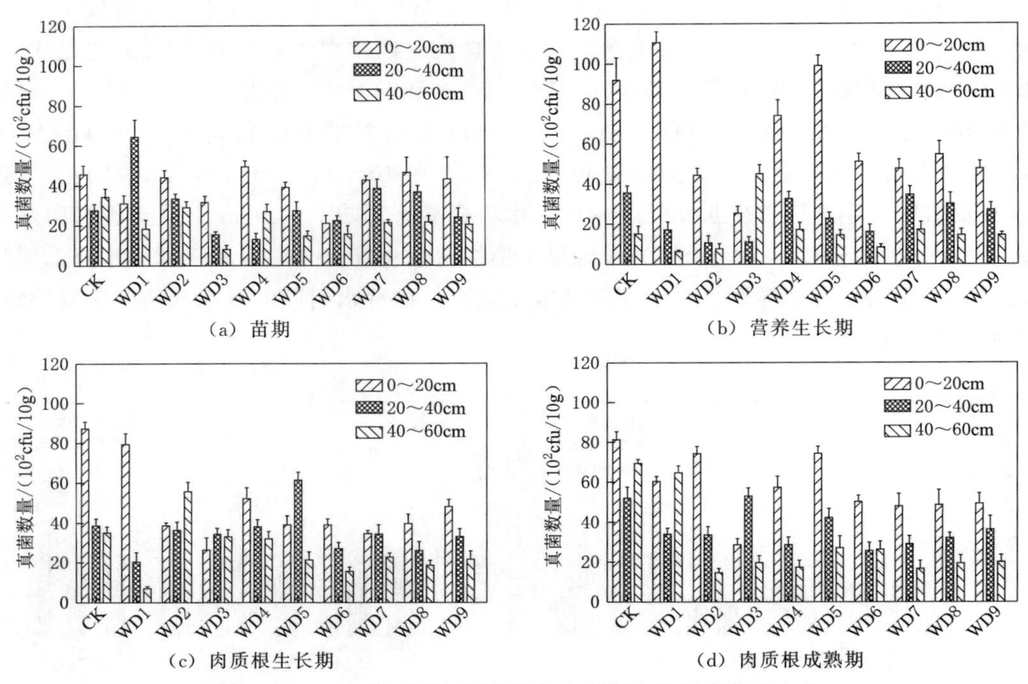

图 7-2 2017 年不同土层菘蓝各生育期土壤真菌数量变化

由图 7-3 可以看出，土壤放线菌数量随土层深度增加总体呈降低趋势。菘蓝不同生育期各土层土壤放线菌数量呈 0～20cm 土层＞20～40cm 土层＞40～60cm 土层的变化趋势。从菘蓝整个生育期来看，0～20cm 土层土壤放线菌数量呈营养生长期＞苗期＞肉质根成熟期＞肉质根生长期的变化趋势。水分调亏对土壤放线菌数量均有影响。营养生长期 0～20cm 土层对照 CK 和 WD1、WD2、WD3、WD5 处理土壤放线菌数量较多且显著多于

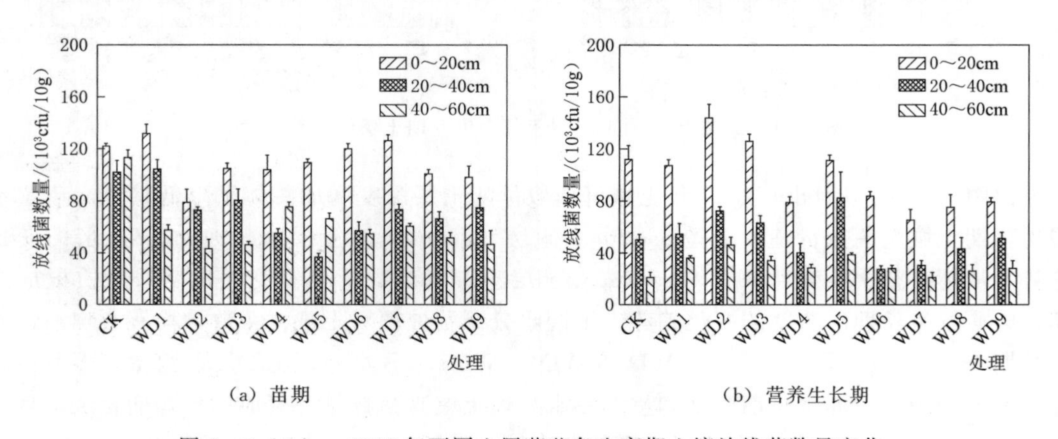

图 7-3（一） 2017 年不同土层菘蓝各生育期土壤放线菌数量变化

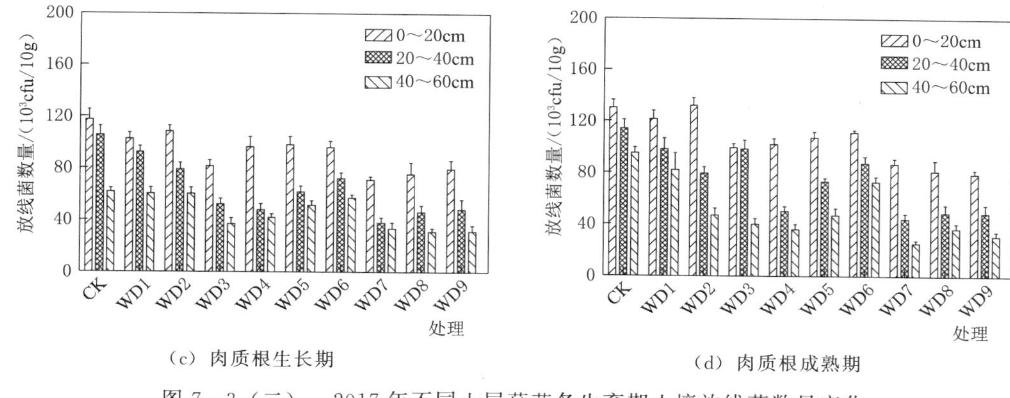

(c) 肉质根生长期

(d) 肉质根成熟期

图7-3（二） 2017年不同土层菘蓝各生育期土壤放线菌数量变化

其他处理，营养生长期中度和重度亏水处理土壤放线菌数量与其他各生育期相近，各处理20～40cm和40～60cm土层放线菌数量也较为接近。肉质根生长期0～20cm土层对照CK和WD1、WD2、WD4、WD5、WD6等亏水处理土壤放线菌数量较多，而重度亏水处理WD8和WD9 40～60cm土层放线菌数量较少。本研究表明，菘蓝营养生长期轻、中度亏水不会显著影响0～20cm土层土壤放线菌数量，而轻度亏水会增加土壤放线菌数量；肉质根生长期重度亏水则会影响较深土层土壤放线菌数量。

7.3 不同亏水处理对土壤酶活性的影响

土壤酶是土壤最活跃的有机成分之一，也是土壤新陈代谢的主要因素，更是促进土壤生态系统代谢的动力。土壤酶在土壤物质循环和能量转化过程中起着重要作用，是土壤功能的直接体现。土壤酶活性在一定程度上反映土壤所处状况，且对环境等外界因素引起的变化比较敏感，是土壤系统变化的预警和敏感指标，已作为农业土壤质量和生态系统功能的生物活性指标被广泛研究。

图7-4为2017年不同土层菘蓝各生育期土壤脲酶的活性。由图7-4可以看出，土壤脲酶活性随土层深度增加总体呈下降趋势，菘蓝各生育期不同土层土壤脲酶活性均呈0～20cm土层>20～40cm土层>40～60cm土层的变化趋势。从菘蓝整个生育期来看，土壤脲酶活性由大到小的次序为肉质根生长期>营养生长期>苗期>肉质根成熟期。不同亏水对土壤脲酶活性均有影响。苗期0～20cm土层对照CK和WD1、WD2处理土壤脲酶活性较高，各处理20～40cm土层脲酶活性较为接近。营养生长期0～20cm土层对照CK和WD1、WD2、WD4处理脲酶活性较高，而20～40cm和40～60cm土层WD3和WD9处理土壤脲酶活性均低于其他处理。肉质根生长期0～20cm土层WD3和WD9处理土壤脲酶活性较低，其他处理间土壤脲酶活性较为接近，且各处理20～40cm和40～60cm土层脲酶活性比较接近。肉质根成熟期0～20cm土层对照CK和WD1、WD4、WD5处理土壤脲酶活性较高，各处理20～40cm和40～60cm土层脲酶活性较为接近。试验数据表明，菘蓝营养生长期充分灌溉和轻度亏水不会显著影响0～20cm土层土壤脲酶活性，但重度亏水导致土壤脲酶活性显著低于充分灌溉和轻度亏水；肉质根生长期0～20cm土层土壤

脲酶活性显著高于 20～40cm 和 40～60cm 土层，充分灌溉和轻、中度亏水有助于表层土壤脲酶活性的增强。

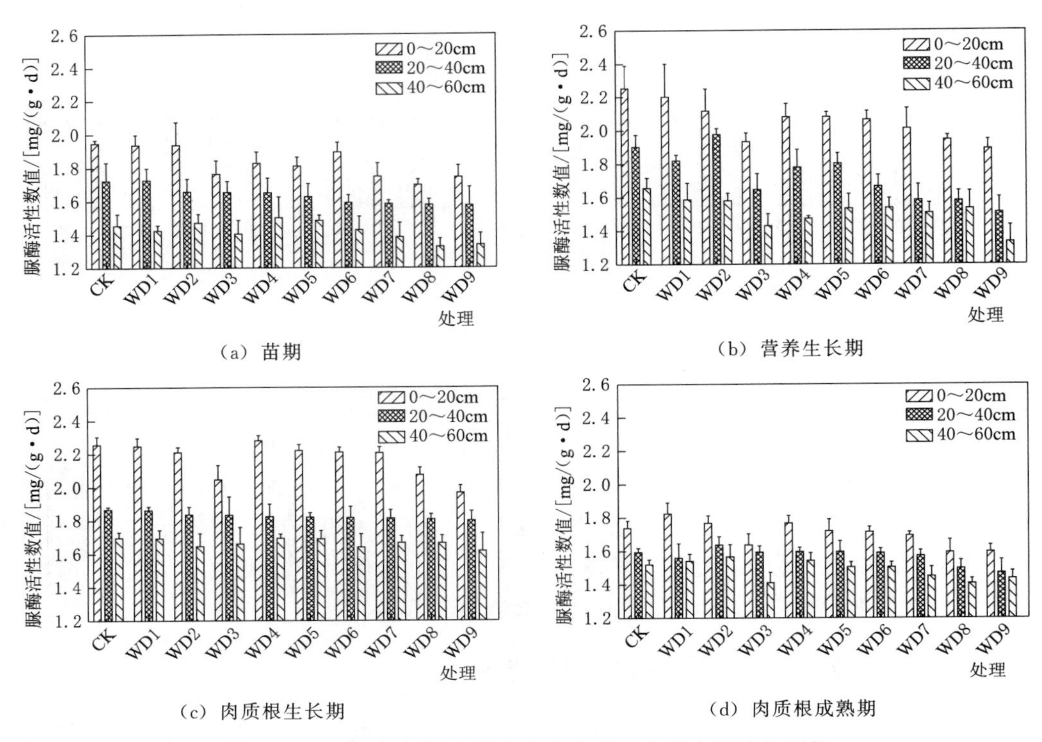

(a) 苗期

(b) 营养生长期

(c) 肉质根生长期

(d) 肉质根成熟期

图 7-4　2017 年不同土层萩蓝各生育期土壤中脲酶的活性

图 7-5 为 2017 年不同土层萩蓝各生育期土壤蔗糖酶活性。由图 7-5 可以看出，土壤蔗糖酶活性随土层深度增加整体呈下降趋势，不同土层萩蓝各生育期土壤蔗糖酶活性均呈 0～20cm 土层＞20～40cm 土层＞40～60cm 土层的变化趋势。从萩蓝整个生育期来看，土壤蔗糖酶活性由大到小的次序为肉质根成熟期＞肉质根生长期＞营养生长期＞苗期。不同水分调亏对土壤蔗糖酶活性的影响表现为：①苗期 0～20cm 土层对照 CK 和 WD2 处理土壤蔗糖酶活性较高，各处理 20～40cm 土层蔗糖酶活性较为接近；②营养生长期 0～20cm 土层对照 CK 和 WD1、WD4、WD6 处理土壤蔗糖酶活性较高，20～40cm 和 40～60cm 土层 WD3 和 WD9 处理土壤蔗糖酶活性均低其他处理；③肉质根生长期 0～20cm 土层亏水处理 WD3、WD7、WD8 和 WD9 土壤蔗糖酶活性较低，其他处理蔗糖酶活性较为接近，且各处理 20～40cm 和 40～60cm 土层蔗糖酶活性也比较接近；④肉质根成熟期 0～20cm 土层对照 CK 和 WD1、WD2、WD4 处理土壤蔗糖酶活性较高，各处理 20～40cm 和 40～60cm 土层蔗糖酶活性较为接近。萩蓝整个生育期内土壤蔗糖酶活性随生育期推进逐渐升高。萩蓝营养生长期充分灌溉和轻度亏水可增强 0～20cm 土层土壤蔗糖酶活性，但重度亏水土壤蔗糖酶活性显著低于充分灌溉和轻度亏水。肉质根生长期 0～20cm 土层土壤蔗糖酶活性显著高于 40～60cm 土层，充分灌溉和轻、中度亏水有助于表层土壤蔗糖酶活性增强。

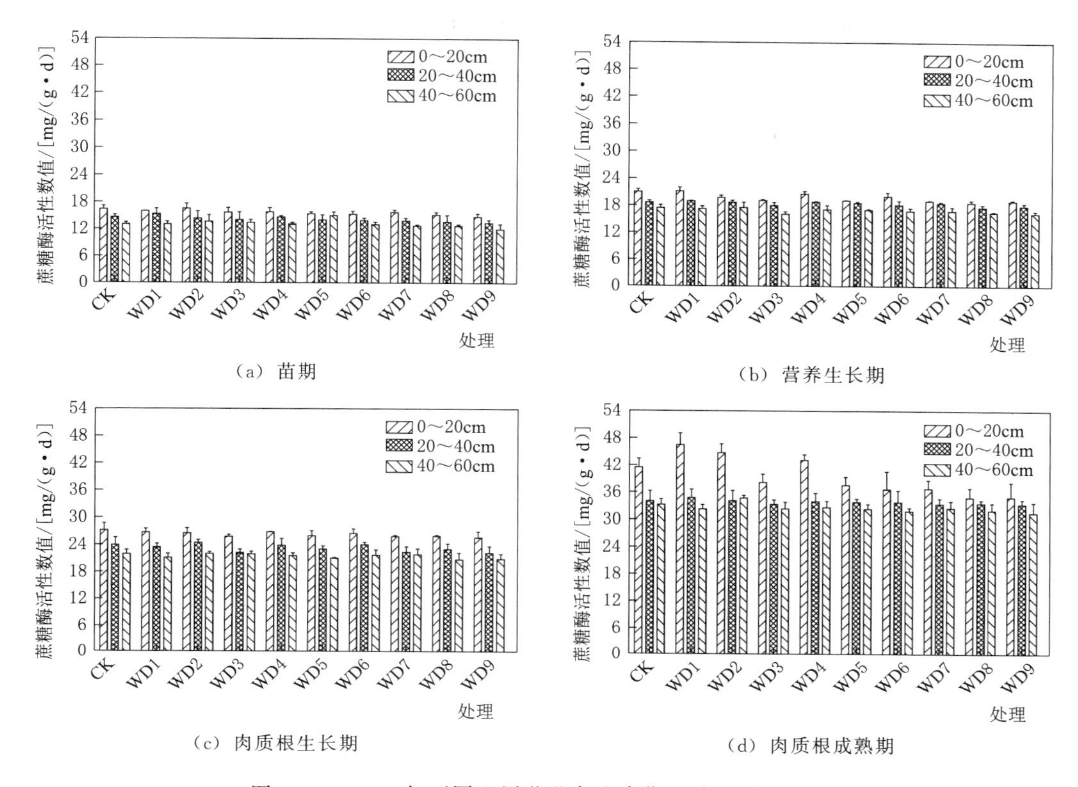

图 7-5 2017年不同土层菘蓝各生育期土壤蔗糖酶活性

7.4 讨论与小结

土壤养分是农业生产的基础，也是土壤肥力的核心要素。适度水分亏缺灌溉可减少土壤速效养分流失，促进作物对N、K等营养元素的吸收利用，有利于最终产量的形成。作物栽培不仅需重视土壤养分可持续利用，全面了解土壤养分与作物生长发育的关系，充分利用土壤肥力，还要兼顾水分、土壤微生物等因素的影响，采用适宜的栽培耕作措施。

张晓英等研究发现，适度亏水条件下异根嫁接黄瓜产量显著提高，同时对土壤N、P、K养分吸收利用具有促进作用。唐梅研究表明，与充分灌水相比轻度亏水可提高大豆地上部N、P、K吸收量，而土壤速效N、P、K含量均有不同程度减少。本试验研究得出相似结论，菘蓝收获后不同水分亏缺处理间土壤碱解氮、速效磷和速效钾差异显著（$p<0.05$），所有处理菘蓝收获后土壤碱解氮含量均比播前有所降低，重度亏水处理WD3、WD8和WD9碱解氮与播前相近，而轻度和中度亏水处理WD1、WD2、WD4、WD5和WD7土壤碱解氮含量显著降低。主要是根际周围土壤养分及矿物质运输主要通过水分迁移进行，土壤水分充足有利于菘蓝根系对碱解氮等养分物质的吸收利用。菘蓝收获后所有处理土壤速效磷含量均比播前有所降低，但以WD8、WD9处理和对照CK较高，而处理WD3、WD4、WD5、WD6和WD7速效磷含量则显著降低。菘蓝收获后所有处理土壤速

效钾含量均比播前有所降低，但以 WD3、WD8、WD9 处理和对照 CK 较高，而 WD1、WD4 和 WD6 处理速效钾含量则显著降低。这主要是由于水分过多和严重亏水导致土壤速效磷和速效钾吸收缓慢，而营养生长期和肉质根生长期轻、中度亏水有利于菘蓝根系对土壤速效磷和速效钾的吸收利用。

王理德等研究发现，石羊河下游退耕地土壤细菌、放线菌和真菌数量依次降低，土壤微生物数量、生物量及土壤酶活性随土层深度呈逐渐下降趋势，且表层土壤微生物数量及土壤酶活性占比较大。王金凤等研究表明，轻度亏水可有效改善土壤气—热—水等环境，有利于土壤微生物活性增强和数量增加。本研究结果表明，菘蓝土壤微生物组成中细菌数量最多，放线菌次之，真菌最少；土壤细菌、真菌和放线菌数量随土层深度增加整体呈逐渐降低趋势，且菘蓝各生育期不同土层细菌数量呈 0～20cm 土层＞20～40cm 土层＞40～60cm 土层的变化趋势。菘蓝营养生长期轻、中度水分亏缺不会显著影响 0～20cm 土层土壤细菌数量，但重度亏水 20～40cm 和 40～60cm 土层土壤细菌数量低于充分灌溉和轻度亏水处理。菘蓝肉质根生长期水分过多会导致表层土壤中细菌数量减少，而水分亏缺复水后产生的补偿效应导致表层土壤细菌数量增加。菘蓝营养生长期水分亏缺不会显著影响 0～20cm 土层土壤真菌和放线菌数量，但轻度亏水会增加土壤真菌和放线菌数量。肉质根生长期中度和重度亏水不会显著影响土壤真菌和放线菌数量。

本研究发现，土壤脲酶和蔗糖酶活性随土层深度增加总体呈降低趋势，不同土层菘蓝各生育期土壤脲酶和蔗糖酶活性高低呈 0～20cm 土层＞20～40cm 土层＞40～60cm 土层的变化趋势，与王理德研究结果相近。从菘蓝整个生育期来看，土壤脲酶活性由大到小次序为肉质根生长期＞营养生长期＞苗期＞肉质根成熟期，土壤蔗糖酶活性由大到小次序为肉质根成熟期＞肉质根生长期＞营养生长期＞苗期。

范海兰研究发现，不同水分调亏条件下根际土壤脲酶活性均呈先降后增趋势，中度水分胁迫下根际土壤脲酶活性较高，重度水分胁迫在后期降低土壤蔗糖酶活性。陈娜娜等研究发现，葡萄萌芽期和新梢生长期进行亏水处理可显著提高土壤蔗糖酶活性。本试验结果表明，菘蓝营养生长期充分灌溉和轻度亏水不会显著影响 0～20cm 土层土壤脲酶活性，而重度亏水导致土壤脲酶活性显著低于充分灌溉和轻度亏水；肉质根生长期 0～20cm 表层土壤脲酶活性显著高于 20～40cm 和 40～60cm 土层，充分灌溉和轻、中度亏水有助于表层土壤脲酶活性增强。菘蓝整个生育期土壤蔗糖酶活性随生育期推进逐渐增强。菘蓝营养生长期充分灌溉和轻度亏水会提高 0～20cm 土层蔗糖酶活性，而重度亏水土壤蔗糖酶活性则显著低于充分灌溉和轻度亏水；肉质根生长期 0～20cm 表层土壤蔗糖酶活性显著高于 40～60cm 土层，且充分灌溉和轻、中度亏水有助于表层土壤蔗糖酶活性的提高。

综上所述，研究水分调亏对膜下滴灌菘蓝土壤养分、微生物和酶活性等的影响可知：

（1）菘蓝收获后不同水分调亏处理间土壤碱解氮、速效磷和速效钾差异显著。轻度和中度亏水土壤碱解氮含量较充分灌溉显著降低。重度亏水导致土壤速效磷和速效钾吸收缓慢，而轻中度亏水则有利于菘蓝根部对土壤速效磷和速效钾的吸收利用。

（2）菘蓝土壤细菌、真菌和放线菌数量随土层深度增加整体呈逐渐降低趋势，营养生长期水分亏缺不会显著影响 0～20cm 土层土壤真菌和放线菌数量，且轻度亏水会增加土壤真菌和放线菌数量；肉质根生长期中度和重度亏水不会显著影响土壤真菌和放线菌数量。

（3）充分灌溉和轻度亏水不会显著影响0～20cm土层土壤脲酶活性，而重度亏水土壤脲酶活性则显著降低；轻度亏水可增强0～20cm土层土壤蔗糖酶活性，而重度亏水土壤蔗糖酶活性则显著降低。

第8章　调亏灌溉对菘蓝品质的影响

近年来，随着人们对中草药需求的不断增加，中药种植面积也逐渐扩大，但因对药材经济产量的要求，人们起初主要追求中药材产量而忽略了对品质的要求。通常情况下，次生代谢产物为中药的主要成分，而菘蓝的主要成分包括生物碱类、有机酸类及苷类化合物等，其有效成分主要有靛蓝、靛玉红和（R，S）-告依春等，还有其他营养成分如丁酸、脯氨酸、甘氨酸、苏氨酸、蛋氨酸、丙氨酸、天门冬氨酸、谷氨酸、半胱氨酸、苯丙氨酸等氨基酸，因此，菘蓝不仅具有抗炎、抗菌、抗病毒等作用，还可增强人体免疫力。

水分与作物品质关系密切。在作物某些生育阶段通过土壤水分调控可改善作物代谢，促进光合产物形成与积累，且可改善作物品质。随着中药材规模化种植的发展，土壤水分对药用作物生长发育、产量和品质的调控日渐受到重视。龙云等研究表明，干旱条件下栽培绞股蓝植株生物量减少而叶片皂苷含量增加。邵玺文等研究表明，水分供给量达250mm和350mm时黄芩生长好，生物量高，适度干旱提高了黄芩苷含量。因此，在不降低菘蓝产量的前提下，如何采用科学合理的灌溉管理措施保证和提高其道地性和药材品质是中草药生产面临的重要问题。本章通过调亏灌溉对菘蓝主要有效成分靛蓝、靛玉红和（R，S）-告依春的影响研究，探求保证并有效提高研究区菘蓝产量和品质的膜下滴灌水分调亏最优灌溉模式。

8.1　不同亏水处理对菘蓝（R，S）-告依春含量的影响

不同生育期水分调亏对菘蓝（R，S）-告依春含量有不同程度的影响（图8-1）。水分调亏能够增加菘蓝有效成分含量，提高菘蓝品质，各处理有效成分含量均达到药典标准，且菘蓝品质随生育期连续中轻度亏水程度增加而提高，但重度水分亏缺不利于有效成分（R，S）-告依春含量的积累。

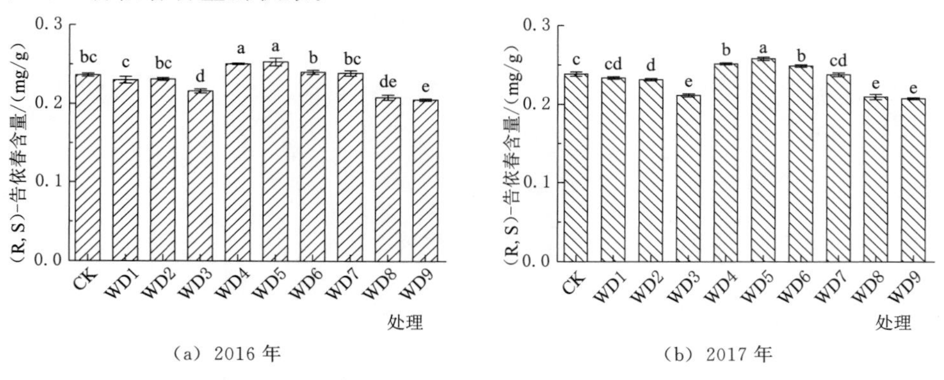

图8-1　调亏灌溉对菘蓝（R，S）-告依春含量的影响

2016年营养生长期重度亏水处理WD3和肉质根生长期连续亏水处理WD8和WD9的(R,S)-告依春含量较CK降低8.59%、11.97%和13.23%,与对照CK(0.236mg/g)间差异显著($p<0.05$),而营养生长期和肉质根生长期轻中度连续水分调亏则有利于(R,S)-告依春含量提高,处理WD5、WD4和WD6(R,S)-告依春含量较CK分别增加7.04%、5.92%和1.55%,而WD2、WD7处理与CK间无显著差异($p>0.05$)。

2017年营养生长期重度水分调亏处理WD3和肉质根生长期连续水分亏缺的WD8、WD9处理(R,S)-告依春含量较对照CK(0.239mg/g)降低11.29%、12.13%和12.97%,与CK间差异达显著水平($p<0.05$),而营养生长期和肉质根生长期轻、中度连续调亏则有利于(R,S)-告依春含量增加,WD5、WD4和WD6处理较CK分别增加5.43%、7.94%和4.18%。WD2和WD7处理与CK间无显著差异($p>0.05$)。综合两年的试验结果可知,营养生长期和肉质根生长期重度亏水均会严重影响菘蓝有效成分(R,S)-告依春含量,而在这两个生育期中、轻度亏水则可在一定程度上增加(R,S)-告依春的积累。

经过二次回归分析发现,2016年和2017年调亏灌溉条件下菘蓝(R,S)-告依春含量随全生育期耗水量增加呈先增加后降低的变化趋势,可用图8-2中二次抛物线回归方程描述两者间的关系。在耗水量开始增加阶段(300~340mm),菘蓝(R,S)-告依春含量随耗水量增加近似呈现线性增加趋势;而后在耗水量持续增加阶段(340~370mm),菘蓝(R,S)-告依春含量逐步趋于稳定,大部分处理(R,S)-告依春含量均集中于此,同时出现(R,S)-告依春含量最大值(WD5),所对应耗水量为346~357mm之间,为最大耗水量的92%~94%;当耗水量持续增加至最大值(370~390mm)时,菘蓝(R,S)-告依春含量则随之降低,但不会严重影响菘蓝有效成分积累。

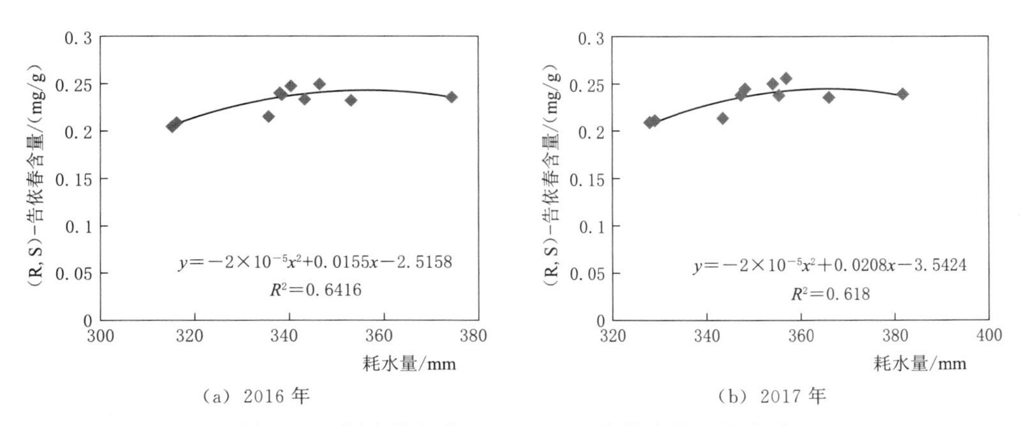

(a) 2016年　　(b) 2017年

图8-2　耗水量与菘蓝(R,S)-告依春含量的关系

8.2　不同亏水处理对菘蓝靛蓝含量的影响

不同生育期水分调亏能够增加菘蓝有效成分含量,提高菘蓝品质,各处理有效成分含量均可达药典标准。在中轻度亏水条件下菘蓝品质有所提高,但是重度亏水不利于有效成分靛蓝含量的积累。调亏灌溉对菘蓝靛蓝含量的影响如图8-3所示。

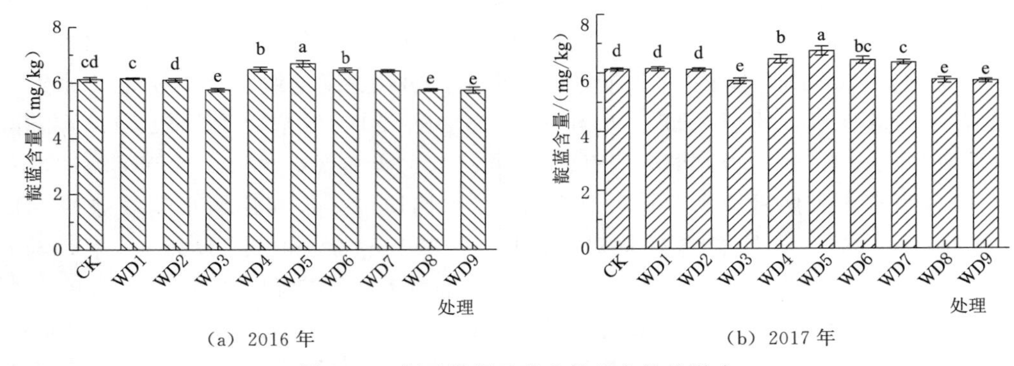

(a) 2016 年　　(b) 2017 年

图 8-3 调亏灌溉对菘蓝靛蓝含量的影响

2016 年营养生长期重度亏水处理 WD3 和肉质根生长期连续亏水处理 WD8、WD9 菘蓝靛蓝含量较充分灌溉对照 CK 分别减少 6.2%、6.3%和 6.6%，与对照 CK 间差异显著（$p<0.05$），而营养生长期和肉质根生长期轻、中度连续调亏则有利于靛蓝含量的增加，处理 WD4、WD5、WD6 和 WD7 靛蓝含量较 CK 分别显著增加 5.7%、9.1%、5.3%和 4.8%。

2017 年营养生长期重度亏水处理 WD3 和肉质根生长期连续亏水处理 WD8、WD9 菘蓝靛蓝含量较 CK 显著（$p<0.05$）降低 6.5%、6.2%和 6.6%，而营养生长期和肉质根生长期轻、中度连续调亏则有利于靛蓝含量提高，WD4、WD5、WD6 和 WD7 处理靛蓝含量分别比 CK 显著增加 5.5%、9.9%、4.8%和 3.6%。WD1 和 WD2 处理与 CK 间差异不显著（$p>0.05$）。综合两年试验结果，营养生长期和肉质根生长期均重度亏水会严重影响菘蓝有效成分靛蓝的积累，而中、轻度亏水则可在一定程度上提高靛蓝含量。

经过二次回归分析发现（图 8-4），2016 年和 2017 年调亏灌溉条件下菘蓝靛蓝含量随全生育期耗水量增加呈先增后降趋势，可用二次抛物线描述两者间的关系。在耗水量开始增加阶段（300～320mm），菘蓝靛蓝含量随耗水量增加近似呈线性增加趋势，但随耗水量逐步增加（320～370mm），靛蓝含量逐步趋于稳定，同时出现靛蓝含量最大值（WD5），此时耗水量在 346～357mm 之间，为最大耗水量的 92%～94%；此后，当耗水量持续增加到 370～390mm 时，靛蓝含量随耗水量增加呈降低趋势。

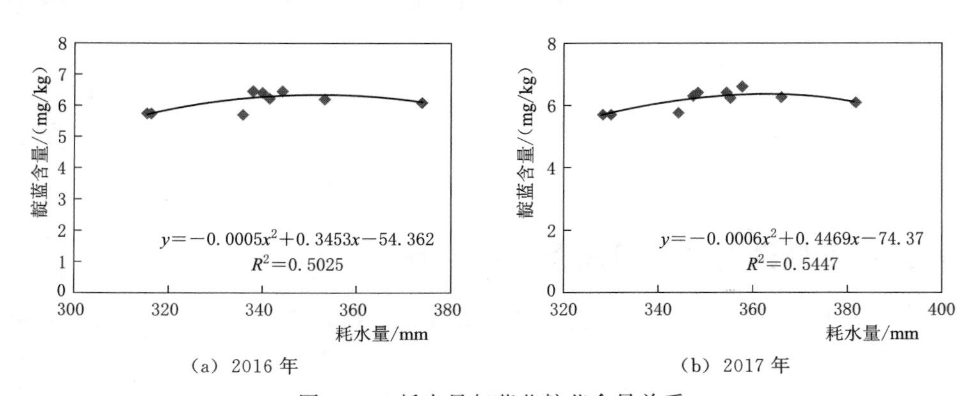

(a) 2016 年　　(b) 2017 年

图 8-4 耗水量与菘蓝靛蓝含量关系

8.3 不同亏水处理对靛玉红含量的影响

调亏灌溉对菘蓝靛玉红含量的影响如图8-5所示。2016年营养生长期重度亏水处理WD3和肉质根生长期连续亏水处理WD8、WD9处理靛玉红含量较对照CK显著（$p<0.05$）降低12.2%、12.6%和12.4%，而营养生长期和肉质根生长期轻、中度连续调亏有利于靛玉红含量提高，处理WD5、WD6和WD7较CK显著增加5.3%、1.6%和1.5%。WD1和WD4处理与CK间无显著差异（$p>0.05$）。2017年营养生长期重度亏水处理WD3和肉质根生长期连续亏水处理WD8和WD9靛玉红含量较CK显著降低12.5%、12.6%和13.1%，而营养生长期和肉质根生长期轻、中度连续调亏有利于靛玉红含量提高，处理WD4、WD5和WD6比CK显著增加1.1%、5.2%、1.7%，WD1和WD7处理与CK间则无显著差异。

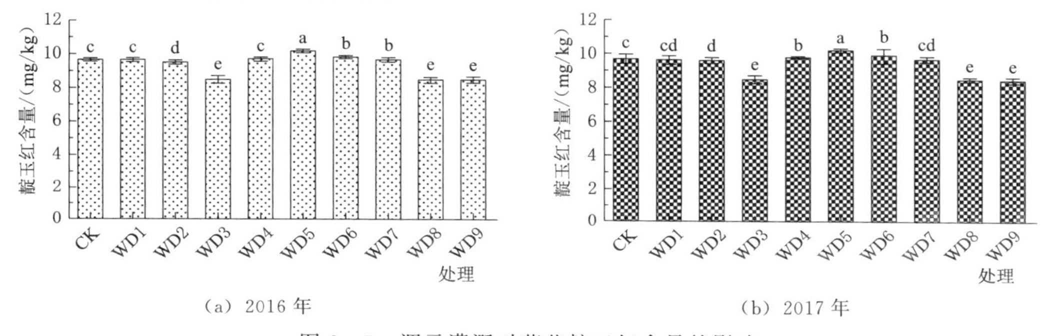

(a) 2016年　　(b) 2017年

图8-5　调亏灌溉对菘蓝靛玉红含量的影响

从两年试验结果可以看出，营养生长期和肉质根生长期重度亏水均会严重影响菘蓝有效成分靛玉红积累，而中、轻度亏水则能提高靛玉红含量。

经过二次回归分析可以发现（图8-6），2016年和2017年调亏灌溉条件下菘蓝靛玉红含量随全生育期耗水量增加呈先增后降的趋势，可用二次抛物线描述两者间的关系。在耗水量开始增加阶段（300～330mm），菘蓝靛玉红含量随耗水量增加近似呈线性增加；在耗水量逐步增加阶段（330～370mm），菘蓝靛玉红含量逐步趋于稳定，同时出现靛玉红含量最大值（WD5），相应耗水量为346～357mm，相当于最大耗水量的92%～94%；此后菘蓝靛玉红含量随耗水量增加而降低，但并不严重影响有效成分的积累。

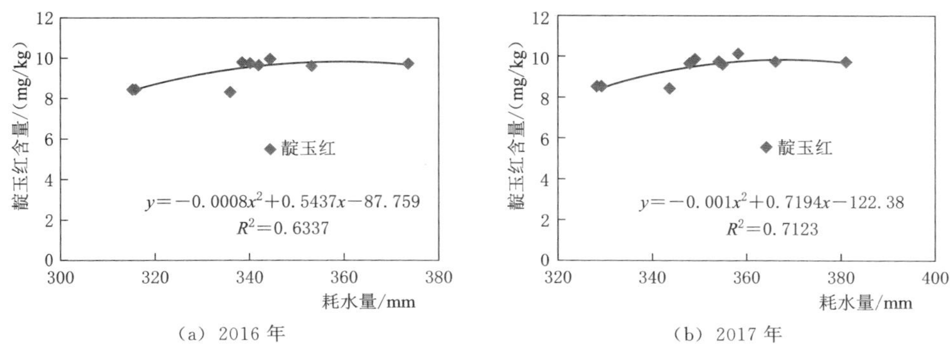

(a) 2016年　　(b) 2017年

图8-6　耗水量与菘蓝靛玉红含量的关系

8.4 调亏灌溉菘蓝品质综合评价

菘蓝形态大小和药用有效成分等各项评价指标已成为菘蓝产业可持续发展的主要影响因素，其中药用有效成分是反映菘蓝品质的重要指标，其中（R，S）-告依春、靛蓝和靛玉红等是菘蓝主要有效成分。本研究选取前述品质指标和产量构成要素对膜下滴灌水分调亏菘蓝品质进行综合评价。

目前，已有多种方法可对作物品质进行综合评价分析，其中包括层次分析法、模糊综合评价法、灰色关联度分析法、主成分分析法和因子分析法等。主成分分析法是将具有一定相关性的原始指标用较少的不相关综合指标表示，从而达到降维目的，用综合指标来解释多变量方差-协方差结构。主成分分析的基本思想是通过提取少数几个主成分来代表原始变量，并保留原始变量间的相关性，进而通过线性组合原始变量生成新的综合指标（主成分），这些主成分之间互不相关，且尽可能多地保留原始数据的信息。主成分分析常通过加权组合对多种指标进行综合评价，其分析步骤如下：

（1）标准化无量纲处理：对样本所有集中元素 x_{ik}（$i=1, 2, \cdots n$，$k=\mathrm{i}, 1, 2, \cdots p$）做变换，即 $x_{ik}=\dfrac{x_{ik}-\bar{x}_k}{s_k}$；其中 $\bar{x}_k=\dfrac{1}{n}\sum\limits_{i=1}^{n}x_{ki}$，$s_k=\left[\dfrac{1}{n-1}\sum\limits_{i=1}^{n}(x_{ki}-\bar{x}_i)^2\right]$，变换后均值为0，方差为1，$n$ 为参与评价的指标个数。

（2）计算相关系数矩阵。

（3）选择 m（$m<p$）个主分量。

运用主成分分析法对不同亏水处理菘蓝品质进行综合评判优选，筛选出最优膜下滴灌菘蓝水分调亏灌溉方法，可为该区菘蓝节水灌溉提供理论依据。

8.4.1 菘蓝品质指标相关性分析

菘蓝根部形态与其有效成分间的相关性分析见表8-1。

表8-1 菘蓝根部形态与有效成分间的相关性分析

年份	指标	（R，S）-告依春	靛蓝	靛玉红	主根长	主根直径	根干重	侧根数量
2016	（R，S）-告依春	1						
	靛蓝	0.959**	1					
	靛玉红	0.938*	0.944**	1				
	主根长	0.659*	0.491	0.616	1			
	主根直径	0.732*	0.556	0.678*	0.972**	1		
	根干重	0.674*	0.525	0.637*	0.980**	0.947**	1	
	侧根数	0.681*	0.617	0.770**	0.757*	0.798**	0.731*	1
2017	指标	（R，S）-告依春	靛蓝	靛玉红	主根长	主根直径	根干重	侧根数量
	（R，S）-告依春	1						

续表

年份	指标	(R，S)-告依春	靛蓝	靛玉红	主根长	主根直径	根干重	侧根数量
2017	靛蓝	0.976**	1					
	靛玉红	0.968**	0.942**	1				
	主根长	0.641*	0.509	0.716*	1			
	主根直径	0.687*	0.561	0.735*	0.986**	1		
	根干重	0.700*	0.655*	0.792**	0.765**	0.789**	1	
	侧根数	0.666*	0.573	0.750*	0.932**	0.935**	0.771**	1

注 ** 表示 0.01 水平上显著相关，* 表示 0.05 水平上显著相关。

相关分析发现，不同水分调亏菘蓝有效成分告依春、靛蓝和靛玉红间呈极显著正相关，主根长、主根直径和有效成分靛蓝间相关性不显著，根干重与（R，S）-告依春、靛蓝和靛玉红间显著相关。因此，菘蓝有效成分积累建立在根部干物质持续积累基础上，且由于各指标间相关系数较大，信息间存在重叠，故适合采用主成分分析法。

8.4.2 菘蓝品质综合评价方案

由菘蓝品质主成分特征根和贡献率分析发现（表 8-2），2016 年特征根 $\lambda_1=5.482$、特征根 $\lambda_2=1.089$，前两个主成分累计方差贡献率为 93.874%，涵盖大部分信息；2017 年特征根 $\lambda_1=5.593$、特征根 $\lambda_2=1.006$，前两个主成分累计方差贡献率为 94.264%，也涵盖大部分信息。因此前两个主成分可代表最初 7 个参评指标分析菘蓝品质综合水平，故提取前两个指标为主成分，分别记作 F_1、F_2。

表 8-2　菘蓝品质主成分特征根和贡献率

成分	2016 初始特征值及贡献率			2017 初始特征值及贡献率		
	合计	贡献率比重/%	累积/%	合计	贡献率比重/%	累积/%
1	5.482	78.310	78.310	5.593	79.894	79.894
2	1.089	15.564	93.874	1.006	14.369	94.264
3	0.316	4.510	98.384	0.271	3.868	98.132
4	0.063	0.904	99.288	0.088	1.254	99.386
5	0.033	0.467	99.756	0.034	0.480	99.866
6	0.011	0.163	99.918	0.007	0.106	99.971
7	0.006	0.082	100.000	0.002	0.029	100.000

主成分矩阵不是主成分的特征向量，主成分 1 和主成分 2 系数分别为其向量（主成分矩阵）除以对应的主成分方差，可求得 2016 年主成分 1 和主成分 2 的函数表达式，即

$$F_1=0.389\times Z_{告依春}+0.350\times Z_{靛蓝}+0.384\times Z_{靛玉红}+0.379\times Z_{主根长}+0.393\times Z_{主根直径}+0.380\times Z_{根干重}+0.369\times Z_{侧根数} \quad (8-1)$$

$$F_2=0.349\times Z_{告依春}+0.534\times Z_{靛蓝}+0.383\times Z_{靛玉红}-0.423\times Z_{主根长}-0.336\times Z_{主根直径}-0.384\times Z_{根干重}-0.084\times Z_{侧根数} \quad (8-2)$$

同理可求得 2017 年主成分 1 和主成分 2 的函数表达式，即

$$F_1 = 0.381 \times Z_{告依春} + 0.352 \times Z_{靛蓝} + 0.399 \times Z_{靛玉红} + 0.376 \times Z_{主根长} + 0.386 \times Z_{主根直径} + 0.370 \times Z_{根干重} + 0.381 \times Z_{侧根数} \tag{8-3}$$

$$F_2 = 0.410 \times Z_{告依春} + 0.544 \times Z_{靛蓝} + 0.302 \times Z_{靛玉红} - 0.423 \times Z_{主根长} - 0.373 \times Z_{主根直径} - 0.092 \times Z_{根干重} - 0.343 \times Z_{侧根数} \tag{8-4}$$

利用以上公式可运用主成分分析法进行不同水分调亏处理综合得分计算。表 8-3 为采用主成分分析法对不同亏水处理菘蓝进行综合评价得分对比。从表 8-3 可以看出，2016 年在考虑菘蓝根部形态和有效成分基础上进行综合评价，其得分高低顺序依次为 WD4、WD5、WD1、CK、WD6、WD7、WD2、WD3、WD8、WD9；2017 年在考虑根部形态和菘蓝有效成分的基础上进行综合评价，其得分大小顺序低依次为 WD5、WD4、WD1、CK、WD6、WD2、WD7、WD3、WD8、WD9。

表 8-3　菘蓝品质综合评价表

年份	处理	因子 1	因子 2	主成分 1 得分	主成分 2 得分	综合得分
2016	CK	0.7812	−0.8557	1.828	−0.890	1.377
	WD1	0.8486	−1.3221	1.986	−1.375	1.429
	WD2	0.0532	−0.1367	0.125	−0.142	0.080
	WD3	−0.9893	−0.9416	−2.315	−0.979	−2.094
	WD4	1.2424	−0.5916	2.907	−0.615	2.323
	WD5	0.6632	1.7166	1.552	1.785	1.591
	WD6	0.2439	1.0089	0.571	1.049	0.650
	WD7	0.1861	1.1356	0.435	1.181	0.559
	WD8	−1.4096	−0.0780	−3.298	−0.081	−2.765
	WD9	−1.6198	0.0647	−3.790	0.067	−3.151
2017	CK	0.800	−1.152	1.888	−1.154	1.426
	WD1	0.836	−1.349	1.972	−1.352	1.467
	WD2	0.316	−0.573	0.746	−0.574	0.545
	WD3	−1.099	−0.514	−2.595	−0.515	−2.279
	WD4	0.944	−0.194	2.227	−0.195	1.859
	WD5	0.927	1.667	2.188	1.671	2.109
	WD6	0.176	1.384	0.415	1.386	0.562
	WD7	0.117	0.722	0.275	0.723	0.343
	WD8	−1.433	−0.058	−3.382	−0.058	−2.877
	WD9	−1.583	0.068	−3.735	0.068	−3.157

从以上 2016 年和 2017 年评价结果可知，在考虑根部形态和菘蓝有效成分基础上对不同亏水处理进行综合评价，综合得分较高的处理为 WD4 和 WD5，WD1 处理和 CK 次之。结果表明，轻度亏水处理 WD4、WD5 和 WD1 不仅可获得较高产量和水分利用效率，同时有效成分靛蓝、靛玉红和（R，S）-告依春含量不会降低；相反，重度亏水处理 WD3、WD8 和 WD9 综合得分均靠后，水分严重亏缺导致菘蓝有效成分积累量均有所降低。

8.5 讨论与小结

中药材品质受多因素影响，如产地、品种、土壤生态环境及栽培措施等，其中次生代谢产物是药材有效成分，而次生代谢需良好的生长环境。研究表明，在干旱、低温等逆境胁迫下植物次生代谢产物积累旺盛，可通过积累大量次生代谢产物提高抗逆性。谭勇等研究证实，菘蓝对水分需求最大的时期是7月，且中度水分胁迫下菘蓝靛玉红含量最高。本研究结果表明，轻、中度亏水均可提高菘蓝靛蓝和靛玉红含量，且水分亏缺程度越高有效成分积累越多，尤其是亏水处理WD5较充分灌溉对照CK显著提高了靛蓝、靛玉红和（R，S）-告依春含量。主要是因为在可耐受干旱胁迫下植物体内积累大量光合产物，提高了组织器官中次生代谢物含量，与段飞等研究结果基本一致。有研究认为，菘蓝品质因大青叶收获频次及分解等原因降低，大青叶收获1～3次处理菘蓝靛玉红含量比大青叶不收获处理分别降低79.73%、43.24%、72.97%。本研究10月初收获菘蓝，但并不收获大青叶，因此菘蓝靛蓝和靛玉红含量与收获时间关系密切。

不同水分调亏处理对菘蓝有效成分（R，S）-告依春含量影响不同，且轻、中度亏水均可增加菘蓝（R，S）-告依春含量，提高菘蓝品质，达到药典标准。营养生长期和肉质根生长期连续轻、中度亏水处理WD4、WD5和WD6（R，S）-告依春含量较充分灌溉对照CK均有所增加，其中以WD5处理（R，S）-告依春含量最高，WD4次之，WD4和WD5处理较CK显著增加5.43%～7.94%。因此，营养生长期和肉质根生长期连续轻、中度亏水有利于菘蓝（R，S）-告依春含量积累。营养生长期重度亏水处理WD3和肉质根生长期连续水分亏缺处理WD8、WD9（R，S）-告依春含量较充分灌溉对照CK显著（$p<0.05$）降低8.59%～13.23%。

营养生长期和肉质根生长期轻、中度连续亏水有利于靛玉红含量提高，WD5、WD6和WD7处理靛玉红含量较充分灌溉对照CK显著增加1.7%～5.7%。营养生长期和肉质根生长期连续轻、中度亏水有利于靛蓝含量增加，处理WD4、WD5、WD6和WD7较CK显著增加3.6%～9.9%。

在考虑菘蓝根部形态和有效成分基础上，对不同亏水处理菘蓝品质进行综合评价，综合得分WD4和WD5较高，WD1和CK次之。综合评价结果表明，轻度亏水处理WD4、WD5和WD1可获得较高产量和水分利用效率，其有效成分靛蓝、靛玉红和（R，S）-告依春含量不会降低；但重度亏水处理WD3、WD8和WD9综合得分靠后，严重水分亏缺导致菘蓝有效成分积累有所降低。

综上，调亏灌溉对菘蓝主要有效成分靛蓝、靛玉红和（R，S）-告依春的影响研究发现：①不同亏水处理菘蓝有效成分受水分亏缺影响显著，轻、中度亏水可提高菘蓝（R，S）-告依春、靛蓝和靛玉红含量，且水分亏缺程度越高有效成分积累量越大，提高菘蓝品质，有效成分含量均达到药典标准，但重度亏水不利于有效成分（R，S）-告依春含量积累；②主成分分析发现，轻度亏水处理不仅可获得较高产量和水分利用效率，而且其有效成分靛蓝、靛玉红和告依春含量不会降低，有利于菘蓝品质的提高。

第9章 膜下滴灌菘蓝调亏灌溉模式优化

利用调亏灌溉不同生育期对有限水量的适时适量分配可高效补偿作物关键生育期水分亏缺，有效抑制作物过剩营养生长。本研究将不同水分调亏菘蓝产量指标、水资源利用效率指标和主要品质指标作为参评因子综合评价膜下滴灌调亏菘蓝灌溉模式，综合评价指标（IEI）最高的处理即为菘蓝最优调亏灌溉制度，该模式可同时实现菘蓝产量、水资源利用效率和菘蓝品质同步提高的多赢。

9.1 调亏灌溉制度综合评价方案

9.1.1 参评因子选择

选取菘蓝经济产量 Y（kg/hm^2）、水分利用效率 WUE [$kg/(hm^2 \cdot mm)$]、灌溉水利用效率 $IWUE$ [$kg/(hm^2 \cdot mm)$]和（R，S）-告依春含量（mg/g）作为膜下滴灌菘蓝调亏灌溉制度综合评价参评因子。表9-1中数据为2016年和2017年菘蓝最优灌溉制度综合评价单项参评因子。

表9-1 菘蓝最优灌溉制度综合评价单项参评因子

处理	经济产量 /(kg/hm^2)	水分利用效率 WUE /[$kg/(hm^2 \cdot mm)$]	灌溉水利用效率 $IWUE$ /[$kg/(hm^2 \cdot mm)$]	(R，S)-告依春 /(mg/g)
CK	8318.92	22.02	50.65	0.238
WD1	8315.18	23.82	54.31	0.232
WD2	7340.96	20.42	49.46	0.232
WD3	6847.48	20.16	51.25	0.214
WD4	8225.42	23.69	54.35	0.251
WD5	7108.01	20.21	48.79	0.256
WD6	7032.70	20.48	49.40	0.245
WD7	6892.82	20.10	50.39	0.239
WD8	5499.14	17.05	47.25	0.209
WD9	5384.17	16.74	47.48	0.207

9.1.2 构建单子因评判矩阵

以上述四个菘蓝灌溉制度综合评价参评因子为主建立单因子评判矩阵，并取各行最大值为1，分别求出该行其他元素与相应指标最大值的比值，则单因子评判矩阵为：

$$M_{3\times10}=\begin{bmatrix}\text{经济产量}(Y)\\ \text{水分利用效率}(WUE)\\ \text{灌溉水利用效率}(IWUE)\\ (\mathrm{R,S})\text{-告依春含量}\end{bmatrix}$$

$$=\begin{bmatrix}\mathrm{CK} & \mathrm{WD1} & \mathrm{WD2} & \mathrm{WD3} & \mathrm{WD4} & \mathrm{WD5} & \mathrm{WD6} & \mathrm{WD7} & \mathrm{WD8} & \mathrm{WD9}\\ 8318.92 & 8315.18 & 7340.96 & 6847.48 & 8225.42 & 7108.01 & 7032.70 & 6892.82 & 5499.14 & 5384.17\\ 22.02 & 23.82 & 20.42 & 20.16 & 23.69 & 20.21 & 20.48 & 20.10 & 17.05 & 16.74\\ 50.65 & 54.31 & 49.46 & 51.25 & 54.35 & 48.79 & 49.40 & 50.39 & 47.25 & 47.48\\ 0.238 & 0.232 & 0.232 & 0.214 & 0.251 & 0.256 & 0.245 & 0.239 & 0.209 & 0.207\end{bmatrix}$$

$$=\begin{bmatrix}\mathrm{CK} & \mathrm{WD1} & \mathrm{WD2} & \mathrm{WD3} & \mathrm{WD4} & \mathrm{WD5} & \mathrm{WD6} & \mathrm{WD7} & \mathrm{WD8} & \mathrm{WD9}\\ 1 & 1.000 & 0.882 & 0.823 & 0.989 & 0.854 & 0.845 & 0.829 & 0.661 & 0.647\\ 0.924 & 1 & 0.857 & 0.846 & 0.995 & 0.849 & 0.860 & 0.844 & 0.716 & 0.703\\ 0.932 & 0.999 & 0.910 & 0.943 & 1 & 0.898 & 0.909 & 0.927 & 0.869 & 0.874\\ 0.930 & 0.907 & 0.905 & 0.837 & 0.982 & 1 & 0.957 & 0.933 & 0.817 & 0.808\end{bmatrix}$$

9.1.3 构建单项参评因子权重系数矩阵

经济产量、水分利用效率、灌溉水利用效率和（R，S）-告依春含量四个参评因子在综合评价中的重要性取决于其权重系数大小。本研究以单项参评因子与其他参评因子间相关系数的平均值占所有单项因子间相关系数平均值的总和之比确定各单项因子的权重系数。首先，求菘蓝经济产量 Y、水分利用效率 WUE、灌溉水利用效率 $IWUE$ 和（R，S）-告依春含量四个因子间的相关系数（表9-2）。其次，计算每一单项参评因子与其他单项参评因子间相关系数的平均值 r 及所有参评因子与其他单项因子相关系数平均值的总和。最后，计算权重系数（表9-3）。

表9-2　菘蓝调亏灌溉制度综合评价单项参评因子间的相关系数

指标	经济产量	水分利用效率	灌溉水利用效率	（R，S)-告依春
经济产量	1			
水分利用效率	0.971**	1		
灌溉水利用效率	0.825**	0.921**	1	
（R，S)-告依春	0.682*	0.656*	0.406	1

注　** 表示 $p<0.01$ 水平上显著相关。

表9-3　菘蓝最优灌溉制度综合评价单项参评因子间的相关系数平均值与权重系数

项目	经济产量	水分利用效率	灌溉水利用效率	（R，S)-告依春	Σr
相关系数平均值 r	0.826	0.850	0.717	0.581	2.974
权重系数 $r/\Sigma r$	0.278	0.286	0.241	0.195	—

根据表9-3建立各参评单项因子的权重系数矩阵为

$$L_{1\times4}=\begin{bmatrix}\text{经济产量} & \text{水分利用效率} & \text{灌溉水利用效率} & (\mathrm{R,S})\text{-告依春}\\ Y & WUE & IWUE & (\mathrm{R,S})\text{-goitrin}\\ 0.278 & 0.286 & 0.241 & 0.195\end{bmatrix}$$

9.1.4 综合评价指标计算

将单项参评因子权重系数矩阵和单因子评判矩阵相乘，可得菘蓝最优调亏灌溉制度综合评价指标 *IEI*（Integrated evaluation index for RDI regimes）矩阵为

$$\boldsymbol{L}_{1\times3}\times\boldsymbol{M}_{3\times10}=(0.278\quad 0.286\quad 0.241\quad 0.195)\times$$

$$=\begin{bmatrix} CK & WD1 & WD2 & WD3 & WD4 & WD5 & WD6 & WD7 & WD8 & WD9 \\ 1 & 1 & 0.882 & 0.823 & 0.989 & 0.854 & 0.845 & 0.829 & 0.661 & 0.647 \\ 0.924 & 1 & 0.857 & 0.846 & 0.995 & 0.849 & 0.860 & 0.844 & 0.716 & 0.703 \\ 0.932 & 0.999 & 0.910 & 0.943 & 1 & 0.898 & 0.909 & 0.927 & 0.869 & 0.874 \\ 0.930 & 0.907 & 0.905 & 0.837 & 0.982 & 1 & 0.957 & 0.933 & 0.817 & 0.808 \end{bmatrix}$$

$$=\begin{bmatrix} CK & WD1 & WD2 & WD3 & WD4 & WD5 & WD6 & WD7 & WD8 & WD9 \\ 0.948 & 0.982 & 0.886 & 0.861 & 0.992 & 0.892 & 0.887 & 0.877 & 0.757 & 0.749 \end{bmatrix}$$

9.2 菘蓝最优灌溉制度确定

由以上计算结果可知，膜下滴灌调亏菘蓝综合评价指标 IEI 以轻度水分调亏处理 WD4 最高（0.992），WD1 次之（0.982），而重度水分调亏处理 WD8 和 WD9 综合指标 IEI 显著低于充分灌溉对照 CK。轻度亏水可促进菘蓝干物质向根系分配，增大根冠比和提高抗旱能力，使根系吸收更多的土壤水分及营养物质满足菘蓝生长需求；重度亏水导致土壤缺水严重，不利于菘蓝根系生长发育，阻碍了根系对土壤水分和养分的吸收利用，最终导致菘蓝经济产量和品质明显降低，其综合评价指标 IEI 显著低于 CK。

在所有处理中 WD4 处理菘蓝经济产量与对照 CK 间无显著差异（$p>0.05$），但 *WUE* 和 *IWUE* 分别比 CK 高 7.6%和 7.3%。因此，WD4 处理因其最高的综合评价指标 IEI 被推荐为本研究膜下滴灌调亏菘蓝最优灌溉制度，而 WD1 处理因其综合评价指标仅次于 WD4，可作为菘蓝膜下滴灌调亏备选方案。不同生育期水分调亏适宜程度和灌水定额见表 9-4。

表 9-4　不同生育期水分调亏适宜程度和灌水定额

处理	指　　标	苗期	营养生长期	肉质根生长期	肉质根成熟期
WD4	土壤含水量（占田间持水量的百分数）/%	75～85	65～75	65～75	75～85
	灌水定额/mm	15.02	53.47	51.87	30.98
WD1	土壤含水量（占田间持水量的百分数）/%	75～85	65～75	75～85	75～85
	灌水定额/mm	15.66	58.19	55.34	23.93

第10章 主要结论

本研究以菘蓝为研究对象，采用膜下滴灌调亏灌溉技术将大田试验和理论分析相结合，设计了充分灌水、轻度亏水、中度亏水和重度亏水四个土壤水分梯度，共9个亏水处理和1个充分灌溉对照，研究了调亏灌溉条件下菘蓝耗水特征和光合生理生态特性，分析了不同生育期亏水对菘蓝产量及品质的影响及其机制，并进行菘蓝节水高产优质灌溉制度优化。主要研究结论如下：

（1）轻度亏水对菘蓝土壤水分影响不显著（$p>0.05$），但中度和重度水分调亏会显著影响根系活动层土壤水分含量，WD3、WD8和WD9处理土壤含水量较充分灌溉对照CK显著降低4.53%～8.92%（$p<0.05$）。菘蓝耗水强度呈苗期最小、肉质根成熟期较大而营养生长期和肉质根生长期最大的变化规律。菘蓝耗水量受水分调亏影响明显，其中CK全生育期耗水量最高（2016年374.04mm，2017年381.75mm），其他处理与CK间差异显著，轻、中度亏水处理耗水量较CK显著减少6.74%～14.32%，重度亏水处理WD8和WD9耗水量最低，比CK显著降低15.62%～17.69%。不同亏水处理间耗水量存在显著差异，全生育期耗水量随亏水程度加重呈下降趋势。所有处理及对照耗水强度呈苗期最小、肉质根成熟期较大、营养生长期和肉质根生长期最大的变化趋势，且营养生长期和肉质根生长期轻度亏水有利于菘蓝水分高效利用。

（2）中度和重度亏水抑制菘蓝光合作用。与充分灌溉对照CK相比，轻度亏水菘蓝净光合速率增加1.82%～5.51%，气孔导度增加2.1%～3.9%，蒸腾速率增加0.9%～4.6%，但与CK间差异不显著（$p>0.05$）；中度和重度亏水菘蓝净光合速率显著降低7.8%～19.1%（$p<0.05$），气孔导度显著降低5.8%～19.5%，蒸腾速率显著降低13.6%～26.6%。营养生长期和肉质根生长期重度亏水（WD3、WD8、WD9）对菘蓝净光合速率、气孔导度和蒸腾速率负面影响最大。因此，营养生长期和肉质根生长期亏水显著影响菘蓝净光合速率、气孔导度和蒸腾速率等光合指标，进而会抑制生物量积累。

（3）轻度亏水对菘蓝生长影响不显著（$p>0.05$），而中度亏水会抑制菘蓝生长，重度亏水显著影响菘蓝长势和干物质（$p<0.05$），株高、茎粗、茎叶生物量、根干重等均显著低于CK。WD4和WD1处理根冠比较CK显著增加23.27%和15.09%，轻度亏水可促进干物质向根部积累从而提高根冠比，而重度亏水处理WD8和WD9根冠比较CK显著降低12.21%和15.89%。中度亏水处理WD5、WD6和WD7干物质积累较CK均有所降低，而重度亏水干物质含量均显著低于CK对照12.5%～31.1%。因此，轻度亏水对菘蓝生长影响不显著，而中度亏水会抑制菘蓝生长，重度亏水则显著影响菘蓝生物量增加（株高、茎粗、茎叶生物量、根干重等）。此外，复水后肉质根生长期和肉质根成熟期菘蓝净光合速率有所增加，有利于根系生长，表现出较强的复水补偿效应。

（4）轻度亏水可获得与充分灌溉相近的经济产量，并有效提高菘蓝水分利用效率。轻度亏水处理（WD1 和 WD4）对菘蓝经济产量影响不显著（$p>0.05$），其他水分调亏处理均降低菘蓝产量，尤其重度水分调亏处理 WD3、WD8 和 WD9 菘蓝产量较充分灌溉对照 CK 显著（$p<0.05$）降低 17.09%～37.42%。CK 总生物量最高，其余各处理总生物量较 CK 均有所降低，降幅为 0.11%～33.68%。水分调亏显著影响菘蓝水分利用效率，轻度亏水处理 WD1 和 WD4 水分利用效率较 CK 显著增加 6.74%～8.45%，而其他处理水分利用效率较 CK 均有所降低，其中 WD2、WD3、WD7、WD8 和 WD9 处理水分利用效率较 CK 显著降低 6.47%～25.41%。轻度亏水处理 WD4 菘蓝收获指数最高，但与 CK 间无显著差异；重度亏水处理 WD8 和 WD9 收获指数较 CK 显著降低 2.61%～4.26%。本研究调亏灌溉菘蓝收获指数与耗水量间呈二次抛物线关系，当耗水量在 350～360mm（2016 年）和 355～365mm（2017 年）时菘蓝收获指数达到最大值；耗水量与产量间亦呈二次抛物线关系，2016 年耗水量为 370mm 时可获得最大产量 8140kg/hm^2，2017 年耗水量为 381mm 时可获得最大产量 8193kg/hm^2，当耗水量超过临界值时菘蓝经济产量将下降。

（5）通过构建并求解 Blank 模型和 Jensen 模型可得菘蓝水分生产函数模型的相关系数 R 分别为 0.988 和 0.932，表明 Blank 模型和 Jensen 模型均可较好地反映菘蓝经济产量与耗水量间的关系，且两种模型菘蓝各生育阶段水分敏感指数大小依次为苗期、肉质根生长期、营养生长期和肉质根成熟期。

（6）菘蓝收获后不同水分调亏处理间土壤碱解氮、速效磷和速效钾差异显著（$p<0.05$）。重度亏水处理和 CK 对照土壤碱解氮、速效磷和速效钾与播前无显著差异，而轻度和中度亏水处理碱解氮、速效磷和速效钾含量则较 CK 均显著降低。土壤细菌、真菌和放线菌数量随土层深度增加呈逐渐降低趋势，菘蓝营养生长期水分调亏不会显著影响 0～20cm 土层土壤真菌和放线菌数量（$p>0.05$），且轻度亏水还会增加土壤真菌和放线菌数量；肉质根生长期中度和重度亏水不会显著影响土壤真菌和放线菌数量。土壤脲酶和蔗糖酶活性随土层深度增加呈逐渐降低趋势，菘蓝营养生长期充分灌溉和轻度亏水不仅不显著影响 0～20cm 土层脲酶活性，还可提高 0～20cm 土层蔗糖酶活性。

（7）轻、中度亏水能增加菘蓝有效成分含量，提高菘蓝品质，但重度亏水不利于有效成分的积累。营养生长期 WD3、WD8 和 WD9 处理（R，S）-告依春含量较充分灌溉对照 CK 显著降低 8.59%～13.23%（$p<0.05$），而营养生长期和肉质根生长期连续轻、中度亏水有利于（R，S）-告依春含量积累，WD4 和 WD5 处理较 CK 显著增加 5.43%～7.94%。营养生长期和肉质根生长期连续轻、中度亏水有利于靛玉红含量的增加，WD5、WD6 和 WD7 处理较 CK 增加 1.7%～5.7%。营养生长期和肉质根生长期连续轻、中度亏水有利于靛蓝含量的提高，WD4、WD5、WD6 和 WD7 处理较 CK 显著增加 3.6%～9.9%。菘蓝品质综合评价结果表明，轻度亏水处理 WD4 和 WD1 不仅可获得较高产量和水分利用效率，也可有效提高菘蓝品质。

（8）选取菘蓝经济产量（Y）、水分利用效率（WUE）、灌溉水利用效率（$IWUE$）和（R，S）-告依春含量为膜下滴灌菘蓝调亏灌溉综合评价的参评因子，通过矩阵运算可得不同亏水处理菘蓝综合评价指标 IEI，IEI 以轻度亏水处理 WD4 最高（0.992），WD1

次之（0.982）。WD4处理菘蓝经济产量与充分灌溉对照CK间无显著差异（$p>0.05$），但其*WUE*和*IWUE*分别高于CK对照8.0%和7.2%。因此，WD4处理因其最高的综合评价指标IEI被推荐为本研究膜下滴灌调亏菘蓝最优灌溉制度，即在菘蓝营养生长期和肉质根生长期均进行轻度亏水可实现作物高产优质节水高效多赢，可为河西绿洲菘蓝节水高效栽培提供理论依据。此外，WD1处理因其综合评价指标仅次于WD4可作为膜下滴灌水分调亏菘蓝备选方案。

参考文献

[1] 汪恕诚．人与自然和谐相处——中国水资源问题及对策［J］．北京师范大学学报（自然科学版），2009，45（5）：441-445.

[2] 阮宗泽．人类命运共同体：中国的“世界梦”［J］．国际问题研究，2016，(1)：9-21，133.

[3] 联合国粮农组织．世界农业走向2015-2030年［R］．罗马，2000.

[4] 王旭，孙兆军，杨军，等．几种节水灌溉新技术应用现状与研究进展［J］．节水灌溉，2016，(10)：109-112，116.

[5] TL Thompson. The potential contribution of subsurface drip irrigation to water-saving agriculture in the western USA [J]. Agricultural Science in China，2009 (7)：850-854.

[6] 姚成胜，滕毅，黄琳．中国粮食安全评价指标体系构建及实证分析［J］．农业工程学报，2015，31（4）：1-10.

[7] 刘盛，陈万生，乔传卓，等．不同种质菘蓝和大青叶的抗甲型流感病毒作用［J］．第二军医大学学报，2000，21（3）：204-206.

[8] 康绍忠，蔡焕杰．作物根系分区交替灌溉和调亏灌溉的理论与实践［M］．北京：中国农业出版社，2002.

[9] 蔡焕杰，康绍忠，张振华，等．作物调亏灌溉的适宜时间与调亏程度的研究［J］．农业工程学报，2000，16（3）：24-27.

[10] Shaozhong Kang，Wenjuan Shi，Jianhua Zhang. An improved water-use efficiency for maize grown under regulated defcit irrigation [J]. Field Crops Research，2000，67：207-214.

[11] Sladjana Savic'a，Radmila Stikic'a，Biljana Vucelic'Radovic'，et al. Comparative effects of regulated deficit irrigation (RDI) and partial root-zone drying (PRD) on growth and cell wall peroxidase activity in tomato fruits [J]. Scientia Horticulturae. 2008，117：15-20.

[12] Regions J G，Pérez-Pérez J M，Robles F，García-Sánchez et al. Comparison of deficit and saline irrigation strategies to confront water restriction in lemon trees grown in semi-arid regions [J]. Agricultural Water Management. 2016，164：46-57.

[13] M R Conesa，M D García-Salinas，RJM DE，et al. Effects of deficit irrigation applied during fruit growth period of late mandarin trees on harvest quality，cold storage and subsequent shelf-life [J]. Scientia Horticulturae. 2014，165：344-351.

[14] Henry E Igbaduna，A A E Oiganjib. Effects of regulated deficit irrigation and mulch on yield，water use and crop water productivity of onion in Samaru，Nigeria [J]. Agricultural Water Management. 2012，109：162-169.

[15] 武阳，王伟，雷廷武，等．调亏灌溉对滴灌成龄香梨果树生长及果实产量的影响［J］．农业工

程学报，2012，28（11）：118－124.
[16] 柴仲平，梁智，王雪梅，等．不同灌溉方式对棉田土壤物理性质的影响［J］．新疆农业大学学报，2008，31（5）：57－59.
[17] 张利刚，曾凡江，袁娜，等．不同水分条件下疏叶骆驼刺（Alhagisparifolia）生长及根系分株构型特征［J］．中国沙漠，2013，33（3）：717－723.
[18] 崔宁博．西北半干旱区梨枣树水分高效利用机制与最优调亏灌溉模式研究［D］．杨凌：西北农林科技大学，2009.
[19] 李福强，张恒嘉，王玉才，等．我国精准灌溉技术研究进展［J］．中国水运（下半月），2017，17（4）：145－148.
[20] 庞秀明，康绍忠，王密侠．作物调亏灌溉理论与技术研究动态及其展望［J］．西北农林科技大学学报（自然科学版），2005，33（6）：141－146.
[21] 邓浩亮，孔维萍，张恒嘉，等．不同生育期调亏灌溉对酿酒葡萄耗水及果实品质的影响［J］．中国生态农业学报，2016，24（9）：1196－1205.
[22] 中华人民共和国住房和城乡建设部，国家质量监督检验检疫总局．节水灌溉工程技术规范：GB/T 50363—2006［S］．2018.
[23] 李宗礼，赵文举，孙伟，等．喷灌技术在北方缺水地区的应用前景［J］．农业工程学报，2012，28（6）：1－6.
[24] 范永申，王全九，周庆峰，等．中国喷灌技术发展面临的主要问题及对策［J］．排灌机械工程学报，2015，33（5）：450－455.
[25] 李久生，栗岩峰，王军，等．微灌在中国：历史、现状和未来［J］．水利学报，2016，47（3）：372－381.
[26] 王新坤，许颖，涂琴．微灌系统过滤装置优化选型与配置［J］．农业工程学报，2011，27（10）：160－163.
[27] 韩启彪，冯绍元，曹林来，等．滴灌技术与装备进一步发展的思考［J］．排灌机械工程学报，2015，33（11）：1001－1005.
[28] 罗毅．干旱区绿洲滴灌对土壤盐碱化的长期影响［J］．中国科学：地球科学，2014，44（8）：1679－1688.
[29] 刘洋，栗岩峰，李久生，等．东北半湿润区膜下滴灌对农田水热和玉米产量的影响［J］．农业机械学报，2015，46（10）：93－104.
[30] 张蚌蚌，王数，石建初，等．新疆盐碱地膜下滴灌棉田可持续利用系统分析［J］．中国农业大学学报，2017，22（11）：36－48.
[31] 邵光成，蔡焕杰，吴磊，等．新疆大田膜下滴灌的发展前景［J］．干旱地区农业研究，2001，19（3）：122－127.
[32] 石榴云，王兴瑞，康颢严．新视野看新疆之水［N］．新疆日报，2024－11－22.
[33] 马富裕，周治国，郑重，等．新疆棉花膜下滴灌技术的发展与完善［J］．干旱地区农业研究，2004，22（3）：202－208.
[34] 刘梅先，杨劲松，李晓明，等．滴灌模式对棉花根系分布和水分利用效率的影响［J］．农业工程学报，2012，28（S1）：98－105.
[35] 邢英英，张富仓，张燕，等．滴灌施肥水肥耦合对温室番茄产量、品质和水氮利用的影响［J］．中国农业科学，2015，48（4）：713－726.
[36] 寇丹，苏德荣，吴迪，等．地下调亏滴灌对紫花苜蓿耗水、产量和品质的影响［J］．农业工程学报，2014，30（2）：116－123.
[37] 方栋平，张富仓，李静，等．灌水量和滴灌施肥方式对温室黄瓜产量和品质的影响［J］．应用生态学报，2015，26（6）：1735－1742.

[38] 刘洋. 东北半湿润区膜下滴灌玉米增产机理及水氮优化管理研究 [D]. 北京：中国农业大学，2017.
[39] 张鑫，蔡焕杰，邵光成，等. 膜下滴灌的生态环境效应研究 [J]. 灌溉排水，2002，21 (2)：1-4.
[40] 张治. 绿洲膜下滴灌农田水盐运移及动态关系研究 [D]. 北京：清华大学，2014.
[41] 周和平，王少丽，姚新华，等. 膜下滴灌土壤水盐定向迁移分布特征及排盐效应研究 [J]. 水利学报，2013，44 (11)：1380-1388.
[42] 孟春红，夏军. 土壤-植物-大气系统水热传输的研究 [J]. 水动力学研究与进展 (A 辑)，2005，20 (3)：307-312.
[43] 吉喜斌，康尔泗，赵文智，等. 内陆绿洲灌溉农田 SPAC 系统土壤水分动态模拟研究 [J]. 中国沙漠，2006，26 (2)：194-201.
[44] Manzoni S, Vico G, Porporato A, et al. Biological constraints on water transport in soil-plant-atmosphere system [J]. Advances in Water Resource, 2013, 51: 292-304.
[45] 吴姗，莫非，周宏，等. 土壤水动力学模型在 SPAC 系统中应用研究进展 [J]. 干旱地区农业研究，2014，32 (1)：100-109.
[46] 张恒嘉. 调亏灌溉对春小麦生产力及土壤水分的影响研究 [D]. 兰州：兰州大学，2005.
[47] 冯广龙，刘昌明，王立. 土壤水分对作物根系生长及分布的调控作用 [J]. 生态农业研究，1996，4 (3)：7-11.
[48] 邵明安，王全九，黄明斌. 土壤物理学 [M]. 北京：高等教育出版社，2006.
[49] 黄仲冬，齐学斌，樊向阳，等. 土壤水分有效性及其影响因素定量分析 [J]. 水土保持学报，2014，28 (5)：71-76.
[50] Nijbroke R, Hoogenboom G, Jones W J. Optimizing irrigation management for a spatially variable soybean field [J]. Agricultural Systems, 2003, 76 (1): 359-377.
[51] King B A, Stark J C, Wall R W. Comparison of site-specific and conventional uniform irrigation management for Isatises [J]. Applied Engineering in Agriculture, 2006, 22 (5): 677-688.
[52] Duncan H A. Locating the variability of soil water holding capacity and understanding its effects on deficit irrigation and cotton lint Yield [D]. Tennessee: University of Tennessee, 2012.
[53] Tolk J A, Evett S R. Do soil textural properties affect water use efficiency? [C]. IA Irrigation Symposium: Emerging Technologies for Sustainable Irrigation - A Tribute to the Career of Terry Howell, Sr. Conference Proceedings, the American Society of Agricultural and Biological Engineers, 2015.
[54] Kendall C DeJonge, Saleh Taghvaeian, homas J Trout. Soil variability effects on canopy temperature in a limited irrigation experiment [C]. Joint American Society of Agricultural Biological Engineers/IA Irrigation Symposium, 2015.
[55] 冯晓钰，周广胜. 夏玉米叶片水分变化与光合作用和土壤水分的关系 [J]. 生态学报，2018，38 (1)：177-185.
[56] 张喜英，裴冬，由懋正. 几种作物的生理指标对土壤水分变动的阈值反应 [J]. 植物生态学报，2000，24 (3)：280-283.
[57] 吴敏，张文辉，马闯，等. 干旱胁迫对栓皮栎种子萌发能力的影响 [J]. 西北农林科技大学学报 (自然科学版)，2017，45 (5)：91-100.
[58] 刘明，齐华，孙世贤，等. 水分胁迫对玉米光合特性的影响 [J]. 玉米科学，2008，16 (4)：86-90.
[59] 任丽花，王义祥，翁伯琦，等. 土壤水分胁迫对圆叶决明叶片含水量和光合特性的影响 [J]. 厦门大学学报 (自然科学版)，2005 (S1)：28-31.
[60] 张雅倩，林琪，刘家斌，等. 干旱胁迫对不同肥水类型小麦旗叶光合特性及产量的影响 [J]. 麦类作物学报，2011，31 (4)：724-730.

[61] 井大炜，邢尚军，杜振宇，等. 干旱胁迫对杨树幼苗生长、光合特性及活性氧代谢的影响 [J]. 应用生态学报，2013，24 (7)：1809-1816.
[62] 王振华，郑旭荣，姜国军. 不同灌水量对滴灌春小麦生长与生理指标的影响 [J]. 核农学报，2015，29 (3)：538-548.
[63] 宋新颖，邬爽，张洪生，等. 土壤水分胁迫对不同品种冬小麦生理特性的影响 [J]. 华北农学报，2014，29 (2)：174-180.
[64] 聂朝娟，邓西平，陈炜. 花后水分亏缺对冬小麦光合特性及产量的影响 [J]. 麦类作物学报，2010，30 (4)：665-669.
[65] 时学双，李法虎，闫宝莹，等. 秸秆覆盖条件下水分亏缺对春青稞水分利用和产量的影响 [J]. 农业工程学报，2016，32 (S1)：105-111.
[66] 王唯逍，刘小军，田永超，等. 不同土壤水分处理对水稻光合特性及产量的影响 [J]. 生态学报，2012，32 (22)：7053-7060.
[67] Malamy J E. Intrinsic and environmental response pathways that regulate root system architecture [J]. Plant，Cell & Environment，2005，28 (1)：67-77.
[68] 王周锋，张岁岐，刘小芳. 玉米根系水流导度差异及其与解剖结构的关系 [J]. 应用生态学报，2005，16 (12)：2349-2352.
[69] 杨振宇，张富仓，邹志荣. 不同生育期水分亏缺和施氮量对茄子根系生长、产量及水分利用效率的影响 [J]. 西北农林科技大学学报 (自然科学版)，2010，38 (7)：141-148.
[70] 杨彩玲，刘立龙，CHUNG Nghiem Tien，等. 土壤水分对免耕水稻根系生长的影响 [J]. 华中农业大学学报，2016，35 (1)：8-16.
[71] 赵宏光，夏鹏国，韦美膛，等. 土壤水分含量对三七根生长、有效成分积累及根腐病发病率的影响 [J]. 西北农林科技大学学报 (自然科学版)，2014，42 (2)：173-178.
[72] 叶谦吉. 生态农业—农业的未来 [M]. 重庆：重庆出版社，1987.
[73] 付恭华，王莹，鄢帮有. 生态农业与中国未来的粮食安全 [J]. 江西农业大学学报 (社会科学版)，2013，12 (3)：289-294.
[74] 曹志平. 生态农业未来的发展方向 [J]. 中国生态农业学报，2013，21 (1)：29-38.
[75] 张福锁，王激清. 养分资源综合管理迫在眉睫 [N]. 中国农资导报，2008-6.
[76] 张树清，孙小凤. 甘肃农田土壤氮磷钾养分变化特征 [J]. 土壤通报，2006，37 (1)：13-18.
[77] 张福锁，崔振岭，王激清，等. 中国土壤和植物养分管理现状与改进策略 [J]. 植物学通报，2007，24 (6)：687-694.
[78] 高菲菲，祁文龙，杨睿劼，等. 罗梭江流域农地土壤养分状况研究 [J]. 安徽农业科学，2017，45 (32)：108-110.
[79] 郭旭东，傅伯杰，马克明，等. 基于 GIS 和地统计学的土壤养分空间变异特征研究——以河北省遵化市为例 [J]. 应用生态学报，2000，11 (4)：557-563.
[80] 潘家荣，巨晓棠，刘学军，等. 水氮优化条件下在华北平原冬小麦/夏玉米轮作中的化肥氮去向 [J]. 核农学报，2009，23 (2)：334-340.
[81] 陈远学，陈晓辉，唐义琴，等. 不同氮用量下小麦/玉米/大豆周年体系的干物质积累和产量变化 [J]. 草业学报，2014，23 (1)：73-83.
[82] Demirbas A. Effects of temperature and particle size on biochar yield from pyrolysis of agricultural residues [J]. Journal of Analytical and Applied Pyrolysis，2004，72 (2)：243-248.
[83] Lehmann J，Gaunt J，Rondon M. Biochar sequestration in terrestrial ecosystems：A review [J]. Mitigation and Adaptation Strategies for Global Change，2006，11 (2)：403-427.
[84] Beesley L，Marmiroli M. The immobilisation and retention of soluble arsenic，cadmium and zinc by biochar [J]. Environmental Pollution，2011，159 (2)：474-480.

[85] 卢晋晶，郜春花. 李建华，等. 秸秆生物炭对黄土区农田土壤养分和玉米生长的影响 [J]. 中国农学通报，2017，33（33）：92-99.
[86] 耿玉清，王冬梅. 土壤水解酶活性测定方法的研究进展 [J]. 中国生态农业学报，2012，20（4）：387-394.
[87] 张志丹，赵兰坡. 土壤酶在土壤有机培肥研究中的意义 [J]. 土壤通报，2006（2）：2362-2368.
[88] Gao Y，Miao C Y，Xia J，et al. Plant diversity reduces the effect of multiple heavy metal pollution on soil enzyme activities and microbial community structure [J]. Frontier of Environmental Science and Engineering，2012，6（2）：211-223.
[89] ANGELOVICOVáL，FAZEKAŠOVáD. Contaminationg of the soil and water environment by heavy metals in the former mining area of rudňany（Slovakia） [J]. Soil and Water Research，2014，9（1）：18-24.
[90] 边雪廉，赵文磊，岳中辉，等. 土壤酶在农业生态系统碳、氮循环中的作用研究进展 [J]. 中国农学通报，2016，32（4）：171-178.
[91] 乔继杰，马振朝，王玮，等. 河北低平原夏玉米高产田土壤酶与肥力特征 [J]. 江苏农业科学，2016，44（12）：484-487.
[92] 罗影，王立光，陈军，等. 不同种植模式对甘肃中部高寒区胡麻田土壤酶活性及土壤养分的影响 [J]. 核农学报，2017，31（6）：1185-1191.
[93] 谢泽宇，罗珠珠，李玲玲，等. 黄土高原不同粮草种植模式土壤碳氮及土壤酶活性 [J]. 草业科学，2017，34（11）：2191-2199.
[94] 付智丹，周丽，陈平，等. 施氮量对玉米/大豆套作系统土壤微生物数量及土壤酶活性的影响 [J]. 中国生态农业学报，2017，25（10）；1463-1474.
[95] Davies W J，Zhang J. Root signals and the regulation of growth and development of plants in drying soil [J]. Annual Review of Plant Physiology and Plant Molecular Biology，1991，42：55-76.
[96] Shen Y Y，Zhang D P，Wu F Q，et al. The Mg-chelatase H subunit is an abscisic acid receptor [J]. Nature，2006，443：823-826.
[97] 赵翔，李娜，王棚涛，等. 脱落酸调节植物抵御水分胁迫的机制研究 [J]. 生命科学，2011，23（1）：115-120.
[98] Song YW，Kang YL，Liu H，et al. Identification and primary genetic analysis of Arabidopsis stomatal mutants in response to multiple stresses [J]. Chinese Science Bulletin，2006，51（21）：2586-94.
[99] 吴荣军. 地表臭氧和土壤水分亏缺对植物的交互效应研究进展 [J]. 生态学杂志，2017，36（3）：846-853.
[100] Reynolds M. P. Yield potential in modem wheat varieties：its association with a less competitive ideotype [J]. Field Crops Research，1994，37：149-160.
[101] 马守臣，徐炳成，李凤民，等. 冬小麦（Triticum aestivum）分蘖冗余生态学意义以及减少冗余对水分利用效率的影响 [J]. 生态学报，2008，28（1）：321-326.
[102] 康绍忠，杜太生，孙景生，等. 基于生命需水信息的作物高效节水调控理论与技术 [J]. 水利学报，2007，38（6）：661-667.
[103] 侯慧芝，黄高宝，郭清毅，等. 干旱灌区冬小麦根系的生长冗余 [J]. 生态学杂志，2007，26（9）：1407-1411.
[104] 金良，隗溟，董清泉，等. 水稻分蘖生长冗余和补偿的研究 [J]. 西南农业学报，2007，（5）：895-898.
[105] 王建永，李朴芳，程正国，等. 旱地小麦理想株型与生长冗余 [J]. 生态学报，2015，35（8）：2428-2437.

[106] 银敏华，李援农，周昌明，等. 调亏灌水和分蘖干扰对冬小麦生长的补偿效应 [J]. 应用生态学报，2015，26 (10)：3011-3019.

[107] 崔宁博，杜太生，李忠亭，等. 不同生育期调亏灌溉对温室梨枣品质的影响 [J]. 农业工程学报，2009，25 (7)：32-38.

[108] 郑健，蔡焕杰，王健，等. 温室小型西瓜调亏灌溉综合效益评价模型 [J]. 农业机械学报，2011，42 (7)：124-129.

[109] 房玉林，孙伟，万力，等. 调亏灌溉对酿酒葡萄生长及果实品质的影响 [J]. 中国农业科学，2013，46 (13)：2730-2738.

[110] 张恒嘉，李晶. 绿洲膜下滴灌调亏马铃薯光合生理特性与水分利用 [J]. 农业机械学报，2013，44 (10)：143-151.

[111] 王军，黄冠华，郑建华. 西北内陆旱区不同沟灌水肥对甜瓜水分利用效率和品质的影响 [J]. 中国农业科学，2010，43 (15)：3168-3175.

[112] 李文明，施坰林，韩辉生，等. 节水灌溉制度对菘蓝耗水特征及产量的影响 [J]. 灌溉排水学报，2007，26 (6)：106-109.

[113] 谭勇，梁宗锁，董娟娥，等. 水分胁迫对菘蓝生长发育和有效成分积累的影响 [J]. 中国中药杂志，2008，33 (1)：19-22.

[114] 马丽，何茂秋，骆瀚超，等. 菘蓝提取液中有效成分的吸收转运特性分析 [J]. 中国实验方剂学杂志，2015，(24)：5-9.

[115] 陈素珍，李瑾翡，曾秋敏，等. 菘蓝提取液抗病毒活性的生物评价方法研究 [J]. 中药新药与临床药理，2015，26 (2)：198-201.

[116] 国欣，胡小龙，王月荣，等. 菘蓝多糖的系统分离纯化与组成分析 [J]. 中草药，2016，47 (9)：1508-1514.

[117] 陈玉民，孙景生，肖俊夫. 节水灌溉的土壤水分控制标准问题研究 [J]. 灌溉排水，1997，16 (1)：24-28.

[118] Dorota Soltys-Kalina，Jarosław Plich，Danuta Strzelczyk－Żyta，et al. The effect of drought stress on the leaf relative water content and tuber yield of a half-sib family of 'Katahdin'－derived Isatis cultivars [J]. Breeding Science，2016，66 (2)，328-331.

[119] 杨宏羽，李欣，王波，等. 膜下滴灌油葵土壤水热高效利用及高产效应 [J]. 农业工程学报，2016，32 (8)：91-97.

[120] 龚雪文，刘浩，孙景生，等. 不同水分下限对温室膜下滴灌甜瓜开花坐果期地温的影响 [J]. 应用生态学报，2014，25 (10)：2935-2943.

[121] 邱新强，路振广，张玉顺，等. 不同生育时期干旱对夏玉米耗水及水分利用效率的影响 [J]. 中国农学通报，2013，29 (27)：68-75.

[122] 孟兆江，段爱旺，王景雷，等. 调亏灌溉对冬小麦不同生育阶段水分蒸散的影响 [J]. 水土保持学报，2014，28 (1)：198-202.

[123] 黄兴法，李光永，王小伟，等. 充分灌与调亏灌溉条件下苹果树微喷灌的耗水量研究 [J]. 农业工程学报，2001，17 (5)：43-47.

[124] 张步翀. 河西绿洲灌区春小麦调亏灌溉试验研究 [J]. 中国生态农业学报，2008，16 (1)：35-40.

[125] 刘洋，栗岩峰，李久生，等. 东北半湿润区膜下滴灌对农田水热和玉米产量的影响 [J]. 农业机械学报，2015，46 (10)：93-104.

[126] 邢英英，张富仓，张燕，等. 膜下滴灌水肥耦合促进番茄养分吸收及生长 [J]. 农业工程学报，2014，30 (21)：70-80.

[127] 宁松瑞，左强，石建初，等. 新疆典型膜下滴灌棉花种植模式的用水效率与效益 [J]. 农业工程学报，2013，29 (22)：90-99.

[128] 刘梅先，杨劲松，李晓明，等. 膜下滴灌条件下滴水量和滴水频率对棉田土壤水分分布及水分利用效率的影响 [J]. 应用生态学报，2011，22 (12)：3203-3210.
[129] 张步翀，李凤民. 调亏灌溉对春小麦土壤水分动态的影响研究 [J]. 灌溉排水学报，2006，25 (4)：52-55.
[130] 石岩，于振文，位东斌，等. 土壤水分胁迫对小麦衰老过程中脱落酸和细胞分裂素（iPAs）含量的影响 [J]. 植物生理学通讯，1998，34 (1)：32-34.
[131] 张林刚，邓西平. 小麦抗旱性生理生化研究进展 [J]. 干旱地区农业研究，2000，18 (3)：87-92.
[132] 张凯，陈年来，顾群英，等. 不同抗旱性小麦气体交换特性和生物量积累与分配对水氮的响应 [J]. 核农学报，2016，30 (4)：797-804.
[133] 王月福，于振文，潘庆民，等. 水分处理与耐旱性不同的小麦光合特性及产量物质运转 [J]. 麦类作物学报，1998，18 (3)：44-48.
[134] 孟兆江，卞新民，刘安能，等. 调亏灌溉对夏玉米光合生理特性的影响 [J]. 水土保持学报，2006，20 (3)：182-186.
[135] 裴冬，孙振山，陈四龙，等. 水分调亏对冬小麦生理生态的影响 [J]. 农业工程学报，2006，22 (8)：68-72.
[136] 罗永忠，成自勇. 水分胁迫对紫花苜蓿叶水势、蒸腾速率和气孔导度的影响 [J]. 草地学报，2011，19 (2)：216-221.
[137] 崔秀妹，刘信宝，李志华. 外源水杨酸对水分胁迫下扁蓿豆光合作用及饲草产量和品质的影响 [J]. 草地学报，2013，21 (1)：127-134.
[138] 王海珍，韩路，徐雅丽，等. 土壤水分梯度对灰胡杨光合作用与抗逆性的影响 [J]. 生态学报，2017，37 (2)：432-442.
[139] 高阳，黄玲，李新强，等. 开花后水分胁迫对冬小麦旗叶光合作用和保护酶活性的影响 [J]. 水土保持学报，2013，27 (4)：201-206.
[140] Chalmers D J, Mitchell P D, Jerie P H. The physiology of growth control of peach and pear trees using reduced irrigation [J]. Acta Horticulturae, 1984, 146 (146): 143-149.
[141] 王磊，张彤，丁圣彦. 开花期土壤短期干旱和复水对大豆光合作用和产量的影响 [J]. 植物学报，2009，44 (2)：185-190.
[142] 朱成刚，陈亚宁，李卫红，等. 干旱胁迫对胡杨 PSII 光化学效率和激能耗散的影响 [J]. 植物学报，2011，46 (4)：413-424.
[143] 吴敏，张文辉，周建云，等. 干旱胁迫对栓皮栎幼苗细根的生长与生理生化指标的影响 [J]. 生态学报，2014，34 (15)：4223-4233.
[144] 白向历，孙世贤，杨国航，等. 不同生育时期水分胁迫对玉米产量及生长发育的影响 [J]. 玉米科学，2009，17 (2)：60-63.
[145] 马树庆，王琪，徐丽萍，等. 吉林玉米带春季土壤水分变化对玉米幼苗生长状况的影响 [J]. 中国农业气象，2014，35 (1)：55-61.
[146] 魏永霞，马瑛瑛，冯鼎瑞，等. 调亏灌溉下滴灌玉米根冠生长与水分动态响应特征 [J]. 农业机械学报，2017，48 (7)：180-188.
[147] 彭世彰，蔡敏，孔伟丽，等. 不同生育阶段水分亏缺对水稻干物质与产量的影响 [J]. 水资源与水工程学报，2012，23 (1)：10-13.
[148] 唐梅，李伏生，张富仓，等. 不同磷钾条件下苗期适度水分亏缺对大豆生长及干物质积累的影响 [J]. 干旱地区农业研究，2006，24 (5)：109-114.
[149] 乌兰，石晓华，杨海鹰，等. 苗期水分亏缺对马铃薯产量形成的影响 [J]. 中国马铃薯，2015，29 (2)：80-84.
[150] 韩占江，于振文，王东，等. 调亏灌溉对冬小麦耗水特性和水分利用效率的影响 [J]. 应用生

态学报，2009，20（11）：2671-2677.

[151] 袁淑芬，陈源泉，闫鹏，等. 水分胁迫对华北春玉米生育进程及物质生产力的影响［J］. 中国农业大学学报，2014，19（5）：22-28.

[152] 郑建华，黄冠华，黄权中，等. 干旱区膜下滴灌条件下洋葱水分生产函数与优化灌溉制度［J］. 农业工程学报，2011，27（8）：25-30.

[153] 潘晓华，邓强辉. 作物收获指数的研究进展［J］. 江西农业大学学报，2007，29（1）：1-5.

[154] 彭世彰，边立明，朱成立，等. 作物水分生产函数的研究与发展［J］. 水利水电科技进展，2000，20（1）：17-20.

[155] 何春燕，张忠，何新林，等. 作物水分生产函数及灌溉制度优化的研究进展［J］. 水资源与水工程学报，2007，18（3）：42-45.

[156] 刘坤，郑旭荣，任政，等. 作物水分生产函数与灌溉制度的优化［J］. 石河子大学学报，2004，22（5）：383-385.

[157] 雷艳，张富仓，寇雯萍，等. 不同生育期水分亏缺和施氮对冬小麦产量及水分利用效率的影响［J］. 西北农林科技大学学报（自然科学版），2010，38（5）：167-174，180.

[158] 时学双，李法虎，闫宝莹，等. 不同生育期水分亏缺对春青稞水分利用和产量的影响［J］. 农业机械学报，2015，46（10）：144-151，265.

[159] 闫映宇，赵成义，盛钰，等. 膜下滴灌对棉花根系、地上部分生物量及产量的影响［J］. 应用生态学报，2009，20（4）：970-976.

[160] 李炫臻，张恒嘉，邓浩亮，等. 膜下滴灌调亏对绿洲马铃薯生物量分配、产量和水分利用效率的影响［J］. 华北农学报，2015，30（5）：223-231.

[161] 丁林，王福霞，王以兵，等. 调亏对春播蚕豆产量及其构成因素的影响［J］. 灌溉排水学报，2008，27（6）：106-109.

[162] 董国锋，成自勇，张自和，等. 调亏灌溉对苜蓿水分利用效率和品质的影响［J］. 农业工程学报，2006，22（5）：201-203.

[163] 张步翀，李凤民，黄高宝，等. 干旱环境条件下春小麦适度调亏灌溉的产量效应［J］. 灌溉排水学报，2005，24（6）：38-40.

[164] 杨静敬，路振广，潘国强，等. 亏缺灌溉对冬小麦耗水规律及产量的影响［J］. 节水灌溉，2013（4）：8-11.

[165] 张鸿雁，薛泉宏，唐明，等. 不同种植年限人参地土壤放线菌生态研究［J］. 西北农林科技大学学报（自然科学版），2010，38（8）：151-159.

[166] 王芳，图力古尔. 土壤真菌多样性研究进展［J］. 菌物研究，2014（3）：178-186.

[167] Antizar-Ladislao B，Spanova K，Beck A J，et al. Microbial community structure changes during bioremediation of PAHs in an aged coal-tar contaminated soil by in-vessel composting［J］. International Biodeterioration and Biodegradation，2008，61（4）：357-364.

[168] FT D Vries，E Hoffland，NV Eekeren，L Brussaard，J Bloem. Fungab/bacterial ratios in grasslands with contrasting nitrogen management［J］. Soil Biology and Biochemistry，2006，38：2092-2103

[169] 曹慧，孙辉，杨浩，等. 土壤酶活性及其对土壤质量的指标研究进展［J］. 应用与环境生物学报，2003，9（1）：105-109.

[170] Badiane N N Y，Chotte J L，Pate E，Masse D，Rouland C. Use of soil enzyme activities to monitor soil quality in natural and improved fallows in semiarid tropical regions［J］. Applied Soil Ecology，2001，18（3）：229-238.

[171] Zhang Heng-jia，Gan Yan-tai，Huang Gao-bao，Zhao Wen-zhi，Li Feng-min. Postharvest residual soil nutrients and yield of spring wheat under water deficit in arid northwest China［J］. Agri-

cultural Water Management，2009，96（6）：1045－1051.

[172] Zhan Ai，Zou Chun-qin，Ye You-liang，Liu Zhao-hui，Cui Zhen-ling，Chen Xin-ping. Estimating on-farm wheat yield response to potassium and potassium uptake requirement in China [J]. Field Crops Research，2016，191：13－19.

[173] 张晓英，梁新书，张振贤，等. 异根嫁接对黄瓜适度水分亏缺下营养生长和养分吸收的影响 [J]. 中国农业大学学报，2014，19（3）：137－144.

[174] 唐梅. 主动水分亏缺对大豆生长和水分养分利用的影响 [D]. 南宁：广西大学，2006.

[175] 王理德，姚拓，王方琳，等. 石羊河下游退耕地土壤微生物变化及土壤酶活性 [J]. 生态学报，2016，36（15）：4769－4779.

[176] 王金凤，康绍忠，张富仓，等. 控制性根系分区交替灌溉对玉米根区土壤微生物及作物生长的影响 [J]. 中国农业科学，2006，39（10）：2056－2062.

[177] 范海兰. 福建道地药材短葶山麦冬对水分、氮沉降胁迫的响应研究 [D]. 福州：福建农林大学，2011.

[178] 陈娜娜，贾生海，张芮. 水分亏缺对设施延后栽培葡萄土壤生物学特性的影响 [J]. 华北农学报，2017，32（5）：192－199.

[179] 龙云，杨睿，钟章成，等. 不同水分和氮素条件对栽培绞股蓝生物量和皂苷量的影响 [J]. 中草药，2008，39（12）：1872－1876.

[180] 邵玺文，韩梅，韩忠明，等. 水分供给量对黄芩生长与光合特性的影响 [J]. 生态学报，2006，26（10）：3214－3220.

[181] 黄学春. 调亏灌溉对酿酒葡萄光合作用及果实生长发育旳影响研究 [D]. 银川：宁夏大学，2014.

[182] 杜丽娜，张存莉，朱玮，等. 植物次生代谢合成途径及生物学意义 [J]. 西北林学院学报，2005，20（3）：150－155.

[183] 段飞，杨建雄，周西坤，等，逆境胁迫对菘蓝幼苗靛玉红含量的影响 [J]. 干旱地区农业研究，2006，24（3）：111－114.

[184] 唐文文，张欣旸，何尤，等. 陇中半干旱地区大青叶采收次数对药材产量品质的影响 [J]. 中国中药杂志，2011，36（8）：955－958.

第二部分

绿洲菘蓝对膜下滴灌水分调亏的响应

第11章　概　　述

11.1　研究背景

水是地球上所有生物生存所需的基本物质，水资源则是一个国家经济发展和国民生存的基础性资源。我国总人数占全球的22%，而可耕地面积占比却仅为7%，人口数量决定了我国必须在有限的耕地面积上大力发展农业以保障粮食需求，因而我国既是人口大国也是农业大国。此外，我国还是一个水资源严重短缺的国家。据有关部门统计，我国现有水资源总量约为28000万亿 m^3，约占全球水资源总量的5.6%，其中可被开发利用的仅为0.47万亿 m^3，而我国人均水资源量约为0.24万 m^3，仅为世界人均水资源总量的1/4，排在世界百位之后。我国单位耕地面积水资源占有量仅为1700m^3/亩，约为全球平均水平的一半，联合国已将我国列为全球贫水国之一。近年来，我国经济规模和城镇化进程不断加快，人口数量不断增加，水资源需求和供应量之间的矛盾愈加突出，灌溉水源不足已严重制约了农业可持续发展。

西北地区深居我国内陆腹地，该区干旱且降水稀少，夏秋季气温较高且年蒸发量极大，多为荒漠或沙漠气候。该区耕地面积占国土总面积的11.99%，水资源总量却仅为全国的8.14%。作为西北五省区之一，甘肃省耕地面积为350万 m^3，约占西北地区的三分之一，而水资源量却不足八分之一，仅约270亿 m^3。河西走廊为甘肃绿洲农业的主要分布区，由于受地理环境条件、人口数量及经济发展的影响，河西地区农业用水已严重不足。

位于河西走廊中部的张掖市民乐县自然地理条件独特且丰富多样。该县境内由北至南海拔介于1600～5000m，基本以山地和较小坡度平原为主，地势总体呈倾斜状，即西北低东南高，且东南西三面环山。该县属于大陆性荒漠草原气候，年日照时数、降水量和蒸发量多年平均值分别为2600～3000h、150～500mm和1680～2270mm，无霜期约78～188天。该县耕地面积约6.1万 hm^2，光热资源丰富，是绿色农作物培植的理想基地。机井抽取地下水和河道上游来水作为该县农业用水的主要来源，但随着该区经济社会发展水平的不断提升，农业、生活、生产等各类用水量急剧增加，尤其是农作物种植面积持续扩大，灌溉用水量持续增加，导致该区在用水集中时期河道发生断流，地下水水位不断下降、荒漠化程度逐渐加重，水资源供需矛盾日益凸显。面对该区亟待解决的水资源供需矛盾问题，其关键在于如何有效提升灌区有限水资源的利用效率。

随着野生中药材资源的日益枯竭，人工中药材种植已成为中医药产业不可或缺的重要组成部分。甘肃省中药材栽培品种和数量均较丰富，药材质量上乘，人工栽培面积已居全国首位，产量亦居全国前列，已成为我国中药材种植的重要省份。同时，中药材种植促进了省内栽培区域经济的健康发展，已成为当地农民增收的主要途径之一。其中，当归、党参、菘蓝和黄芩等“十大陇药”栽培面积和对外出口量较大，金银花、半夏和肉苁蓉、羌活、丹参、猪苓等则是甘肃省具有独特地域优势的主栽品种。通常情况下，只有在适宜环境下生长的作物长势和产量才较理想，甘肃省民乐县因其独特的气候条件为菘蓝、万寿菊、黄芪等绿洲中药材种植提供了良好的生长环境。但由于干旱少雨和灌溉水源匮乏，该区中药材种植受到限制，加之不合理的灌水，农业水资源利用效率低下，中药材种植经济效益普遍较低。

本研究以民乐县主栽北菘蓝（*Isatis indigotica*）为供试对象。近年来，素有“菘蓝之乡”美称的民乐县中药材产业发展较快，其中菘蓝栽培面积基本稳定在 15 万～25 万亩，已成为群众增收的主要经济作物。水分是河西绿洲灌区菘蓝生长和产量提升的主要影响因素，应通过制定科学合理的灌溉制度以提高灌溉水利用效率并实现灌溉用水的合理分配。实践表明，灌溉制度优化须明晰作物各生长阶段的耗水规律，要以保证作物正常生长为前提有效利用土壤水和降水，保障作物水分临界期的供水需求。

目前，国内外对覆膜栽培技术、滴灌技术、亏水灌溉等栽培方式和灌水技术研究已比较成熟，并在经济作物和粮食作物种植方面得到广泛应用且成效显著。上述技术已在农业生产实践中得到广泛应用，不仅降低生产成本和节约灌溉用水，也提高了作物产量和灌溉水利用效率，但对将膜下滴灌技术与调亏灌溉理论相结合的大田中药材膜下滴灌水分调亏方面的研究相对较少。因此，本研究通过对河西绿洲菘蓝不同生育阶段的水分调亏研究分析菘蓝生长、耗水特性、产量及品质，构建作物阶段水分生产函数，筛选提出研究区菘蓝最优灌溉制度，以期为河西绿洲冷凉灌区菘蓝高产优质高效节水栽培提供理论依据。

11.2 研究意义

水资源短缺态势将随时间推移愈加严峻，必将制约社会经济可持续发展。研究表明，我国的温饱问题已基本解决，但须预防可能会遇到的另一个严重社会问题——“水贫困”。农业是我国重要产业之一，而农业用水供需矛盾始终困扰着我国农业可持续发展，因此加大我国农业节水领域的科研资金投入，同时加强高效节水基础建设则是当前十分重要的课题，也是形势所迫，更是客观需求。

2005 年 5 月国家发布《中国节水技术政策大纲》，明确提出在之后五年内农业用水量“零增长”。习近平总书记提出了新时期治水新思路，即“节水优先、空间均衡、系统治理、两手发力”。因此，我国节水之路任重道远，习近平总书记将节水工作放在优先位置的关键抉择是出于中华民族永续发展的考虑，也综合了我国实际国情及世界各国发展的实践经验。必须始终如一坚持这一新时期的治水工作方针。

绿洲农业是河西地区的支柱产业。当前河西地区农业灌溉面积约为 65.39 万 hm^3，区域水资源开发利用率已超过 90%，单位耗水量产生的经济效益为 0.07～0.83 元，作物水分利用效率约为 0.63，不仅低于全国平均水平，还远低于全球水平。近年来当地政府和有关部门针对水资源短缺问题颁布并实施了相关用水管理政策和节水措施，但并未有效解决供水不能满足用水需求这一根本问题，如不科学的生产用水分配及农业灌水利用效率低下等问题仍普遍存在。同时，随着中药材市场需求量的不断增大和中药材产业快速发展，河西地区菘蓝栽培面积也将随之逐步扩大，当地农户经济收入的来源很大程度上也将依赖于菘蓝种植。然而，灌溉水源不足始终制约着该区菘蓝种植业发展。因此，本研究针对河西绿洲冷凉灌区农业水资源短缺问题开展膜下滴灌菘蓝水分调亏试验研究，以期为河西绿洲冷凉灌区菘蓝高产优质高效节水提供理论依据。

11.3 国内外研究进展

11.3.1 覆膜栽培技术研究进展

地膜覆盖是把农用塑料薄膜覆盖于田间地表的一种栽培措施。在农业生产中地膜覆盖栽培种植的最大益处在于能在作物生长发育过程中有效调节和保障作物根区土壤温度和热状况。研究结果表明，覆膜条件下谷子苗期表层（0～15cm）土壤温度较不覆膜升高1.30～2.30℃，拔节期升高0.30～1.10℃，整个生长过程中土壤积温累计增加150～200℃。杨祁峰等的试验结果表明，不覆膜处理玉米在生长过程中不同土层温度和有效积温均小于覆膜处理。覆膜栽培技术还存在诸多优势。塑料薄膜覆盖地表后能减轻土壤水分蒸发，干旱时可起到保墒保水效果，降雨后还能增加土壤水分，同时还能减少土壤水无效损耗，有利于作物水分吸收和高效利用，从而对作物生长起到促进作用。地膜覆盖还能提高作物光合效率，延缓作物叶片衰老，如晴天中午作物植株中下部位叶片可通过地膜反射获得更多光照，进而加强该部位叶片光合作用，也延缓该部位叶片衰老时间，促使作物积累更多干物质。地膜覆盖还有利于肥料腐熟、分解和吸收，可增加土壤肥力。研究表明，土壤养分速效氮、速效磷和速效钾在地膜覆盖后分别提高30%～50%、20%～30%和10%～20%，主要是由于覆膜在保持土壤温度和湿度的同时减慢了地温下降速率，可使土壤在较长时间内维持较高温度，有助于土壤养分积累。地膜覆盖对表层土壤还有保护作用。未覆膜地表会因降水或灌水对地表土壤形成冲刷，破坏土壤结构，而覆膜则会有效避免此类情况发生，还可改良土壤理化性质，提高土壤生产力，减少中耕劳力投入。覆膜还能减轻盐渍化威胁，防止返碱现象发生。此外，在覆膜前喷施除草药剂，还可有效阻止杂草滋生，从而减免除草所需劳力，降低种植成本。王顺霞等研究发现，覆膜栽培可通过调节土壤温度、土壤湿度和降低土壤容积密度来改善土壤环境条件，有效减少土壤水无效损耗。马雪琴等试验结果表明，冬小麦生育期内覆膜处理0～2m土壤贮水量均值较不覆膜显著增加，土壤温度日变化随土层深度呈"锥形"，5～25cm土层深度每增加5cm土温随气温变化延迟0.8h左右。刘胜尧等试验结果发现，覆膜甘薯较不覆膜栽培在促进甘薯氮素积累（约增加20.56%）的同时可增加干物质积累。代立兰等试验结果表明，覆膜处理黄芪出苗时间、出苗率、土壤含水量和产量均较平作不覆膜显著提高。

然而，地膜覆盖栽培也会存在危害，如塑料膜降解难问题、耕层土壤污染问题及白色污染问题等。主要是因为常年覆膜种植下所残留塑料薄膜在自然条件下自身难以降解，且无法及时清除或清除不干净，残膜长期留存于土壤将破坏土壤结构和污染土壤环境，严重抑制作物根系和地上部生长及对土壤水分和养分的吸收利用，最终影响作物产量。

11.3.2 滴灌技术研究进展

作为重要微灌技术之一，滴灌以管道作为基本输水条件，将作物所需灌水通过管网灌溉系统直接输送至作物根层土壤，能够适时适量满足作物对水分的需求，从而实现灌溉用水高效管理。以色列斯的迈哈·博拉斯父子是滴灌技术的初创者，该技术起初仅被应用于名贵花卉和经济作物栽培，之后才逐步被推广至农业生产。研究发现，滴灌技术不仅可节省灌溉水量和施肥量，还能够减少农药用量及病虫害发生，同时还可改善作物品质和提高作物产量。目前，滴灌技术已在多种大田作物种植中得到应用推广并取得突出成效。滴灌系统可通过阀门控制同时实现高效灌水与施肥，显著节省投入成本。邵光成、戴路等试验发现，单位面积滴灌棉田较沟灌增收节支 8155 元，作物水分利用效率和棉花产量分别提高 14.37%和 18.86%；而与漫灌相比滴灌棉花植株生长速度明显加快，各项农艺指标值明显高于漫灌棉田。魏红国等的棉花试验结果表明，微咸水和淡水交替滴灌可在改善棉花品质的同时提高作物产量。陶君等的微咸水膜下滴灌温室辣椒试验发现，连续微咸水灌溉对辣椒植株长势和青果产量有重要影响，相同灌水量下常规水滴灌可明显提升辣椒水分利用率，但品质却受到影响，而二者混合灌溉的辣椒产量和品质则均较好。此外，因滴灌技术将作物所需水分和养分直接输送至作物根系附近，且滴水相对缓慢，灌溉水逐渐均匀下渗，可有效保持土壤物理结构和改善土壤环境。研究实践表明，沟灌和畦灌等传统灌水方式易冲刷农田土壤，造成土壤板结，从而导致土壤孔隙率和通气性均降低，最终影响作物根系及地上部正常生长。

滴灌技术也存在一定缺陷，其中最突出的问题是滴灌带上的滴水器易被灌溉水中可能携带的沉凝物质、泥沙颗粒物及微生物等杂质所塞堵，若长期存在且未能及时清除杂质或更换滴头将导致整个灌水系统无法正常运行。因此，滴灌对灌水的质量要求十分严格，往往事先须进行沉淀和过滤等物理处理，必要时还可通过化学处理达到系统对灌水质量的要求。

11.3.3 调亏灌溉研究进展

1. 调亏灌溉的生物学基础

早在 20 世纪 70 年代中期，澳大利亚的某农业研究机构率先提出了一种灌水方式——调亏灌溉（regulated deficit irrigation，RDI），其核心思想是：由于作物某些遗传特性或生长激素会影响植株生理生化作用，在作物生长的某些阶段人为施加适度亏水灌溉将影响向植株不同组织器官分配的光合产物比例，进而减少植株营养器官生长量和有机物质合成量，达到节水增产调质效果。调亏灌溉理论提出以后，相关研究主要集中在果树调亏灌溉，有关粮食及蔬菜作物的试验研究相对较少。直至 20 世纪末大田作物才逐渐被作为调亏灌溉试验对象开始研究并取得一定成效，证实该理论对大田作物同样适用且有效。由于调亏灌溉理论主要依靠作物自身调节作用和复水补偿生长效应达到节水增产目的，故仍归属于生物和管理节水范畴。

相关研究发现，作物调亏灌溉能够节约灌溉用水的关键原因在于作物根系能感知土壤水分亏缺程度，可将胁迫信号及时传递至作物地上部分，从而诱导关闭气孔。根冠功能平衡学说认为，因作物遗传特性影响，在一定的环境条件下作物根冠比趋于一个相对稳定的数值；当外界环境发生改变时作物根冠竞争开始，其中作物最能缓解资源胁迫的器官将自动获得营养物质分配，从而减轻自身所受伤害。因此，对作物进行亏水灌溉时其根系将经受水分胁迫，作物会调整光合产物在根冠间的分配比例，将更多同化产物分配至根系，对作物地下部生长有利，而此时作物冠层生长受到抑制，叶面积减小，蒸腾作用减弱，作物需水量下降。此外，调亏灌溉还能减小作物棵间蒸发。作物调亏灌溉时灌水量比常规灌溉减少，相应的田间土壤含水率较低，同时土表蒸发和根系吸水导致田间浅层土壤湿度低于毛管断裂含水量，因而深层土壤水分只能以水汽扩散方式经浅层干燥土壤向大气散失，水汽通量变小，最终有效减少了水分的浪费。

研究结果表明，调亏灌溉能够提高作物产量的主要原因是当对作物施加干旱胁迫时，同一植株不同组织器官对干旱逆境胁迫响应的敏感度不同，反应最敏感的是植株细胞的膨大，即植株生长对干旱胁迫最敏感，其次是作物光合同化产物向生殖器官的分配和输送过程。因此，作物营养生长将因干旱胁迫受到抑制，但其生殖生长仍可继续进行，从而使逆境胁迫期间所受影响降至最轻；而当干旱胁迫后及时复水，前期干旱胁迫阶段所积累的有机物质仍可用于作物生长，一定程度上弥补了干旱胁迫所造成的损失。因此，适时适度的亏水灌溉不仅不会显著降低作物产量，有时还有利于增产。

2. 调亏灌溉对作物的影响

作物从播种到收获的整个生长发育过程均进行着各种生理代谢活动，而这些活动正常进行均离不开水分参与，如养分的输送、光合同化作用、有机物的积累过程等，故作物体水分状况对其生长会产生直接影响。植物细胞的分裂与伸长，即植株生长须以细胞原生质水分饱和为基础。植物经受水分胁迫时其生长将会受到抑制，因此对作物进行不同程度的亏水处理必将影响其生长、产量、品质及水分利用效率。

1）调亏灌溉对作物生长的影响。邱继水等的灌溉试验研究结果发现，在枇杷花期亏水灌溉不仅促进了下一生育期（坐果期）生长，还提高了果实成熟期产量，同时皱缩果的数量也得到控制。原保忠等的大棚甜瓜滴灌调亏试验结果发现，营养生长期甜瓜株高和茎粗等均随亏水程度增大呈减小趋势。强薇等的核桃亏水灌溉试验结果表明，重度和中度亏水灌溉会对核桃果型发育和果实产量产生负面影响，但轻度亏水灌溉则会抑制果树枝条徒长，促进生殖生长，从而增加果实数量，有利于核桃产量的提高。

2）调亏灌溉对作物耗水特性的影响。邓浩亮等对酿酒葡萄的亏水试验发现，随着葡萄生育期的推移，各亏水处理日耗水强度总体变化规律相似，其中浆果膨大阶段耗水强度最大，萌芽阶段最小。李欢研究发现，苗期亏水灌溉对玉米耗水量影响较小，而拔节期亏水则会显著影响耗水量。王龙对大豆的亏水灌溉试验结果表明，亏水条件下大豆总耗水量变化规律为生育前期相对较少，而生育后期较多，即苗期耗水最少，结荚期至鼓粒期耗水较多。

3）调亏灌溉对作物产量和水分利用效率的影响。时学双等的不同生育期亏水灌溉春青稞研究结果表明，与充分供水相比，各亏水处理春青稞籽粒产量均有一定程度减少，且产量随亏水水平增加而显著减少。万文亮等的研究结果表明，在同一施氮量水平下对春小麦实施中度亏水处理，不仅可节省灌水，提高水分利用效率，还可保持适宜的氮素营养指数，小麦产量补偿效应显著。依提卡尔等的枣树亏水灌溉试验结果表明，开花坐果期亏水对枣吊生长速率有显著影响，其中中度亏水灰枣产量和经济效益分别提高 9.6%和 33.92%。王玉才等的膜下滴灌调亏菘蓝研究结果表明，营养生长期和肉质根生长期连续施加轻度亏水对菘蓝产量及水分利用效率提高有利。

4）调亏灌溉对作物品质的影响。郑凤杰等的加工番茄畦灌调亏试验结果表明，亏水处理下番茄维生素 C 含量和番茄红素含量等的营养品质指标均大于充分供水处理，且随亏水度加大而增加。郑健等的小型西瓜亏水灌溉试验发现，西瓜苗期亏水能促进根系生长，有利于坐果期复水后西瓜的生长，而西瓜果实膨大期和成熟期亏水则不利于产量和品质的形成。寇丹的苜蓿亏水试验结果表明，西北旱区苜蓿品质受地下滴灌亏水处理影响较为显著，苜蓿中酸性和中性洗涤纤维含量降低，但粗蛋白含量增加，相对饲喂价值提高。王玉才等的菘蓝调亏灌溉试验发现，肉质根生长期连续中度亏水处理菘蓝总体品质较好，其靛蓝、靛玉红和（R，S）-告依春含量分别较充分供水提高 9.1%、5.3%和 7.0%。

第12章 材料与方法

12.1 试验区概况

该试验在甘肃农业大学联合节水科研与教学基地——甘肃省民乐县三堡镇益民灌溉试验站（100°43′E，38°39′N，海拔约2000.00m）进行。试验区属于干旱荒漠气候类型，降雨主要集中在7月、8月，多年降水量均值为200mm，而年蒸发量最低约1680mm，最高值达2270mm；年均气温值约6℃，最高气温37.8℃，全年无霜期118天，多年日照总时数均值约3000h，年总辐射量139.910kcal/cm^2，年风速2.6～4.1m/s。试验区土壤为轻壤土，0～60cm土层平均干容重1.4t/m^3，田间持水率（field crops，FC）为24%，地下水位20.00m左右，灌区无盐碱化危害。

12.2 试验年度气象因子

气象信息常被用来指导农业生产实践活动，通过气象要素观测可对农作物种植、收获及病虫害防治等农事操作给予指导和预测。本试验于2018年在甘肃民乐益民灌溉试验站开展，2018年试验区菘蓝全生育期气象概况见表12-1。由表12-1可知，2018年月平均最高温为19.8℃，月平均最低温为7.9℃，年总降雨量217.3mm，生育期内日照时数1412.4h。

表12-1　全生育期气象概况

月份	气象指标						
	最高气温/℃	最低气温/℃	地面温度/℃	降雨量/mm	日照时数/h	风速/(m/s)	相对湿度/%
5	19.5	5.8	19.1	20.0	279.3	3.2	41
6	23.1	11.5	23.9	32.8	223.4	3.0	49
7	25.2	12.7	23.2	60.4	238.2	2.8	64
8	22.4	12.3	20.7	53.9	167.7	2.5	72
9	16.8	5.9	14.1	50.2	227.8	2.8	61
10	11.8	−1.1	7.1	4.9	277.8	3.2	47

12.3 试验设计

本试验供试作物品种选取上年度试验的优质菘蓝种子，种子纯度为95%。菘蓝于2018年5月9日播种，10月12日铲叶后挖根。用种量为每公顷35.0kg，种植密度为80万株/hm^2。播前7天左右对试验田进行机械翻耕25～30cm，同时施入硫酸钾复合肥作为基肥，施肥量4500～6000kg/hm^2，后期不再追肥。翻耕施肥后平整土地，然后人工完成滴灌带铺设（间距60cm），滴水器间距和滴水流量分别为30cm和2.0L/h，以小区为基本单元，由各支管上安装的闸阀与水表控制灌水。在滴灌带上以搭接方式进行无色塑料膜（宽度120cm，厚度0.008mm）全膜覆盖，并用5cm厚的土层在膜上压盖，然后用穴播盘在每条滴灌带两侧双行条播（株距6～8cm，行距10～15cm）。

本试验为单因素试验，为研究不同生育期不同水分处理与菘蓝生长间的关系，依据《灌溉试验规范》（SL 13—2015）并结合当地菘蓝实际生长进程，把菘蓝整个生育期划分为4个阶段，分别是苗期（33天），为播种后至具有3～5片真叶时期；营养生长期（42天），为自苗期结束至具有10～15片真叶时期；肉质根生长期（40天），为营养生长期结束至真叶凋谢时期；肉质根成熟期（39天），为肉质根生长期结束至菘蓝成熟期。土壤水分设四个水平，分别为充分供水（75%～85%FC）、轻度亏水（65%～75%FC）、中度亏水（55%～65%FC）、重度亏水（45%～55%FC）。本试验共设9个亏水处理和1个全生育期充分供水对照CK，每个处理及对照均重复3次，共计30个试验小区，小区面积4m×10m，小区间预埋1.2m深的塑料布以防止小区间水分侧向渗漏。试验设计方案见表12-2。

表12-2　试验设计方案

处理	0～60cm土层土壤相对含水率（占田间持水量的百分比）/%			
	苗期	营养生长期	肉质根生长期	肉质根成熟期
CK	75～85	75～85	75～85	75～85
WD1	75～85	65～75	75～85	75～85
WD2	75～85	55～65	75～85	75～85
WD3	75～85	45～55	75～85	75～85
WD4	75～85	65～75	65～75	75～85
WD5	75～85	65～75	55～65	75～85
WD6	75～85	55～65	65～75	75～85
WD7	75～85	55～65	55～65	75～85
WD8	75～85	45～55	65～75	75～85
WD9	75～85	45～55	55～65	75～85

12.4 试验仪器及设备

试验设备及测量仪器主要有烘箱、干燥器、土样铝盒、土钻、电子天平、直角地温计、土壤容重测定仪（YDRZ-4L型）、千分尺、翻斗式雨量计、蒸发皿等。

12.5 田间管理

12.5.1 试验地选择及平整

菘蓝试验田前茬为油菜，于上一年度10月底进行秋灌，灌水结束待田间地表略微干燥发白进行机械旋、犁、耙和镇压后冬季保墒。

12.5.2 种子准备及播种

选取上年度优质菘蓝种子，为保证出苗齐全，先做发芽试验，选择发芽率达八成以上的种子浸泡在30～40℃温水中，约4h后捞出并晾干。人工播种时在穴播盘内加入少许中小石子（粒径约3～5cm）以保证播种均匀度。

12.5.3 覆土、间苗、定苗及除草

为避免刚发芽的幼苗在中午因膜面温度较高被烫伤，播种后在膜上覆盖 2～5cm 厚的细土。考虑到菘蓝幼苗可能会因覆土而无法顺利顶出，需人工及时放苗。出苗后还需查苗补苗，确保各试验小区出苗率保持基本一致，当幼苗株高达约 7cm 时适时进行间苗，而当株高达 10cm 时按株距为 6～8cm 进行定苗。在此期间要及时除草，保持试验田内无杂草。田间管理应在菘蓝全生育期适时进行，各处理及对照田间管理方式及时间均保持一致。

12.5.4 病虫害防治

菘蓝病虫害发生时间多在 6 月、7 月，相对容易发生的病害主要为白粉蝶和霜霉病。为保证菘蓝产量和质量，试验作物若发现以下病症轻微病虫害时应及时做好防治工作。

（1）白粉蝶。由于其幼虫主要以菘蓝叶片为食，该病一般在春秋季发病危害较大。防治方法：①白粉蝶在幼虫初生阶段以 90%敌百虫 800 倍液喷雾防治；②挖根后将地上部病叶及残留植株集中清理至农田外点火焚烧并填埋。

（2）霜霉病。发病时在叶片背面会产生灰白色霉状物。防治方法：①合理控制种植密度，减小土壤湿度；②发现患病植株及时去除。

12.5.5 适时收获

当菘蓝植株叶片逐渐变黄并开始凋落，其根系不再生长，此时茎叶及根干物质含量和有效成分均已达最大限度，应适时铲叶挖根并去除泥土晾干储存。

12.6 指标测定与计算

12.6.1 生长动态指标

①菘蓝株高测定：分别在菘蓝各生育期末测定一次，每次测定时从各小区随机挑取长势相仿的菘蓝 5 株，用分度值为 1mm 的钢卷尺测量；②叶面积测量：采用称重法；③根系形态测定：菘蓝挖根收获时先将肉质根成熟期初选定并标记的 5 株植株收回实验室清洗干净，待晾干后用剪刀剪下植株根部，分别用分度值为 0.1cm 的直尺和分度值为 0.01mm 的千分尺测定主根长和主根直径（芦头下约 4cm 处），并记录数据。

12.6.2 干物质

采用烘干称重法测定菘蓝干物质。分别在菘蓝各生育期末从各小区选取 5 株长势相似的植株带回实验室，清洗后用剪刀将其根、茎、叶器官分离，利用天平称量各器官鲜重并记录，然后将各部分装入纸袋并及时放入提前已预热的烘箱内，将温度调至 105℃杀青 60min 后再把温度降至 85℃，恒温保持 10h 后取出，分别称量干重并记录。

12.6.3 土壤含水量

菘蓝生育期内每隔 10 天随机在各小区用土钻在两株菘蓝植株连线中点处采集 0～80cm 土层土壤样品，分六层取土：①0～10cm 土层，每间隔 10cm 采样；②20～80cm 土层，每间隔 20cm 采样。将每层采集的土样适度混合后装入铝盒并用盖子封好后及时带回实验室用传统烘干称重法测定计算土壤含水量，播前、灌水及降雨前后均进行加测。因菘蓝根系主要分布于 50cm 土层内，故将 0～60cm 土层作为计划湿润层。土层质量含水率为

$$\beta_j = \frac{m_{j2} - m_{j1}}{m_{j1}} \times 100\% \tag{12-1}$$

式中 β_j——j 土层质量含水率,%;

m_{j2}——j 土层所取土样质量，g;

m_{j1}——j 土层所取土样烘干后的质量，g。

当各小区土壤含水率实测值低于设计方案（表 12-2）中含水率下限时即刻灌水至相应上限值。在各试验小区单元控制支管上均安装水表观测并记录每次灌水的时间和灌水量。菘蓝灌水量计算公式为

$$M = 10\gamma HP(\theta_i - \theta_j) \tag{12-2}$$

式中 M——单次灌水量，mm;

γ——土壤容积密度，取 $1.46 g/cm^3$;

H——计划湿润层深度，取 60cm;

θ_i——设定的土壤含水率上限值,%;

θ_j——灌水前实测土壤含水率,%;

P——测算的设计湿润比，取 65%。

灌水量换算公式为

$$IR = 15(667M/1000) = 10.0M \tag{12-3}$$

式中 IR——单位面积灌水量，m^3/hm^2;

M——灌水层厚度，mm。

12.6.4 耗水量

作物耗水量是播种至收获过程中叶面蒸腾与棵间蒸发所消耗水量之和，也称为腾发量。作物腾发量计算有多种方法，本研究通过水量平衡法分析计算菘蓝整个生育期耗水量。以《灌溉试验规范》（SL 13—2015）为依据，将烘干称重法定期测定的土壤含水率值代入公式进行计算，即

$$ET_{1-2} = 10\sum_{i=1}^{n}\gamma_i H_i (W_{i1} - W_{i2}) + M + P + K + C \tag{12-4}$$

式中 ET_{1-2}——菘蓝阶段耗水量，mm;

i、n——土层编号及总数;

γ_i——第 i 层土壤容积密度，$1.46 g/cm^3$;

H_i——第 i 层土层厚度，cm;

W_{i1}、W_{i2}——第 i 层土壤某时段始末土壤含水率,%;

M、P、K 和 C——该时段内灌水量、降水量、深层土壤地下水补给量和排水量，mm。

因试验区地下水埋深大于 20m，无须考虑深层地下水补给，故 K 取值 0；试验区为旱区且滴灌条件下土壤含水率不会达到饱和值，不会产生渗漏，故 C 取值 0。

12.6.5 产量

菘蓝成熟收获时在每个小区内挖取单位面积（$1m^2$）菘蓝进行测产，以三次重复的均值为各处理实际产量值，最后换算为公顷产量。

12.6.6 水分利用效率和灌溉水利用效率

菘蓝全生育期水分利用效率和灌溉水利用效率计算公式分别为

$$R_{WUE} = Y/ET_a \tag{12-5}$$

$$I_{WUE}=Y/I \tag{12-6}$$

式中 R_{WUE}、I_{WUE}——菘蓝全生育期水分利用效率和灌溉水利用效率，kg/(hm^2 · mm)；

Y——单位面积菘蓝产量，kg/hm^2；

ET_a 和 I——菘蓝全生育期单位面积耗水量和灌溉水量，mm。

12.6.7 收获指数

菘蓝收获指数计算公式为

$$HI=Y/Y_bY/I \tag{12-7}$$

式中 HI——菘蓝收获指数；

Y——菘蓝单位面积产量，kg/hm^2；

Y_b——菘蓝单位面积生物量，kg/hm^2。

12.6.8 品质

用高效液相色谱仪（LC-10ATVP）测定菘蓝（R，S)-告依春、靛蓝和靛玉红含量。用酚-硫酸比色法测定菘蓝多糖含量。

12.6.9 土壤温度

用直角铁管式地温计测定膜下土壤温度。播后第15天开始每日早上8：00、午间14：00和晚间20：00分别测定各试验小区膜下5～25cm土层土壤温度（土层间隔5cm)。

12.7 数据处理与分析

利用SPSS 20.0和Excel 2010等软件对试验数据进行统计分析并绘图。

12.8 研究技术路线

本研究技术路线如图12-1所示。

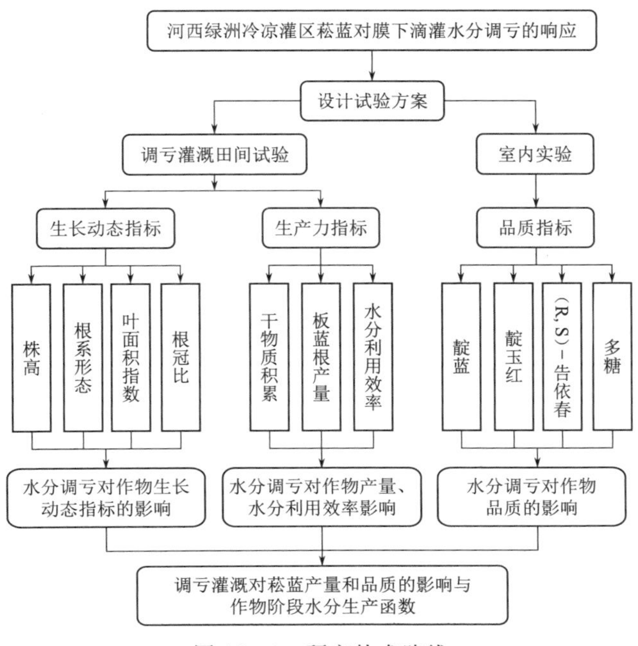

图12-1 研究技术路线

第13章　膜下滴灌水分调亏菘蓝生长动态

作物生长发育是一个从量变到质变的过程，是作物体细胞在一定外界条件下同化吸收的物质和能量按照自身固有的遗传模式和顺序分生分化的结果，其地上和地下部组织器官间相互竞争、相互依存。结合研究区菘蓝多年种植经验，本试验在菘蓝生长过程中不收获茎叶，仅在成熟期末挖取根部以减少菘蓝叶采收次数及茎叶长势对根系生长的影响。由于菘蓝收获的主要经济产量为根干物质，故可通过膜下滴灌水分调亏试验研究菘蓝株高、根系生长特性、叶面积指数及干物质等生长指标，深入分析调亏灌溉对菘蓝生长动态的影响及其机制，以期为河西绿洲冷凉灌区菘蓝节水高效优质栽培提供理论依据。

13.1　膜下滴灌水分调亏对菘蓝生长的影响

13.1.1　株高

从表13-1中可知，菘蓝苗期各处理株高基本一致，不存在显著差异（$p>0.05$）；营养生长期轻度亏水处理WD1、WD4和WD5株高分别为11.93cm、11.10cm和11.15cm，较对照CK分别降低0.83%、7.31%和7.73%，但差异不显著，中度亏水处理WD2、WD6和WD7株高分别比对照CK显著（$p<0.05$）下降13.05%、17.62%和14.13%，而重度水分调亏处理WD3、WD8和WD9株高则显著降低21.0%、25.8%、25.1%，表明水分调亏对菘蓝生长有抑制作用，且随亏水程度增加而增大；肉质根生长期处理WD1株高较对照CK显著提高9.40%，WD2处理株高较连续亏水处理WD6和WD7均有一定程度提高，且存在显著差异，说明复水后产生了一定的补偿生长效应，而WD8和WD9处理株高则分别显著低于对照24.12%和24.53%；肉质根成熟期复水后各处理株高变化规律与上一生育期基本相近。可见，重度亏水会显著抑制该地区菘蓝植株对水分及养分的吸收，株高较充分灌溉对照矮小，整个生育期菘蓝株高大小随水分亏缺程度变化呈轻度亏水>中度亏水>重度亏水。

表13-1　　不同生育期菘蓝株高变化

处理	苗期	营养生长期	肉质根生长期	肉质根成熟期
WD1	5.83a	11.93a	23.86a	28.81a
WD2	5.64a	10.46b	21.49bc	27.85ab
WD3	5.48a	9.50d	17.22e	24.22c
WD4	5.59a	11.15ab	21.87b	27.72ab

续表

处理	苗期	营养生长期	肉质根生长期	肉质根成熟期
WD5	5.57a	11.10ab	20.06c	26.93b
WD6	5.99a	9.91bc	18.98d	24.53c
WD7	6.04a	10.33b	19.89c	24.98c
WD8	5.68a	8.93d	16.55e	21.90d
WD9	5.52a	9.01d	16.46e	21.28d
CK	5.77a	12.03a	21.81b	29.07a

注 同一列数字后标注的不同小写字母表示各处理在0.05水平上差异显著。下同。

13.1.2 主根长和主根直径

根系是作物从土壤中汲取水分和养分的主要器官，其生长状况与水分的相关性十分密切，同时作物地上部生长也受其影响。从表13-2可以看出，各处理菘蓝主根长和主根直径随生育期推进呈增大趋势，但不同水分处理间存在差异。因苗期未进行亏水灌溉，各处理主根长和主根直径基本一致，不存在显著差异（$p>0.05$）。营养生长期轻度亏水处理WD1、WD4、WD5菘蓝主根长和主根直径分别较对照CK降低2.59%和2.7%，但差异不显著，而中度亏水处理WD2、WD6和WD7菘蓝主根长和主根直径则分别比对照CK显著（$p<0.05$）降低10.36%～11.70%和12.16%～14.86%，重度亏水处理WD3、WD8和WD9菘蓝主根长和主根直径分别较对照CK显著降低25.48%和31.98%。肉质根生长期由于受连续亏水的影响，WD5、WD6、WD7、WD8、WD9处理菘蓝主根长和主根直径分别较对照CK显著降低10.81%～33.30%和18.27%～38.46%，而中度亏水处理WD2菘蓝主根长和主根直径分别较其他连续亏水处理显著增加，表现出明显的复水补偿效应。肉质根成熟期WD1和WD2处理菘蓝主根长和主根直径仍保持较高水平，连续轻度亏水处理WD4主根长和主根直径最大，较对照CK分别提高0.74%和3.64%，但差异不显著，而其他连续亏水处理复水后根系生长加快，但仍显著低于对照。因此，轻度亏水不会显著抑制菘蓝根系生长，甚至有益于根系生长，但中度或重度连续亏水处理将严重影响主根生长。

表13-2 不同生育期菘蓝主根长和主根直径变化

处理	苗期		营养生长期		肉质根生长期		肉质根成熟期	
	主根长/cm	主根直径/cm	主根长/cm	主根直径/cm	主根长/cm	主根直径/cm	主根长/cm	主根直径/cm
WD1	6.45a	0.42a	11.55ab	0.72a	18.85a	1.00a	24.33a	1.67a
WD2	6.30a	0.44a	10.61b	0.64b	18.63a	1.03a	23.26a	1.48bc
WD3	6.06a	0.38a	9.32c	0.53c	15.12b	0.74c	19.77c	1.43c
WD4	6.37a	0.44a	11.62a	0.71a	18.27a	0.99a	24.38a	1.71a
WD5	6.47a	0.43a	11.81a	0.73a	16.50b	0.83b	21.13b	1.52b
WD6	6.47a	0.41a	10.73b	0.63b	15.82b	0.85b	20.82b	1.40c
WD7	6.38a	0.40a	10.57b	0.65b	15.23b	0.81b	20.78b	1.46c

续表

处理	苗期		营养生长期		肉质根生长期		肉质根成熟期	
	主根长/cm	主根直径/cm	主根长/cm	主根直径/cm	主根长/cm	主根直径/cm	主根长/cm	主根直径/cm
WD8	6.75a	0.37a	8.79cd	0.48c	12.77c	0.66d	18.33cd	1.24d
WD9	6.21a	0.39a	8.65cd	0.50c	12.34c	0.64d	17.46d	1.21d
CK	6.62a	0.42a	11.97a	0.74a	18.50a	1.04a	24.20a	1.65a

13.1.3 叶面积指数

从表 13-3 可以发现，各处理菘蓝叶面积指数（leaf area index，LAI）随生育期推进呈逐渐增大趋势。苗期各处理均为充分供水，菘蓝叶面积指数基本相近，均值为 0.146。肉质根成熟期各处理 *LAI* 均为全生育期最大值，均值为 1.619，而营养生长期和肉质根生长期亏水灌溉处理与对照 CK 相比 *LAI* 随水分亏缺程度加重差异逐渐增大。营养生长期各水分调亏处理 *LAI* 与对照相比均有不同程度降低，其中轻度亏水处理 WD1、WD4 和 WD5 较对照 CK 分别降低 3.48%、2.55%和 1.39%，但差异不显著（$p>0.05$），其他处理则显著（$p<0.05$）降低 14.62%～39.68%，且降幅随亏水程度增加而增大。肉质根生长期重度亏水处理 WD3、WD8 和 WD9 的 *LAI* 分别比对照 CK 显著降低 26.28%、27.08%和 27.69%，其他处理亦均有所下降，降幅为 0.47%～9.41%，但处理 WD1 和 WD4 与对照 CK 间无显著差异。肉质成熟期因前期亏水已造成影响，对照 CK 叶面积指数最大（1.943），其次为 WD1，而 WD9 叶面积指数则最小，与对照 CK 相比差异显著。因此，营养生长期和肉质根生长期为菘蓝 *LAI* 快速生长阶段，该时期中度或重度亏水对菘蓝 *LAI* 影响显著。

表 13-3　不同生育期菘蓝叶面积指数（*LAI*）的变化

处理	苗期	营养生长期	肉质根生长期	肉质根成熟期
WD1	0.156a	0.416a	1.481a	1.922a
WD2	0.151a	0.360b	1.392b	1.634b
WD3	0.136a	0.263c	1.097c	1.451c
WD4	0.145a	0.420a	1.460a	1.865a
WD5	0.147a	0.425a	1.387b	1.871a
WD6	0.150a	0.374b	1.371b	1.623b
WD7	0.147a	0.368b	1.348b	1.643b
WD8	0.143a	0.267c	1.085c	1.240d
WD9	0.137a	0.260c	1.076c	1.210d
CK	0.155a	0.431a	1.488a	1.943a

13.2 膜下滴灌水分调亏对菘蓝生物量的影响

13.2.1 干物质积累

干物质表征作物有机物质积累的数量。因此，干物质测定有助于研究不同水分处理对菘蓝生长发育状况的影响。不同水分处理菘蓝单株干物质积累量见表 13-4。菘蓝苗期由于未进行亏水处理，该阶段各处理干物质积累量差异不显著（$p>0.05$）。营养生长期轻度亏水处理 WD1、WD4 和 WD5 干物质积累量较对照 CK 分别提高 4.19%、2.84%和 3.44%，但差异不显著，而其他处理干物质积累量较 CK 均有不同幅度的降低，且降幅随亏水程度增加而增大，特别是重度亏水处理 WD3、WD8 和 WD9 干物质积累量分别比对照 CK 显著（$p<0.05$）降低 21.41%、23.05%和 24.40%。可见，干物质积累受到亏水灌溉的影响，且影响程度随亏水程度增加而增大。肉质根生长期处理 WD1、WD2 和 WD3 因复水补偿效应干物质积累量显著提高，其中 WD1 和 WD2 处理干物质积累量较对照 CK 分别提高 7.32%和 5.93%，但差异不显著，而处理 WD3 干物质积累量较处理 WD8 和 WD9 增加显著。肉质根成熟期各处理均已复水，植株干物质积累加快，但干旱胁迫对作物生理生长已造成影响，故该生育期各水分调亏处理间干物质积累量间亦存在差异，其中处理 WD1 干物质积累量最高，连续轻度亏水处理 WD4 干物质积累量较对照 CK 增加 2.68%，而连续轻、中度亏水处理 WD5、WD6、WD7、WD8 和 WD9 干物质积累量均比对照 CK 显著降低 14.30%～31.67%。因此，重度亏水显著影响菘蓝干物质累积，最终导致产量下降，而轻度亏水则无显著影响。

表 13-4　　不同水分处理菘蓝单株干物质积累量

处理	苗期	营养生长期	肉质根生长期	肉质根成熟期
WD1	1.65a	7.06a	18.47a	27.57a
WD2	1.61a	6.65a	18.23a	25.76b
WD3	1.54a	5.45b	14.35c	21.58c
WD4	1.63a	6.91a	17.83a	27.21ab
WD5	1.65a	6.40a	15.88bc	22.71c
WD6	1.65a	6.32a	15.11c	22.38c
WD7	1.63a	6.41a	14.46c	23.00c
WD8	1.73a	5.14b	11.73d	18.46d
WD9	1.58a	5.05b	11.29d	18.11d
CK	1.70a	6.68a	17.21b	26.50ab

13.2.2 干物质积累速率

菘蓝单株干物质累积速率（DAR）计算公式为

$$DAR=\frac{M_1-M_2}{T_1-T_2} \tag{13-1}$$

式中　M_1、M_2——T_1、T_2 时刻单株菘蓝干物重，g/株；

T_1、T_2——菘蓝播后天数，d；

DAR——T_1、T_2 时段内菘蓝干物质积累速率。

膜下滴灌调亏对菘蓝干物质积累速率有重要影响。从图 13-1 可以看出，亏水灌溉菘蓝全生育期各处理干物质积累速率呈生育前、后期较小而生育中期（肉质根生长期）较大的单峰变化趋势。在菘蓝播后约 33 天即苗期结束时，因该期未实施亏水灌溉，各处理

DAR 值基本相近，均值为 0.05g/(株·d)。在播后 75 天即营养生长期，植株叶片迅速增大，生物量积累加快，不同处理 *DAR* 均值为 0.148g/(株·d)，其中轻度水分调亏处理 WD1 单株 *DAR* 最大，为 0.168g/(株·d)，其次为处理 WD4，*DAR* 为 0.164g/(株·d)，分别比对照增加 5.70%和 3.45%，而重度亏水 WD3、WD8 和 WD9 处理 *DAR* 分别为 0.130g/(株·d)、0.122g/(株·d) 和 0.120g/(株·d)，分别比对照 CK 显著（$p<0.05$）降低 18.32%、23.08%和 24.39%，其他处理较对照 CK 降低 0.32%～5.35%。随着生育期的推进，肉质根生长期菘蓝植株生长旺盛，叶片急剧扩大，生物量累积迅速增加，各处理干物质积累速率达 0.386g/(株·d)，而处理 WD9 积累速率最小，为 0.282g/(株·d)，较 CK 降低 34.38%，其次为 WD8 处理，较对照 CK 降低 31.80%，而轻度水分调亏处理 WD1 和 WD4 仍保持较高干物质积累速率，分别比对照 CK 高 7.38%和 3.61%，中度亏水处理 WD2 因复水补偿效应干物质积累速率则较对照 CK 高 5.98%。肉质根成熟期植株叶片渐渐变黄、凋落，干物质积累速率也逐渐变小。因此，不同生育期不同亏水处理均影响菘蓝干物质积累速率，且影响大小随亏水程度增加而增大，其中轻、中度亏水处理干物质积累速率相对较高，而重度亏水植株干物质累积速率在亏水阶段较其他处理降幅较大。

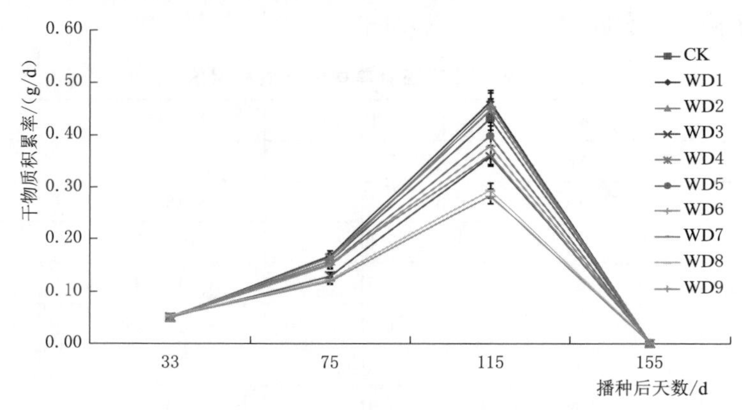

图 13-1 不同水分调亏处理菘蓝单株干物质积累速率

13.2.3 成熟期生物量

从图 13-2 可以看出，不同生育期不同亏水处理对成熟期菘蓝地上和地下部生物量影响显著，严重亏水会造成作物叶片光合作用减弱，植株生长受到抑制，与充分灌水对照相比差异显著。轻度亏水处理 WD1 单株菘蓝地上部生物量最大（14.03g），较对照 CK 增加 1.23%，WD2 和 WD4 处理地上部生物量分别较 CK 减少 0.79%和 2.81%，但差异均不显著（$p>0.05$），处理 WD1 地上部生物量较 WD2 增加 2.04%，而重度亏水处理 WD3、WD8 和 WD9 地上生物量分别比对照 CK 显著（$p<0.05$）下降 20.78%、28.43%和 30.09%，其他连续亏水处理也均有不同程度下降，降幅为 15.95%～30.09%。轻度亏水处理 WD1 和肉质根生长期连续中度亏水处理 WD5 根干重较对照 CK 分别增加 7.02%%和 8.52%，但无显著差异，其他处理较对照 CK 均有不同程度降低，降幅为 5.05%～33.39%，特别是重度亏水处理 WD8 和 WD9 分别显著降低 32.52%和 33.39%。因此，营养生长期菘蓝轻、中度亏水处理不仅不会造成菘蓝生物量显著减少，还有助于水分利用

效率提高，而重度亏水处理则会导致菘蓝生物量和产量明显减少。

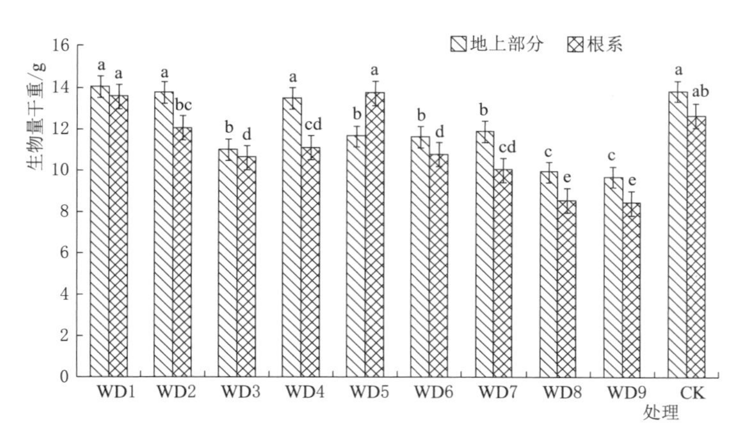

图 13－2　成熟期不同水分处理菘蓝地上部分和根系生物量干重

13.3　膜下滴灌水分调亏对菘蓝收获期根冠比的影响

根冠比可作为作物抗旱性指标，为作物地下部与地上部生物量的比值。从图 13－3 可以看出，各亏水处理间菘蓝根冠比存在差异。营养生长期轻度亏水处理 WD1 和 WD4 菘蓝根冠比较对照 CK 分别显著（$p<0.05$）提高 6.02％和 11.47％，而重度亏水处理 WD3 在下一生育期恢复供水后复水补偿效应明显，其根冠比与对照 CK 接近；在其他处理中，WD5、WD6 和 WD7 处理根冠比较对照 CK 分别提高 4.34％、2.17％和 1.09％，但无显著差异（$p>0.05$），而重度亏水处理 WD8 和 WD9 及中度亏水处理 WD2 根冠比则比对照 CK 显著减小；各亏水处理 WD1、WD4、WD5、WD6、WD7 间差异亦不显著，但与重度亏水处理 WD8、WD9 间差异达显著水平。因此，营养生长期重度水分调亏对菘蓝根系生长影响显著，将导致根干物质降低，根冠比亦随之下降，而营养生长期和肉质根生长期轻度和中度水分调亏菘蓝根部可获得较多光合产物，导致根干物质积累量增加，根冠比提高。

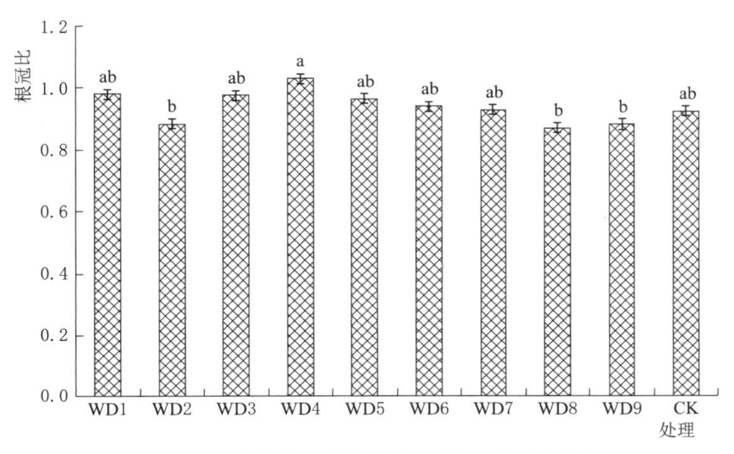

图 13－3　成熟期不同水分调亏处理菘蓝根冠比

13.4 膜下滴灌水分调亏对菘蓝收获指数的影响

收获指数（harvest index，HI）为作物经济产量占总生物产量的比重。从图 13－4 可以看出，营养生长期轻度亏水处理 WD4 收获指数最大（0.682），比对照 CK 提高 3.62%，其次为 WD2 处理，较 CK 提高 2.83%，但差异均不显著；重度亏水处理 WD8 和 WD9 收获指数较 CK 显著（$p<0.05$）降低 7.61%～8.70%，其他处理 WD1、WD3、WD5、WD6 和 WD7 收获指数较 CK 增加不显著（$p>0.05$）。因此，轻度亏水可增加菘蓝产量和生物量，显著提高菘蓝收获指数，而重度亏水则显著降低菘蓝收获指数。

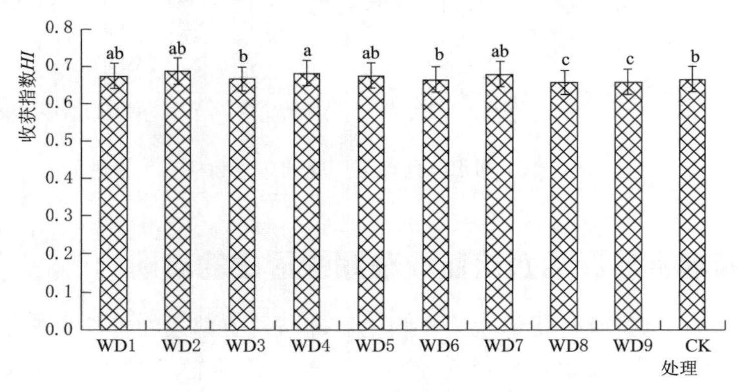

图 13－4 不同水分处理菘蓝收获指数

13.5 讨论与小结

吴敏等对栓皮栎幼苗水分调亏试验结果表明，中度和重度亏水均对其细根生长有抑制作用，但并未出现死根现象。王世杰等膜下滴灌水分调亏辣椒试验结果表明，不同生育期不同程度水分调亏均导致辣椒株高和叶面积指数显著下降，且水分亏缺程度越大株高和叶面积指数越小。本试验结果表明，轻度水分调亏菘蓝株高较充分灌溉对照 CK 并未显著降低，其中营养生长期轻度亏水处理 WD1、WD4 和 WD5 株高较对照 CK 降低 0.83%～7.73%，但差异不显著，中度亏水处理 WD2、WD6 和 WD7 较对照 CK 显著降低 13.05%～17.62%，而重度亏水处理 WD3、WD8 和 WD9 株高降幅最为显著，表明水分调亏对菘蓝生长有抑制作用，且随水分调亏程度增加而增大。不同生育期水分调亏对主根长和主根直径亦有影响，特别是营养生长期重度亏水处理 WD8 和 WD9 主根长和主根直径较对照 CK 显著降低均达 30%以上，而轻度亏水处理 WD1 和 WD4 主根长和主根直径虽有所降低但无显著差异。因此，轻度亏水不会显著抑制菘蓝根系生长，但连续中度或重度亏水将严重影响主根生长。各处理菘蓝叶面积指数（*LAI*）随生育期推进呈逐渐上升趋势。肉质根成熟期各处理 *LAI* 均为全生育期最大值（均值为 1.619），而营养生长期和肉质根生长期进行调亏灌溉后 *LAI* 各处理与对照 CK 间差异逐渐明显，其中营养生长期轻度亏水处理 WD1、WD4 和 WD5 的 *LAI* 较对照 CK 降低 1.39%～3.48%，但差异不显著，而其他处理 *LAI* 较 CK 降幅显著，且随水分调亏程度增加而增大。肉质根生长期重度亏水处理 WD3、WD8 和 WD9 的 *LAI* 较对照 CK 显著降低 25.0%以上，其他处理亦有所下降，但轻度亏水处理 WD1 和 WD4 与 CK 间无显著差异。因此，营养生长期和肉质根生长期是菘蓝 *LAI* 快速增长阶段，该期中度或重度亏水对菘蓝 *LAI* 影响显著，与张爱民等的研究结果基本一致。

马树庆等的研究显示，玉米幼苗期遭受连续干旱胁迫时苗期根干重和总生物量分别下降 9%和 11%。唐梅等的对施用相同磷钾肥的盆栽大豆水分调亏试验结果表明，苗期轻度亏水可提高大豆干物质积累，而中度和重度亏水则显著降低干物质积累量。本试验研究发现，营养生长期轻度亏水处理 WD1、WD4 和 WD5 干物质积累量较充分灌溉对照 CK 提高 2.84%～4.19%，但差异不显著，而重度亏水处理 WD3、WD8 和 WD9 干物质积累量则较 CK 显著下降 21.41%～24.40%；肉质根生长期 WD1、WD2 和 WD3 处理因复水补偿效应干物质积累量显著增加，而肉质根成熟期因各处理均已复水，单株干物质积累加快，但干旱胁迫对作物生理生长已造成危害，故各处理间干物质累积量存在差异，其中中度和重度亏水处理干物质积累量较对照 CK 降低 2.79%～31.66%，轻度亏水处理 WD1 干物质积累量仍最大，表明重度水分调亏显著降低菘蓝干物质积累，而轻度亏水则显著提高干物质积累量，与乌兰等的研究结果相似。

魏永霞等的玉米试验结果表明，水分调亏既未改变玉米根冠部的原生长趋势，也未改变冠部器官长势，但却显著提高了玉米根冠比。本研究也得出相似结论，即菘蓝营养生长期轻度亏水处理 WD1 和 WD4 根冠比较充分灌溉对照 CK 分别显著提高 6.02%和 11.47%，而重度亏水处理 WD8 和 WD9 根冠比则比对照显著减小，表明营养生长期和肉质根生长期进行轻度和中度亏水时菘蓝根部会得到较多的光合产物，导致干物质增多和根冠比增大。丁林等的研究发现，蚕豆水分敏感期进行调亏灌溉会导致收获指数显著降低。本试验结果发现，重度亏水处理 WD8 和 WD9 菘蓝收获指数较对照 CK 显著降低 7.61%～8.70%，轻度亏水处理 WD4 菘蓝收获指数最大，较对照 CK 提高 3.62%，而其他处理 WD1、WD3、WD5、WD6 和 WD7 菘蓝收获指数虽有所增大，但与对照 CK 间差异不显著。

第 14 章 膜下滴灌水分调亏菘蓝耗水特征及土壤温度变化

灌溉需基于作物遗传特征和作物需水特性进行科学合理的水分供应。不同作物需水量不同，因而在具体灌溉实践中应结合区域土壤类型及其保水能力、蒸发量和降雨量等因素对作物理论需水量进行综合测算后确定合理的灌水量。同一作物不同生长阶段需水量大小亦不相同，一般而言作物生育前期耗水量相对较少，生长盛期耗水量较大，生长后期又有所减少。因此，为了节约灌水和降低灌水成本，实现高效灌溉，需深入了解和掌握作物需水规律，确定适宜的灌水量和灌水时间，根据作物不同生育期需水特性进行科学灌溉。

14.1 膜下滴灌水分调亏对菘蓝耗水特征的影响

14.1.1 土壤水分变化动态

影响土壤含水量的因素主要有降水、蒸发、作物吸收利用和灌水量等。本试验严格按照设计方案控水，定期（10 天）对菘蓝各处理土壤水分进行监测，同时每隔 3～5 天不定期测定土壤水分了解其是否已接近水分设计下限，从而准确调控土壤水分。从图 14-1 各处理菘蓝全生育期 0～80cm 土层土壤含水率变化发现，各水分调亏处理 0～80cm 土层土壤含水率随时间变化规律基本一致，呈随降雨量和灌水量有规律的锯齿状波动（波动范围 8.08%～21.32%）。就菘蓝生育期来看，各亏水处理菘蓝土壤含水率大体均随生育期推进呈逐渐降低的变化趋势，其中亏水处理土壤含水率较对照 CK 均有一定程度降低，但复水

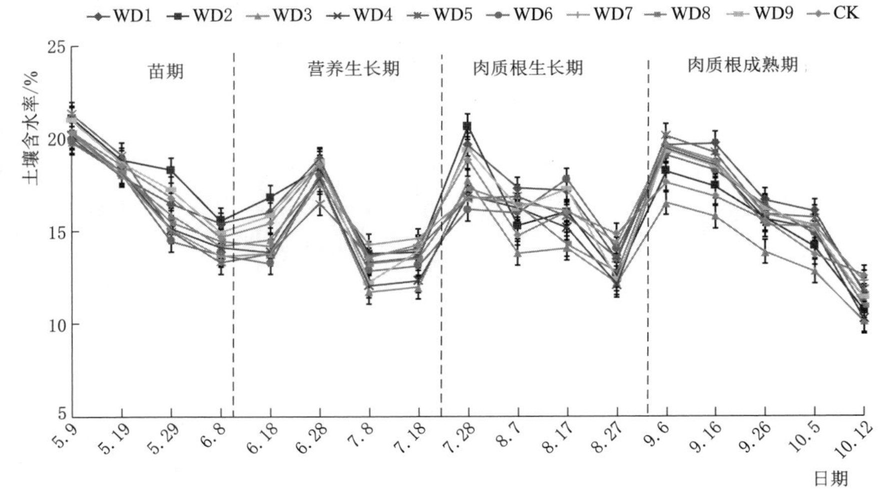

图 14-1 菘蓝全生育期不同水分处理 0～80cm 土层土壤含水率变化

后有所回升。播前各处理土壤含水率相差不大，而发芽至苗期菘蓝田间水分消耗主要以棵间土壤蒸发为主，土壤含水率变化幅度相对较小。营养生长期至肉质根生长期菘蓝茎叶和根系迅速增长，农田耗水以蒸腾作用为主，耗水量明显增加；同时由于突发降雨和及时灌水补给，菘蓝土壤含水率波动较为剧烈，尤其是中度和重度亏水处理WD2、WD3和WD9等土壤含水率较其他处理更低。菘蓝成熟期由于茎叶开始逐渐枯萎凋落，叶面积减少，叶片生理功能减弱，植株主要以根部有效成分积累为主，土壤含水率变幅也较小。

14.1.2 不同生育期阶段耗水量

阶段耗水量反映菘蓝各生育期耗水特性和不同生长阶段对水分的敏感性。不同水分处理菘蓝耗水特性见表14-1，苗期菘蓝耗水量占总耗水量的9.42%～10.46%，除水分调亏处理WD6和WD7外，其他各处理与对照CK间耗水量均无显著差异（$p>0.05$），主要是因为苗期菘蓝植株弱小，大气温度低，因而蒸腾作用小，故该生育期菘蓝耗水量最少。营养生长期和肉质根生长期菘蓝茎叶生长迅速，地表覆盖度显著增大，土壤蒸发很小，而菘蓝蒸腾作用显著增强，因此该生长阶段耗水量最多，占整个生育期耗水量的68.28%～73.39%。营养生长期对照CK耗水量最高（142.09mm），其次为轻度和中度亏水处理WD4和WD2，重度亏水处理WD8和WD9耗水量最低，较CK分别显著（$p<0.05$）降低15.66%和14.83%。肉质根生长期耗水量仍以对照CK最高（129.68mm），耗水量最小的是重度亏水处理WD9（110.51mm）。进入肉质根成熟期后，气温逐渐降低，蒸腾作用也逐渐减弱，耗水量呈下降趋势，其中处理WD6耗水量最高（79.41mm），而WD1耗水量最低（59.33mm），比对照CK显著减少23.97%。

表14-1 不同水分处理菘蓝耗水特性

生育期	耗水参数	处理									
		WD1	WD2	WD3	WD4	WD5	WD6	WD7	WD8	WD9	CK
苗期	耗水量/mm	37.36a	36.73a	34.76ab	34.81ab	33.75ab	33.84b	34.21b	35.46ab	34.90ab	36.75a
	耗水模数/%	10.29ab	9.90abc	9.98abc	9.61c	9.42abc	9.48c	9.61c	10.46a	10.38a	9.51bc
	耗水强度/(mm/d)	1.13a	1.11a	1.05ab	1.06ab	1.02ab	1.03b	1.04b	1.07ab	1.06ab	1.11a
营养生长期	耗水量/mm	138.75b	129.85c	114.73e	128.92c	125.91c	122.88d	121.80de	119.85e	121.02de	142.09a
	耗水模数/%	38.19a	34.98de	32.92e	35.60cd	35.14de	34.41e	34.22e	35.36cd	35.98bc	36.76b
	耗水强度/(mm/d)	3.30b	3.09c	2.73e	3.07c	3.00c	2.93d	2.90de	2.85de	2.88de	3.88a
肉质根生长期	耗水量/mm	127.88a	129.13a	123.56b	127.70a	121.02b	120.92b	123.88b	116.70c	110.51d	129.68a
	耗水模数/%	35.20ab	34.79abc	35.46a	35.26ab	33.77cd	33.87bcd	34.80abc	34.43abc	32.85d	33.55cd
	耗水强度/(mm/d)	3.20a	3.23a	3.09b	3.19a	3.03b	3.02b	3.10b	2.92c	2.76c	3.24a
肉质根成熟期	耗水量/mm	59.33d	75.46ab	75.41ab	70.69abc	77.65a	79.41a	76.06ab	66.93cd	69.95bc	78.03ab
	耗水模数/%	16.33c	20.33ab	21.64ab	19.52b	21.67ab	22.24a	21.37ab	19.75b	20.79ab	20.19ab
	耗水强度/(mm/d)	1.52d	1.93ab	1.93ab	1.81abc	1.99a	2.04a	1.95ab	1.72cd	1.79bc	2.00ab

14.1.3 不同生育期耗水模数

从表14-1可以看出，菘蓝营养生长期和肉质根生长期耗水模数较大，各处理耗水模数均值分别为35.36%和34.40%，主要是由于该生育阶段气温较高，菘蓝生长旺盛，日耗水强度大且持续时间较久；其次为肉质根成熟期，该时期气温降低，菘蓝营养生长基本停止，作物耗水逐渐减少，平均耗水模数为20.38%；苗期平均耗水模数最小，仅为9.86%。因此，营养生长期和肉质根生长期为菘蓝需水高峰期，应保证该生育期充足的水分供应。本研究表明，水分亏缺程度越大菘蓝耗水模数越小，如营养生长期轻度亏水处理WD1耗水模数为38.91%，而重度亏水处理WD3耗水模数为32.92%，较对照CK显著（$p<0.05$）减少10.43%。

14.1.4 不同生育期日耗水强度

从表14-1可以看出，苗期各亏水处理菘蓝日耗水强度相差不大，约为1.00mm/d，这是由于该生育期气温较低，植株叶片小且数目少，蒸腾作用弱。进入营养生长期后气温逐渐回升，植株长速加快，日耗水强度明显高于苗期，为2.73～3.88mm/d，其中对照CK日耗水强度最高（3.88mm/d），其次为轻、中度亏水处理WD1、WD2、WD4和WD5，重度亏水处理WD3日耗水强度最小（2.73mm/d），比对照CK显著（$p<0.05$）减小19.26%。肉质根生长期气温大幅度升高，植株保持较高的生长速度，耗水量较大，日耗水强度2.76～3.24mm/d，日耗水强度仍以对照CK最高（3.24mm/d），而处理WD1、WD2和WD4与对照CK间差异不显著（$p>0.05$），重度亏水处理WD9日耗水强度最小（2.76mm/d），比对照CK显著降低14.81%。总体来看，菘蓝营养生长期和肉质根生长期日耗水强度较高，均在3.0mm/d以上，主要是由于该生长阶段是菘蓝营养生长的关键时期，长势旺盛，需水较多，单位时间耗水量也必然较多，同时该期也是菘蓝的需水关键时期，须保证菘蓝该生长阶段的水分需求。进入肉质根成熟期后气温逐渐降低，日耗水强度下降为1.52～2.04mm/d，其中日耗水强度以WD6处理最高（2.04mm/d），与对照CK相比无显著差异，而以WD1处理日耗水强度最小（1.52mm/d），比CK显著减少23.97%。

14.2 膜下滴灌水分调亏菘蓝浅层地温变化特征

14.2.1 全生育期地温变化

种子萌发及植物根系生长均受浅层土壤温度的影响，通过浅层土壤温度变化规律研究可科学调节土壤热状况，营造作物生长所需的理想土壤环境。本试验浅层地温为菘蓝播种（2018年5月9日）至挖根前一周（2018年10月5日）定期连续观测的各土层地温变化（图14-2）。

从图14-2可以看出，菘蓝浅层地温随生育期的逐步推进呈单峰变化，即先逐步上升后逐渐下降。苗期（5月下旬）由于降雪气温骤降，浅层地温也随之下降，但总体而言苗期地温呈整体稳步上升趋势，营养生长期至肉质根生长期土壤温度继续上升并达到最大值，而进入根成熟期后土壤温度开始下降。从图14-2可知，15cm以上土层土温度变化较大，20cm和25cm土层土温较为接近，总体变化趋势相似。

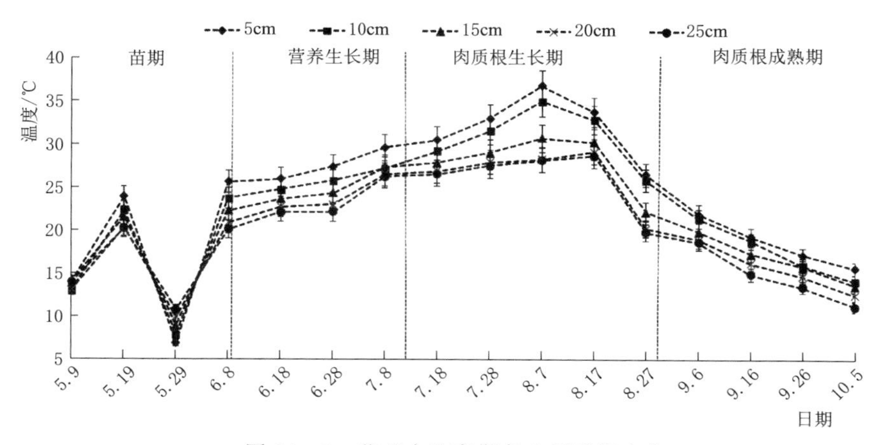

图 14－2　菘蓝全生育期各土层地温变化

14.2.2　不同生育期地温日变化规律

为研究菘蓝不同生育阶段浅层土壤温度日变化规律，分别在菘蓝各生育期内选择4个典型晴朗日，早8：00至晚8：00每2h读取一次地温。从图14－3各生育期浅层地温日变化趋势发现，外界气温对5cm和10cm土层温度影响较大，而对15cm、20cm和25cm土层温度影响较小。各生育阶段浅层地温变化规律相似，上午5cm和10cm土层温度较低且随时间变化逐渐升高，至午后2：00左右土温升至最高，之后土温便开始下降。15cm、20cm和25cm土层温度随时间推移总体上呈逐步上升趋势，上午8：00时25cm土层温度低于晚上8：00，对菘蓝生长有益。

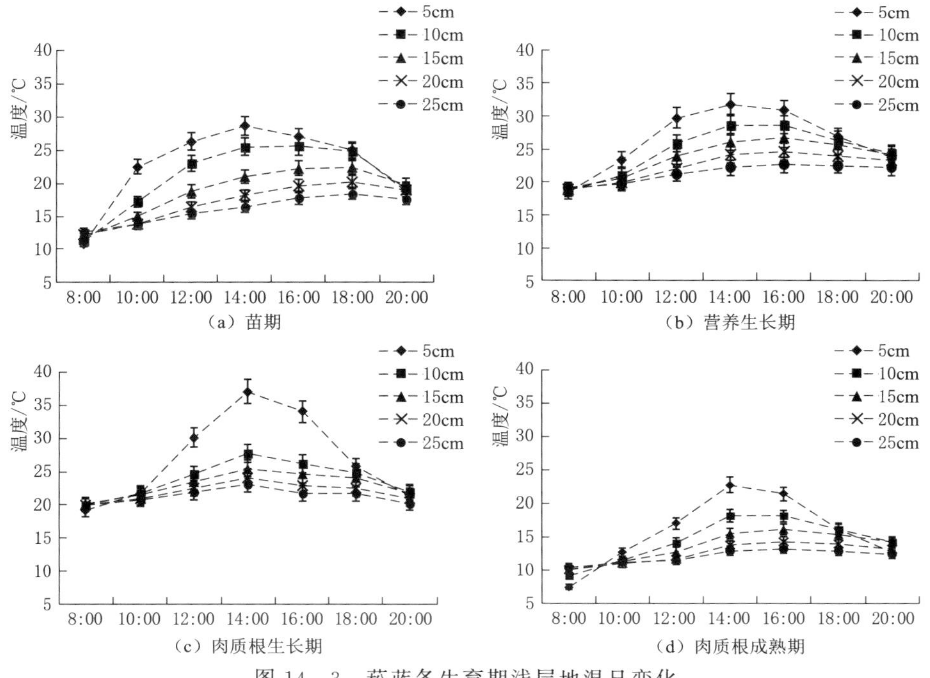

图 14－3　菘蓝各生育期浅层地温日变化

苗期上午 8：00 浅层地温基本在 13.5℃左右，之后逐渐随时间上升，至午后 2：00 左右土温升至最高，且以 5cm 土层温度最高（26.5℃）；截至晚间 8：00 时 5cm 土层温度下降至最低点（15℃），而 20cm 和 25cm 土层温度则为 16.5℃和 15.5℃。营养生长期上午 8：00 浅层地温基本在 16.5～19℃之间，之后仍随时间推移升高，最高温度亦为中午 2：00 左右 5cm 土层（32℃），而晚间 8：00 左右浅层地温基本保持在 20～23℃之间。肉质根生长期浅层地温上午 8：00 介于 18～21.5℃，5cm 土层温度在下午 2：00 左右升至最高温 39℃，晚间 8：00 左右保持在 21～24.5℃之间。肉质根成熟期上午 8：00 各土层地温介于 9～11℃之间，5cm 土层温度仍在下午 2：00 左右升至最高温度 24℃，晚间 8：00 左右土壤温度保持在 12.5～14.5℃。研究表明，作物生长受土壤水热条件影响，科学合理的栽培管理方式及适宜的土壤水分状况有利于作物根区理想水热环境形成，而覆膜栽培技术与滴灌灌水技术相结合则可减轻土温过高对作物的危害，增加土壤含水量，同时促进作物生长。

14.3 讨论与小结

水分是影响作物生长发育的重要因素，也是农业生产必不可少的条件。作物吸收的水分和养分绝大部分从作物根际土壤环境获取，而土壤水分还与土壤养分、土壤空气、土壤热量等因素共同影响作物生长。本试验结果表明，菘蓝全生育期内 0～80cm 土层土壤含水量变化较大（波动范围 8.08%～21.32%），水分调亏处理土壤含水量相对较小，但恢复供水后有一定程度回升，但各处理土壤含水量整体呈逐渐降低趋势。覆膜栽培技术与滴灌技术相结合可在减小土表蒸发、保持根层土壤养分的同时促进作物产量及品质提升。

黄海霞等研究发现，调亏灌溉辣椒耗水模数以结果盛期最大，坐果期次之，结果末期最小，不同生育期调亏灌溉均会显著降低辣椒耗水强度和耗水模数。邱新强等的试验结果表明，不同生育期水分调亏夏玉米耗水特性指标均比对照普遍降低，其中轻度亏水处理降幅较小，重度亏水处理降幅较大。本试验结果表明，调亏灌溉菘蓝全生育期总耗水量以对照 CK（386.56mm）最多，其他处理耗水量亦比对照有所减少，减幅为 3.98%～12.98%，且随调亏阶段不同和调亏程度增大呈轻度亏水>中度亏水>重度亏水的变化趋势。菘蓝苗期至肉质根成熟期等四个生育期所有处理耗水模数均值分别为 9.86%、35.36%、34.40%和 20.38%，因此营养生长期和肉质根生长期为菘蓝需水高峰期，应保证充足的水分供应，其次为肉质根成熟期和苗期，与徐淑贞和王贺辉等研究结论基本一致。菘蓝不同生育所有处理日耗水强度均值分别为苗期约 1.07mm/d，营养生长期约 3.01mm/d，肉质根生长期约 3.08mm/d，肉质根成熟期 1.87mm/d，其中营养生长期充分灌溉对照 CK 日耗水强度最大（3.88mm/d），与其他处理间差异显著，其次为轻、中度亏水处理，而重度亏水处理 WD3 日耗水强度最小，较 CK 显著降低 19.26%，故菘蓝日耗水强度呈苗期<肉质根成熟期<营养生长期和肉质根生长期的变化趋势，与张步翀等的春小麦调亏灌溉试验结果相似。

第15章　膜下滴灌水分调亏菘蓝产量和品质

作物栽培的最终目标是在保证作物品质的前提下获得较高产量和经济收益，而实现上述目标需分析作物产量与品质的影响因素及形成规律，并采取适宜的栽培管理措施。中药材产量指药用植物在整个生育期内进行光合同化作用形成的药用器官产量，而水分为影响其产量和品质的关键因素。科学合理的水分供应能够提高作物叶面积指数，可促进植株叶片光合作用，制造和积累更多的有机物质，有利于产量形成和品质调控。因此，生产上要为药用植物积累更多的有机物质创造有利条件，在努力提高生物产量的同时通过合理的水分供应调控作物生长发育过程以获得最高的经济产量。

15.1　膜下滴灌水分调亏对菘蓝产量的影响

从作物生理角度出发，在作物适宜生长阶段主动施加一定程度的水分亏缺能够节约灌水并增加产量。从表15-1发现，亏水处理WD1菘蓝产量最高（8475.38kg/hm^2），较全生育期充分灌溉对照CK（8348.91kg/hm^2）增加1.51%，其次为WD4处理，而产量最低的处理WD9（5784.38kg/hm^2）较对照产量显著（$p<0.05$）下降30.72%，同时处理WD1和WD4产量较其他亏水处理WD2、WD3、WD5、WD6、WD7显著提高，表明营养生长期轻度亏水有利于菘蓝产量提高，而中度和重度亏水则会造成菘蓝减产。WD4处理经济产量仅比对照CK下降约0.48%，表明轻度亏水不会显著降低菘蓝产量，而WD3、WD5、WD6、WD7、WD8和WD9处理菘蓝分别显著减产16.32%、14.39%、15.80%、17.07%、29.39%和30.72%，说明中度和重度亏水会对菘蓝经济产量造成影响。作物耗水量随水分亏缺程度增加而减少，重度亏水处理WD3、WD8和WD9分别较对照CK节水19.91%、28.05%和30.18%，中度亏水处理WD2、WD6和WD7节水效果次之，而轻度亏水处理WD1和WD4节水效果相对较小，分别为7.96%和8.69%。综合考虑不同水分调亏处理菘蓝产量和节水效果，WD1和WD4处理可在节水的同时实现菘蓝增产。因此，营养生长期轻度亏水不仅不会导致菘蓝减产，反而有较好的节水增产效果。

表15-1　不同水分处理的菘蓝产量

处理	灌水量 /(m^3/hm^2)	总生物量 /(kg/hm^2)	经济产量 /(kg/hm^2)	节水率 /%	增产率 /%
WD1	153.02	12577.33	8475.38a	7.96	1.51
WD2	150.87	11116.52	7638.14b	9.26	−8.51
WD3	133.16	10487.87	6986.12d	19.91	−16.32

续表

处理	灌水量 /(m^3/hm^2)	总生物量 /(kg/hm^2)	经济产量 /(kg/hm^2)	节水率 /%	增产率 /%
WD4	151.81	12185.38	8308.44a	8.69	−0.48
WD5	147.04	10603.39	7147.23bc	11.56	−14.39
WD6	143.74	10577.01	7029.39c	13.55	−15.80
WD7	137.64	10212.44	6923.72d	17.21	−17.07
WD8	119.63	8988.38	5895.17e	28.05	−29.39
WD9	116.08	8798.07	5784.38e	30.18	−30.72
CK	166.26	12591.06	8348.91a	—	—

15.2 膜下滴灌水分调亏菘蓝产量构成要素

从表 15-2 可以看出，调亏灌溉对菘蓝主要产量构成要素主根长、主根直径、侧根数和根干重有重要影响，且水分亏缺程度越大影响越大。重度亏水处理 WD3、WD8 和 WD9 菘蓝主根长较对照 CK 分别显著（$p<0.05$）下降 14.7%、20.99%和 24.74%，主根直径分别显著下降 13.94%、26.06%和 27.88%，侧根数分别显著下降 27.00%、30.27%和 36.36%，根干重分别显著下降 16.61%、32.75%和 33.62%，且连续亏水处理 WD5、WD6 和 WD7 菘蓝主根长、主根直径和侧根数较对照 CK 分别显著降低 9.87%、11.31%和 13.12%，而轻度亏水处理 WD1、WD4 主根长、主根直径、侧根数和根干重与对照 CK 差异不显著（$p>0.05$）。因此，中度和重度亏水对菘蓝产量构成要素影响显著，而轻度亏水则影响不显著，主要是因为中度甚至重度亏水造成菘蓝根系主动吸水能力减弱，进而影响叶片光合作用正常进行，最终导致主根长、主根直径和根干重等产量构成要素显著降低。

表 15-2　不同水分处理菘蓝产量及其构成要素

处理	主根长/cm	主根直径/cm	侧根数/个	根干重/g	产量/(kg/hm^2)
WD1	24.33a	1.66a	10.67a	13.47a	8475.38a
WD2	23.26a	1.47bc	9.36b	11.94bc	7638.14b
WD3	19.77c	1.42c	8.03c	10.49d	6986.12d
WD4	24.38a	1.71a	10.63a	11.07cd	8308.44a
WD5	21.13b	1.52b	9.67b	13.67a	7147.23bc
WD6	20.82b	1.41c	9.33b	10.69d	7029.39c
WD7	20.78b	1.46c	9.67b	10.94cd	6923.72d
WD8	18.33cd	1.22d	7.67cd	8.46e	5895.17e
WD9	17.46d	1.19d	7.00d	8.35e	5784.38e
CK	23.20a	1.65a	11.00a	12.58ab	8348.91a

15.3 膜下滴灌水分调亏对菘蓝品质的影响

由表 15-3 可以看出，菘蓝营养生长期和肉质根生长期连续轻、中度亏水处理 WD4、

WD5、WD6、WD7有利于菘蓝靛蓝含量增加，较对照CK显著（$p<0.05$）增加3.26%～9.62%，其中处理WD5靛蓝含量最高（6.72mg/kg），较对照CK显著增加9.62%，同时亦显著高于其他处理。营养生长期轻度和中度亏水处理WD1、WD2靛蓝含量与CK间差异不显著（$p>0.05$），其他三个重度亏水处理WD3、WD8和WD9靛蓝含量分别较CK显著减少6.85%、6.53%和7.18%。营养生长期重度亏水处理WD3、WD8、WD9靛玉红含量分别较对照CK显著减少12.80%、12.80%、13.42%，处理WD1和WD7靛玉红含量与对照CK间无显著差异，但连续轻、中度亏水处理WD4、WD5和WD6靛玉红含量较对照CK分别增加1.03%、4.95%和1.34%。因此，菘蓝营养生长期和肉质根生长期连续轻、中度亏水有利于菘蓝靛蓝和靛玉红含量提高。不同亏水处理对菘蓝（R，S）-告依春含量的影响与对靛蓝、靛玉红含量基本一致，其中重度亏水处理WD3、WD8和WD9的（R，S）-告依春含量较CK分别显著降低11.25%、12.92%和13.75%，而WD4、WD5和WD6处理较CK分别增加4.58%、7.92%和4.17%，WD1和WD7处理则与CK间差异不显著。除亏水处理WD1、WD4、WD5、WD6外，其他亏水处理菘蓝多糖含量均有不同程度降低，降幅介于1.43%～17.72%。因此，水分调亏能够增加菘蓝有效成分含量，从而改善品质（如处理WD4、WD5和WD6），随水分亏缺程度增加菘蓝品质均有提升，但重度亏水不利于菘蓝品质形成。

表15-3　不同水分处理菘蓝品质

处理	靛蓝/(mg/kg)	靛玉红/(mg/kg)	(R,S)-告依春/(mg/g)	多糖/(mg/g)
WD1	6.14d	9.61cd	0.232cd	126.05ab
WD2	6.10d	9.58d	0.234d	119.86c
WD3	5.71e	8.45e	0.213e	115.17d
WD4	6.46b	9.79b	0.251b	128.32a
WD5	6.72a	10.17a	0.259a	128.67a
WD6	6.41bc	9.82b	0.250b	126.05ab
WD7	6.33c	9.63cd	0.236cd	123.57b
WD8	5.73e	8.45e	0.209e	104.59e
WD9	5.69e	8.39e	0.207e	103.14e
CK	6.13d	9.69c	0.240c	125.36ab

15.4 讨论与小结

调亏灌溉能够节省灌水和提高产量，这一事实已在农业生产实践中得到验证和运用。袁淑芬等的小麦水分调亏试验和韩占江等的春玉米水分胁迫试验结果均发现，及时适度的亏水可有效提高作物生产力。张群等研究表明，制种玉米抽穗—灌浆期适量亏水有助于籽粒产量提高。本研究结果表明，营养生长期轻度亏水处理WD1产量最高（8475.38kg/hm^2），较对照CK提高1.51%，但差异不显著，其次为连续轻度亏水处理WD4，其产量仅比CK下降0.48%，其他亏水处理产量较CK均有不同程度下降，特别是重度亏水处理

WD3、WD8 和 WD9 产量较 CK 显著降低 16.32%～30.72%，与时学双等的春青稞研究结论相似。作物灌水量随亏水程度加重而减小，轻度亏水处理 WD1 和 WD4 节水效果相对较小，分别节水 7.96%和 8.69%，其他处理节水 9.26%～30.18%，其中重度亏水处理 WD9 节水量较 CK 提高 30.18%，但其产量和水分利用效率则均较低。因此，在综合考虑不同水分调亏菘蓝产量和节水效果前提下，营养生长期轻度亏水不仅不会降低菘蓝产量，反而会增产和取得较好的节水效果。本试验还发现，水分调亏对各处理菘蓝产量构成要素有显著影响，重度亏水处理 WD3、WD8、WD9 主根长、主根直径、侧根数和根干重较对照 CK 分别显著下降 18.31%～27.85%、13.94%～26.06%、26.97%～36.36%和 16.61%～33.62%，而轻度亏水处理 WD1 和 WD4 则与对照 CK 间无显著差异。

作物品质直接关系到作物经济收益。李晓彬等的水分亏缺试验发现，适宜灌溉可明显改善梨枣果实风味和营养品质，但灌水过多则品质改善不明显。谭勇等的研究发现，水分过多或过少均对菘蓝靛玉红积累不利，而中度亏水则有利于菘蓝靛玉红积累。本试验结果表明，营养生长期重度亏水处理 WD3、WD8 和 WD9 菘蓝靛蓝含量较 CK 显著减少 6.53%～7.18%，而营养生长期和肉质根生长期连续轻、中度亏水处理 WD4、WD5、WD6、WD7 则有利于菘蓝靛蓝含量增加，较对照 CK 显著增加 3.26%～9.62%；连续轻、中度亏水处理 WD4、WD5 和 WD6 菘蓝靛玉红含量较对照 CK 增加 1.03%～4.95%。水分调亏对菘蓝（R，S）-告依春含量的影响与对靛蓝、靛玉红的影响相似，重度亏水处理 WD3、WD8 和 WD9 的（R，S）-告依春含量较对照 CK 显著降低 11.25%～13.75%，而处理 WD4、WD5 和 WD6 较 CK 增加 4.17%～7.92%。除 WD1、WD4、WD5、WD6 处理外，其他亏水处理菘蓝多糖含量均有不同程度降低，降幅为 1.43%～17.72%。因此，水分调亏可提高菘蓝有效成分含量，从而提高品质，尤其是营养生长期和肉质根生长期连续中、轻度亏水处理 WD4、WD5 和 WD6。随水分调亏程度加重，菘蓝品质均有所提升，但重度亏水对菘蓝品质形成不利，与王玉才等的研究结论基本一致。

第16章 菘蓝水分生产函数

传统灌溉的目标是通过充分灌溉实现较高的作物产量。水资源短缺将引起区域农业用水供需矛盾，灌溉目标应转变为通过非充分灌溉获取最大经济收益，而发展高效节水农业已成为实现该目标的关键途径。通过多年作物灌溉试验研究，在深入了解并掌握作物需水规律及耗水量与产量间关系的基础上，将有限水量合理分配在作物不同生育阶段，最终实现作物产量和品质最优，不仅可提高灌溉水的有效性，还能提高作物的水分利用效率，而构建作物水分生产函数则可指导作物灌溉和配水，为科学合理制定灌溉制度提供理论依据。

16.1 膜下滴灌水分调亏菘蓝水分利用状况

16.1.1 全生育期耗水量、灌溉水利用效率及水分利用效率

从表16－1可以看出，调亏灌溉对菘蓝全生育期总耗水量影响显著（$p<0.05$）。充分灌溉对照CK全生育期总耗水量最大（386.56mm），显著高于各水分调亏处理，其中处理WD1、WD4和WD2全生育期总耗水量比较接近，分别较CK显著减少6.01%、6.33%和3.98%，WD5、WD6和WD7处理全生育期总耗水量分别比CK减少7.30%、7.64%、7.92%，而重度亏水处理WD3、WD8和WD9全生育期总耗水量处于最低水平，分别较CK显著减少9.86%、12.32%、12.98%。因此，水分调亏对菘蓝全生育期总耗水量的影响大小与水分调亏阶段和调亏程度有关。

表16－1 菘蓝各处理水分利用效率

处理	降雨量/mm	全生育期耗水量/mm	产量/(kg/hm²)	*IWUE*/[kg/(hm²·mm)]	*WUE*/[kg/(hm²·mm)]
WD1	210.3	363.32bc	8475.38a	55.39a	23.33a
WD2	210.3	371.17b	7638.14b	49.63c	20.58c
WD3	210.3	348.46cd	6986.12d	52.46b	20.05d
WD4	210.3	362.11bc	8308.44a	54.73a	22.94a
WD5	210.3	358.34c	7147.23bc	49.28c	19.95d
WD6	210.3	357.04c	7029.39c	49.83c	19.69cd
WD7	210.3	355.94c	6923.72d	50.30bc	19.45d
WD8	210.3	338.93d	5895.17e	48.35d	17.39e
WD9	210.3	336.38d	5784.38e	48.41d	17.20e
CK	210.3	386.56a	8348.91a	50.22bc	21.43b

灌溉水利用效率（*IWUE*）指作物经济产量值与总灌溉水量的比值。从表 16－1 和图 16－1 可知，营养生长期轻度亏水处理 WD1 的 *IWUE* 最高［55.39kg/(hm^2·mm)］，处理 WD4 次之，比对照 CK 分别显著（$p<0.05$）提高 10.29%和 8.98%，重度水分调亏处理 WD8 的 *IWUE* 最低［48.35kg/(hm^2·mm)］，显著低于 CK，而营养生长期中度亏水处理 WD2 和肉质根生长期连续中、轻度水分调亏处理 WD5、WD6、WD7 的 *IWUE* 比较接近，均与 CK 间无显著差异（$p>0.05$）。因此，轻度亏水可在不显著降低菘蓝产量的前提下显著提高 *IWUE*，而重度和连续中、轻度亏水则均显著降低菘蓝 *IWUE*。

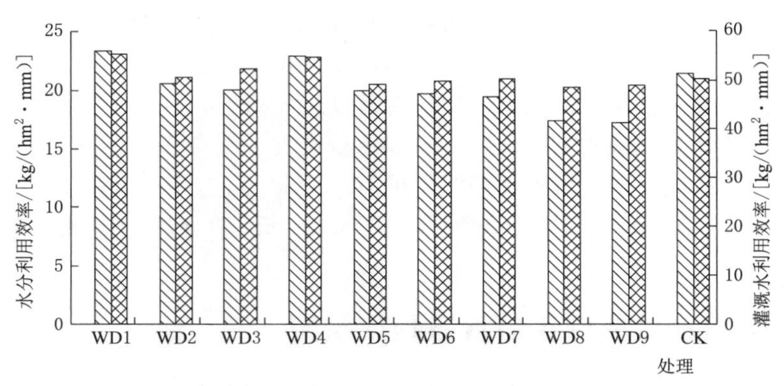

图 16－1 不同水分处理菘蓝水分利用效率和灌溉水利用率

作物水分利用效率（*WUE*）指消耗单位体积的水量收获的作物产量。从表 16－1 和图 16－1 看出，调亏灌溉可显著提高菘蓝水分利用效率。营养生长期轻度亏水的 WD1 处理 *WUE* 最高，肉质根生长期连续轻度亏水处理 WD4 次之，*WUE* 分别比对照 CK 显著（$p<0.05$）提高 8.87%和 7.05%，而其他处理 *WUE* 较对照 CK 均有不同程度降低，降幅为 3.97%～19.74%，其中重度亏水处理 WD8 和 WD9 分别较对照 CK 显著降低 18.85%和 19.74%。因此，轻度亏水可显著提高菘蓝 *WUE*，而重度水分调亏则显著降低菘蓝 *WUE*。

16.1.2 耗水量与产量及水分利用效率间的关系

作物产量与耗水量间的关系是作物水分产量关系的直观反映。在气象因子、栽培管理措施、作物品种等相同的条件下，一定范围内作物产量随灌水量增大而增加，当灌水量大于某一临界值时产量将达到最大值，此后产量将随灌水量增大而减少。因此，可用二次抛物线模拟调亏灌溉条件下菘蓝全生育期总耗水量与产量及水分利用效率间的关系（图 16－2），拟合方程为 $y=-1.0191x^2+789.13x-144435$（$R^2=0.8094$）。

由图 16－2 可知，在耗水量较小阶段，菘蓝产量随耗水量增加呈线性增加趋势，当耗水量增加至临界值 386.8mm 时产量将达到最大值（8193.96kg/hm^2），而当耗水量大于该临界值时产量将不再增加，若耗水量继续增加，菘蓝产量将呈下降趋势。由图 16－2 可知，菘蓝水分利用效率随耗水量增加也呈抛物线上升趋势，但当耗水量增加至某一临界值（400mm）后水分利用效率将呈下降趋势，水分利用效率和全生育期总耗水量间的关系可拟合为 $y=-0.0032x^2+2.4011x-428.68$（$R^2=0.6771$）。因此，研究区菘蓝耗水量为 386.8mm 时可同时获得较高的产量和水分利用效率。

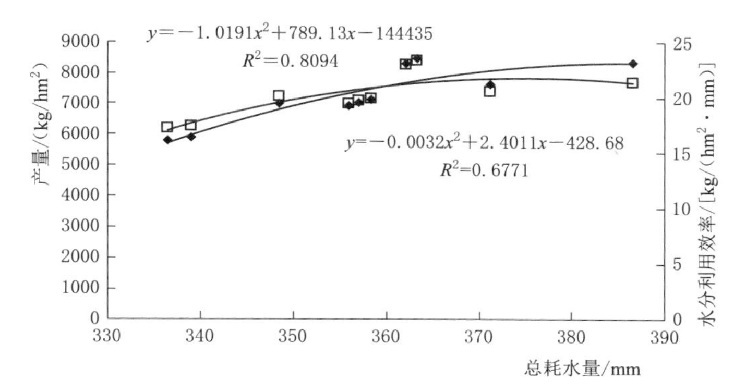

图 16-2 菘蓝耗水量与产量和水分利用效率的关系

16.1.3 灌水量与产量及灌溉水利用效率间的关系

菘蓝灌水量与产量、灌溉水利用效率间的关系呈二次抛物线变化，如图 16-3 所示。回归方程分别为 $y=-0.1739x^2+105.77x-4217.6$（$R^2=0.8771$）和 $y=-0.0013x^2+0.412x+19.122$（$R^2=0.1192$），即菘蓝产量和灌溉水利用效率随全生育期灌水量增加而增大，当灌水量增加至某一临界值后产量和灌溉水利用效率将达最大值，此后随灌水量增加而降低。

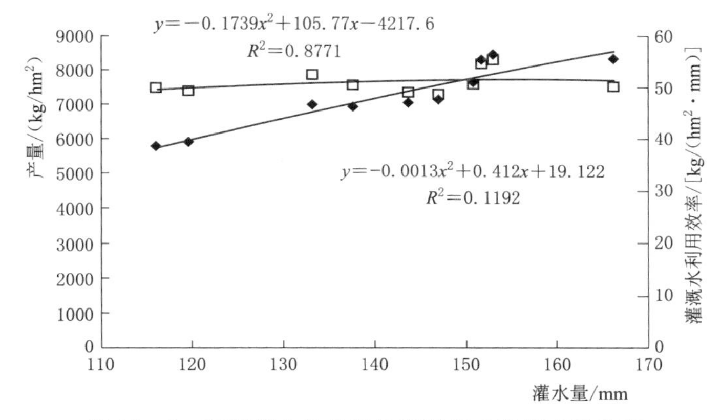

图 16-3 菘蓝灌水量与产量和灌溉水利用率的关系

16.2 膜下滴灌水分调亏菘蓝经济效益

菘蓝经济效益可通过单位面积净收入体现，即产出与投入的差值。表 16-2 统计并计算了菘蓝各处理生产投入、产量及收益，并求得各处理净产值和增收率。菘蓝种子单价为 20 元/kg，用种量为 30kg/hm²，水费分为计量水费和水资源费，其收费标准分别是 0.216 元/m³ 和 0.005 元/m³，人工费为 3000 元/hm²，肥料为 2000 元/hm²，材料设备费为 5000 元/hm²，按当地市场单价，菘蓝干根 8 元/kg。

从表 16-2 可以看出，各处理菘蓝投入介于 10256.54～10367.43 元/hm²，净产值介于 36018.50～57464.87 元/hm²。轻度亏水处理 WD1 不仅提高了菘蓝经济收益，还节省了灌水量和成本，与对照 CK 相比增收 1.85%，WD4 处理净产值与对照较为接近，而营养生长期重度亏水处理 WD9 净收入最低（36018.50 元/hm^2），比对照 CK 降低 36.16%，其他处理降幅为 10.02%～34.61%。因此，不宜在膜下滴灌水分调亏菘蓝整个生育期进行充分供水，而营养生长期轻度调亏灌溉则不仅能节省灌水，还可提高菘蓝产量。

表 16-2 不同水分处理菘蓝经济效益

处理	投入/(元/hm^2)		产出	合计/(元/hm^2)	净产值/(元/hm^2)	增收率/%
	水费	种子、肥料、设备等费用	经济产量/(kg/hm^2)			
WD1	338.17	10000	8475.38	67803.04	57464.87	1.85
WD2	333.42	10000	7638.14	61105.12	50771.70	−10.02
WD3	294.28	10000	6986.12	55888.96	45594.68	−19.19
WD4	335.50	10000	8308.44	66467.52	56132.02	−0.52
WD5	324.96	10000	7147.23	57177.84	46852.88	−16.96
WD6	317.67	10000	7029.39	56235.12	45917.45	−18.62
WD7	304.18	10000	6923.72	55389.76	45085.58	−20.09
WD8	264.38	10000	5895.17	47161.36	36896.98	−34.61
WD9	256.54	10000	5784.38	46275.04	36018.50	−36.16
CK	367.43	10000	8348.91	66791.28	56423.85	—

16.3 膜下滴灌水分调亏菘蓝阶段水分生产函数

16.3.1 阶段水分生产函数模型概述

作物阶段水分生产函数最简单的形式为

$$1-\frac{Y}{Y_m}=K_{yi}\left(1-\frac{ET_i}{ET_{mi}}\right) \tag{16-1}$$

式中 ET_i、ET_{mi}——第 i 阶段缺水和充分灌水条件下的腾发量，mm/d；

K_{yi}——作物产量对第 i 阶段缺水的敏感系数。

由于作物产量对不同生育阶段缺水的响应比较复杂，因而事先假设产量对阶段供水不足的响应相互独立，为综合这些响应结果主要采用相加或相乘方式。相关研究结果表明，相加和相乘模式时间水分生产函数均能测算合理范围内的作物产量，而 Blank 模型和 Jensen 模型则较为常用。比较著名的几种时间水分生产函数，见表 16-3。

表 16-3 各类时间水分生产函数

模型类型	模型名称	水分生产函数
相加模型	Stewart 模型	$Y/Y_m=1-\sum_{i=1}^{n}K_{yi}(1-ET_i/ET_{mi})$
	Singh 模型	$Y/Y_m=1-\sum_{i=1}^{n}K_{yi}\left[1-(1-ET_i/ET_{mi})^{b_i}\right]$
	Blank 模型	$Y/Y_m=\sum_{i=1}^{n}K_{yi}ET_i/ET_{mi}$

续表

模型类型	模型名称	水分生产函数
相乘模型	Minhas 模型	$Y_a/Y_m=\prod_{i=1}^{n}[1-(1-ET_{ai}/ET_{mi})^2]^{\lambda_i}$
	Rao 模型	$Y_a/Y_m=\prod_{i=1}^{n}[1-K_{yi}(1-ET_{ai}/ET_{mi})^2]^{\lambda_i}$
	Jensen 模型	$Y_a/Y_m=\prod_{i=1}^{n}(ET_{ai}/ET_{mi})^{\lambda_i}$

注 K_{yi} 为作物缺水敏感系数，λ_i 为缺水敏感指数。

16.3.2 菘蓝 Jensen 模型求解

采用 Jensen 模型分析河西绿洲冷凉灌区菘蓝水分生产函数，并确定菘蓝水分敏感指数。

$$Y_a/Y_m=\prod_{i=1}^{n}(ET_{ai}/ET_{mi})^{\lambda_i} \tag{16-2}$$

将式（16-2）两边取对数可得

$$\ln(Y_a/Y_m)=\sum_{i=1}^{n}\lambda_i\ln(ET_{ai}/ET_{mi}) \tag{16-3}$$

令 $Z=Y_a/Y_m$，$X_i=\ln(ET_{ai}/ET_{mi})$，式（16-3）可用线性公式表示为

$$Z=\sum_{i}^{n}\lambda_i\cdot X_i \tag{16-4}$$

若有 m 个处理，可得 j 组 $X_{ij}\cdot Z_j(j=1,2,\cdots,m;i=1,2,\cdots,n)$，采用最小二乘法可求得满足条件的 λ_i 值，即

$$\min\alpha=\sum_{j}^{n}\left(Z_j-\sum_{i=1}^{n}\lambda_i\cdot Z_iZ_{ij}\right)^2 \tag{16-5}$$

令 $\partial\alpha/\lambda_i=0$，则式（16-5）为

$$-2\sum_{j=1}^{n}\left(Z_j-\sum_{i=1}^{n}\lambda_i\cdot X_{ij}\right)\cdot X_{ij}=0 \tag{16-6}$$

由式（16-6）可得一组线性联立方程组，即

$$\begin{cases}L_{11}\lambda_1+L_{12}\lambda_2+\cdots+L_{1n}\lambda_n=L_{1z}\\ L_{21}\lambda_1+L_{22}\lambda_2+\cdots+L_{2n}\lambda_n=L_{2z}\\ \cdots\qquad\cdots\\ L_{n1}\lambda_1+L_{n2}\lambda_2+\cdots+L_{nn}\lambda_n=L_{nz}\end{cases} \tag{16-7}$$

$$L_{ik}=\sum_{j=1}^{n}X_{kj}X_{ij}\quad,k=1,2,3,\cdots,n \tag{16-8}$$

$$I_{iz}=\sum_{j=1}^{m}X_{ij}\cdot Z_j\quad,k=1,2,3,\cdots,n \tag{16-9}$$

$$R_2=\left(\frac{\sum_{i=1}^{n}\lambda\cdot L_{i,n+1}}{L_{n+1,n+1}}\right)^{\frac{1}{2}} \tag{16-10}$$

求解方程组（16-7）可得 λ，根据式（16-8）计算可得 R，结果见表 16-4。

表 16－4　用 Jensen 模型求解菘蓝各阶段缺水敏感指数

生育期	苗期	营养生长期	肉质根生长期	肉质根成熟期	相关系数 R
水分敏感指数	1.283	0.910	2.177	0.282	0.981

由 Jensen 模型可得本试验条件下菘蓝水分生产函数为

$$\frac{Y_a}{Y_m}=\left(\frac{ET_1}{ET_{m1}}\right)^{1.283}\times\left(\frac{ET_2}{ET_{m2}}\right)^{0.910}\times\left(\frac{ET_3}{ET_{m3}}\right)^{2.177}\times\left(\frac{ET_4}{ET_{m4}}\right)^{0.282} \tag{16-11}$$

由表 16－4 可知，Jensen 模型相关系数 R 为 0.981，其中肉质根生长期缺水敏感指数最大（2.177），表明菘蓝肉质根长期对水分最敏感，缺水将导致严重减产，故此期要保证充足的水分供应；肉质根成熟期缺水敏感指数最小（0.282），此期菘蓝对水分不敏感，缺水对产量影响较小。

16.3.3　菘蓝 Blank 模型求解

菘蓝 Blank 模型求解方法与 Jensen 模型相似。运用 Blank 模型计算菘蓝各生育期相对腾发量和产量后不取对数而直接代入线性公式，即 $Z=Y_a/Y_m$，$X_i=ET_{ai}/ET_{mi}$，并用最小二乘法求解线性回归多项式系数，即菘蓝各生育期缺水敏感系数（表 16－5）。

表 16－5　用 Blank 模型求解菘蓝各阶段缺水敏感系数

生育期	苗期	营养生长期	肉质根生长期	肉质根成熟期	相关系数 R
水分敏感系数	1.547	1.031	1.938	0.416	0.998

因此，本试验条件下菘蓝 Blank 模型水分生产函数为

$$\frac{Y_a}{Y_m}=1.547\,\frac{ET_1}{ET_{m1}}\times1.031\,\frac{ET_2}{ET_{m2}}\times1.938\,\frac{ET_3}{ET_{m3}}\times0.416\,\frac{ET_4}{ET_{m4}} \tag{16-12}$$

从表 16－5 可以看出，Blank 模型所求各生育期缺水敏感系数肉质根生长期最大（1.938），其次为苗期（1.547），以肉质根成熟期最小（0.416），与前述 Jensen 模型求解结果一致。

16.4　讨论与小结

在作物适宜生长阶段进行适度水分调亏不仅能改善作物生长所需水肥气热条件，还可促进作物生物量积累，从而达到增产调质目的。郑建华等的研究发现，在洋葱立苗期和成熟期进行水分调亏可提高作物产量和水分利用效率。马福生等的研究结果表明，在梨枣果实成熟期进行重度水分调亏不会显著降低梨枣产量，还可明显提高水分利用效率。董国锋等的苜蓿调亏灌溉试验发现，轻度水分调亏与充分灌水间苜蓿产量差异不显著，且苜蓿水分利用效率最高，与本研究结论相似。本研究表明，营养生长期轻度亏水处理 WD1 菘蓝产量、水分利用效率和灌溉水利用效率均最高，分别较对照 CK 提高 1.51％、8.87％和 10.29％；营养生长期和肉质根生长期连续轻度亏水处理 WD4 产量较对照 CK 仅降低 0.48％，水分利用效率和灌溉水利用效率分别提高 7.04％和 8.98％，且差异不显著，而其他处理水分利用效率较对照 CK 均有不同程度降低，降幅为 3.97％～19.74％，其中重度亏水处理 WD8 和 WD9 水分利用效率分别较对照 CK 显著降低 18.85％和 19.74％，表明营养生长期轻度亏水不会显著降低菘蓝产量和水分利用效率，而中度亏水导致菘蓝产量

有一定程度降低，重度亏水则导致菘蓝严重减产。

相关研究表明，作物总耗水量与产量间呈二次抛物线关系，作物产量随耗水量增加而增大，当耗水量增加至某一临界值后再继续增加灌水不仅不会增加作物产量，反而会降低产量。本研究结果表明，菘蓝全生育期总耗水量和灌水量均与产量和水分利用效率呈二次抛物线函数关系，其中菘蓝全生育期总耗水量与产量间的拟合方程为 $y=-0.0102x^2+78.913x-144435$（$R^2=0.8094$），说明在低耗水量阶段菘蓝产量随耗水量增加而线性增加，当耗水量增加至临界值386.8mm时产量将达最大值（8193.96kg/hm²），而当耗水量大于该临界值时菘蓝产量将随耗水量增加呈下降趋势，结果与张辉等研究结论相似。

随着世界人口的增加和水资源短缺的加剧，水生产力提高已成为农业生产的主要目标之一。本研究发现，轻度水分调亏处理WD1菘蓝产值最高，而重度水分调亏处理WD9净收入最低，比对照CK减少36.16%，其他处理净收入较CK减少10.02%～34.61%，表明膜下滴灌条件下不宜在菘蓝整个生育期进行充分供水，而营养生长期轻度调亏灌溉则不仅能节省灌水，还可提高菘蓝产量。

随着节水农业的发展，作物水分生产函数研究愈加受到重视。王世杰等通过构建膜下滴灌水分调亏辣椒Jensen模型水分生产函数发现辣椒需水敏感期为开花坐果期，为保证辣椒产量该时期应避免水分亏缺。本研究分别构建了菘蓝Jensen模型和Blank模型水分生产函数，发现两种水分生产函数模型相关系数 R 分别为0.981和0.998，二者均可较好地反映菘蓝产量和耗水量间的函数关系，同时二者求解结果一致，即菘蓝缺水最敏感阶段为肉质根生长期，因此须在肉质根生长期充分供水以实现菘蓝高产。

第17章 主要结论

本研究通过膜下滴灌菘蓝水分调亏试验，在菘蓝不同生育期设置不同程度水分调亏研究河西绿洲冷凉灌区菘蓝生长、产量、品质、水分利用效率及水分生产函数。主要结论如下：

（1）轻度亏水对菘蓝生长无显著影响，中度亏水会抑制菘蓝生长，而重度亏水则显著降低菘蓝株高、叶面积指数、主根长及主根直径等。

（2）中度和重度亏水显著抑制菘蓝干物质积累，而轻度亏水则显著提高干物质积累。营养生长期轻度亏水处理 WD1、WD4 和 WD5 干物质积累量较充分灌溉对照 CK 提高 2.84%～3.44%，但差异不显著，而其他处理干物质积累量较对照 CK 均有不同幅度下降，且降幅随水分调亏程度增加而增大。肉质根生长期 WD1 和 WD2 处理干物质积累量较对照 CK 分别提高 7.32%和 5.93%，但差异不显著。肉质根成熟期 WD1 处理干物质积累量最大，WD4 处理干物质积累量较对照 CK 增加 2.68%，连续重度及轻、中度亏水处理 WD5、WD6、WD7、WD8 和 WD9 干物质积累量较对照 CK 显著下降 14.30%～31.67%。菘蓝全生育期各处理干物质积累速率呈生育中期（即肉质根生长期）较大（0.386g/d），生育前期（0.148g/d）和后期均较小的单峰变化。轻度亏水对菘蓝成熟期地上和地下部生物量影响不显著，而中度和重度亏水则影响显著，其中 WD1 处理地上部生物量最大（14.03g），较对照 CK 增加 1.23%，根干重增加 7.02%。本研究还发现，轻度亏水可调节光合产物向根部积累和提高菘蓝根冠比，而重度亏水则显著降低菘蓝根冠比，如 WD8 和 WD9 处理根冠比较 CK 显著降低 9.05%和 7.79%。此外，营养生长期轻度亏水还可显著提高菘蓝收获指数。

（3）各水分调亏处理 0～80cm 土层土壤含水量随时间变化规律基本一致，表现出随降雨量和灌水量呈现锯齿状有规律波动（波动范围 8.08%～21.32%）。从菘蓝全生育期来看，水分调亏处理土壤含水量较其他处理低，恢复供水后有一定程度回升，但土壤含水量总体仍呈逐渐降低趋势。

（4）菘蓝各生育期耗水强度变化规律为苗期耗水量最小，营养生长期与肉质根生长期较大，肉质根成熟期次之。水分调亏显著影响菘蓝耗水量，其中充分灌溉对照 CK 总耗水量最大（386.56mm），其他处理与对照 CK 间差异显著，其中轻、中度亏水耗水量比对照 CK 显著减少 6.01%～7.92%，重度亏水处理 WD3、WD8 和 WD9 耗水量最少，较 CK 显著降低 9.86%～12.98%。同时，各水分调亏处理间亦存在显著差异，各处理全生育期总耗水量随水分调亏程度加重而降低。

（5）营养生长期轻度亏水有利于菘蓝产量提高，而中度和重度亏水则显著降低产量。轻度亏水处理 WD1 菘蓝产量最高（8475.38kg/hm^2），较充分灌溉对照 CK 增加 1.51%。

WD4 处理菘蓝产量较对照 CK 略有降低，但差异不显著，而重度亏水处理 WD3、WD8 和 WD9 产量显著低于对照 16.32%～30.72%。

(6) 营养生长期连续轻、中度亏水可提升菘蓝有效成分含量，从而改善品质，但重度亏水对品质形成不利。营养生长期和肉质根生长期连续轻、中度亏水处理 WD4、WD5、WD6 和 WD7 有利于菘蓝靛蓝含量增加，较充分灌溉对照 CK 显著增加 3.26%～9.62%，而重度亏水处理 WD3、WD8 和 WD9 靛蓝含量较 CK 显著减少 6.53%～7.18%。营养生长期重度亏水处理 WD3、WD8、WD9 菘蓝靛玉红含量较 CK 显著减少 12.80%～13.42%，但连续轻、中度亏水处理 WD4、WD5 和 WD6 靛玉红含量较 CK 分别增加 1.03%～4.95%。水分调亏对菘蓝 (R，S) -告依春含量的影响与对靛蓝、靛玉红含量影响相似，其中重度亏水处理 WD3、WD8 和 WD9 的 (R，S) -告依春含量较 CK 显著减少 11.25%～13.75%，而 WD4、WD5 和 WD6 处理则较 CK 分别增加 4.58%～7.92%。

(7) 轻度亏水显著提高菘蓝水分利用效率，且产量与充分灌溉对照 CK 无显著差异。轻度亏水处理 WD1 和 WD4 灌溉水利用效率和水分利用效率分别较 CK 显著提高 10.29% 和 8.98%、8.87% 和 7.05%，而其他处理则均有不同程度降低，其中 WD2、WD5、WD3、WD8 及 WD9 处理灌溉水利用效率和水分利用效率较 CK 均显著下降。膜下滴灌水分调亏菘蓝全生育期总耗水量与产量间呈二次抛物线关系，在低耗水量阶段菘蓝产量随耗水量增加呈线性增加，当耗水量增加至临界值时 (386.8mm) 产量将达到最大值，而当耗水量大于该临界值时菘蓝产量将随耗水量增加呈下降趋势。

(8) 用 Jensen 模型和 Blank 模型解得的菘蓝阶段水分生产函数模型的相关系数 R 分别为 0.981 和 0.998，由此可知，二者均能较好反映菘蓝产量与耗水量间的关系，且两种模型得出的菘蓝各生育阶段水分敏感指（系）数，从大到小依次为肉质根生长期、营养生长期、肉质根成熟期和苗期。通过构建和求解菘蓝 Jensen 模型和 Blank 模型水分生产函数，发现两种水分生产函数模型的相关系数 R 分别为 0.981 和 0.998，二者均可较好地反映菘蓝产量和耗水量间的函数关系，且两种模型菘蓝各生育阶段水分敏感指（系）数从大到小依次为肉质根生长期、营养生长期、肉质根成熟期和苗期。因此，菘蓝缺水最敏感阶段为肉质根生长期，应保证此期充分供水以实现菘蓝高产。

综上，菘蓝营养生长期和肉质根生长期连续轻度亏水 (WD4) 不仅能获得较高的产量和水分利用效率，还可有效改善菘蓝品质，为河西绿洲冷凉灌区菘蓝最优灌水策略。

参 考 文 献

[1] 崔秀芳. 发展节水灌溉的探讨 [J]. 科技情报开发与经济，2006，16 (13)：279-280.

[2] 迟道才. 节水灌溉理论与技术 [M]. 北京：中国水利水电出版社，2009.

[3] 宋建军. 解决西北地区水资源问题的出路 [J]. 科技导报，2003，(1)：55-57.

[4] 赵济，陈传康. 中国地理 [M]. 北京：高等教育出版社，2002.

[5] 鲁晓琴. 浅析乡土树种在民乐县城园林绿化中的应用 [J]. 农村经济与科技，2018，29（12）：42.

[6] 马文，王昱力，司怀军. 民乐县马铃薯产业链拓展现状及发展对策 [J]. 中国马铃薯，2010，24（4）：249-252.

[7] 李启森，赵文智，冯起，苏培玺. 黑河流域及绿洲水资源可持续利用理念及对策 [J]. 自然资源学报，2005，20（3）：370-377.

[8] 韩多，王海鹏，汪玉萍，陆桂芝. 甘肃省中草药生产现状及可持续发展对策 [J]. 中国农业资源与区划，2011，32（6）：56-60.

[9] 朱田田，甘肃道地中药材实用栽培技术 [M]. 兰州：甘肃科学技术出版社，2016.

[10] 张鑫，蔡焕杰，邵光成，张振华. 膜下滴灌的生态环境效应研究 [J]. 灌溉排水，2002，21（2）：1-4.

[11] 侯格平，甄东升，姜青龙，焦阳. 民乐县板蓝根高产优质栽培试验研究 [J]. 农业科技通讯，2015（9）：132-134.

[12] 张振华，蔡焕杰. 覆膜棉花调亏灌溉效应研究 [J]. 西北农林科技大学学报（自然科学版），2001，29（6）：9-12.

[13] 董国锋，成自勇，张自和，王小军，刘兴荣，张芮. 调亏灌溉对苜蓿水分利用效率和品质的影响 [J]. 农业工程学报，2006，22（5）：201-203.

[14] 郑重，马富裕，慕自新，李俊华，杨海红. 水肥因素对膜下滴灌棉花产量和棉株群体冠层结构的影响研究 [J]. 干旱地区农业研究，2001，19（2）：42-47.

[15] 金英杰. 浅谈我国水资源短缺的现状及节水措施 [J]. 中国高新技术企业，2009，(15)：137-138.

[16] 周文水. 北京水之痛 [J]. 时代潮，2004，(14)：22-23.

[17] 山宝琴，刘亚锋. 现代农业科技革命与我国节水农业的发展 [J]. 安徽农业科学，2007，35（19）：5902-5903.

[18] 李全新. 西北农业节水生态补偿机制研究 [D]. 北京：中国农业科学院，2009.

[19] 茆智，韦凤年，邵自平，洪林. 节水潜力分析要考虑尺度效应 [J]. 中国水利，2005（15）：14-15.

[20] 陈雷. 水利部部长陈雷：节约水资源 保障水安全 [N]. 人民日报，2015-03-22（11).

[21] 贺访印，俄有浩，徐先英，唐进年. 试论河西绿洲节水型农业的可持续发展 [J]. 安徽农业科学，2008，36（4）：1670-1673，1675.

[22] 王世杰. 绿洲膜下滴灌调亏辣椒生长动态及水分产量效应研究 [D]. 兰州：甘肃农业大学，2017.

[23] 李玉忠，胡秉安. 河西绿洲灌溉农业区发展节水农业探析 [J]. 中国农村水利水电，2011（2）：55-58.

[24] 曹晋军，刘永忠，李万星，靳鲲鹏，杜园园，王红兰，赵文媛. 不同覆盖方式对土壤水热状况和玉米水分利用效率的影响 [J]. 中国农学通报，2013，29（33）：107-111.

[25] 杨天育，何继红. 谷子地膜覆盖栽培研究成效及应用前景 [J]. 杂粮农作物，1999，19（4）：39-41.

[26] 杨祁峰，岳云，熊春蓉，孙多鑫. 不同覆膜方式对陇东旱塬玉米田土壤温度的影响 [J]. 干旱地区农业研究，2008，26（6）：29-33.

[27] 王顺霞，王占军，左忠，郭永忠. 不同覆盖方式对旱地玉米田土壤环境及玉米产量的影响 [J]. 干旱区资源与环境，2004，18（9）(S3)：134-137.

[28] 周桂荣. 玉米地膜覆盖栽培技术及增产效益 [J]. 中国农业信息，2015（6）：152-153.

[29] 马雪琴，吴淑芳，郭妮妮. 农田覆膜对冬小麦土壤水热的影响 [J]. 水土保持研究，2018，25（6）：342-347.

[30] 刘胜尧，范凤翠，贾宋楠，石玉芳，张立峰，贾建明. 华北旱地覆膜对春甘薯干物质和氮素生产特征的影响 [J]. 河北农业科学，2018，22（4）：16-21.

[31] 代立兰，王蓿德，赵亚兰，徐琼，牛元，王平，祁正梅．旱地覆膜露头栽培对土壤水热及黄芪产量的影响［J］．中药材，2017，40（9）：1997－2001.

[32] 辛静静，史海滨，李仙岳，梁建财，刘瑞敏，王志超．残留地膜对玉米生长发育和产量影响研究［J］．灌溉排水学报，2014，33（3）：52－54.

[33] 王泽义，张恒嘉，王玉才，张万恒，高佳，姜田亮．马铃薯膜下滴灌水肥一体化研究进展［J］．农业工程，2018，8（10）：86－89.

[34] Ayars J E，Phene C J，Hutmacher R B，Davis K R，Schoneman R A，Vail S S，Mead R M. Subsurface drip irrigation of row crops：a review of 15 years of research at the Water Management Research Laboratory［J］．Agricultural Water Management，1999，42（1）：1－27.

[35] Sezen S M，Yazar A，Eker S. Effect of drip irrigation regimes on yield and quality of field grown bell pepper［J］．Agricultural Water Management，2006，81（1－2）：115－131.

[36] 戴路，龙朝宇，柯艳．滴灌与漫灌棉花生长发育特性调查分析［J］．作物杂志，2008（1）：97－99.

[37] 邵光成，俞双恩，杨道成，邢文刚，陈林．大田棉花膜下滴灌与沟灌的应用研究［J］．河海大学学报（自然科学版），2004，32（1）：84－86.

[38] 魏红国，杨鹏年，张巨松，王强，张洋．咸淡水滴灌对棉花产量和品质的影响［J］．新疆农业科学，2010，47（12）：2344－2349.

[39] 陶君，田军仓，李建设，高艳明．温室辣椒不同微咸水膜下滴灌灌溉制度研究［J］．中国农村水利水电，2014，（5）：68－72，80.

[40] 康绍忠，蔡焕杰．作物根系分区交替灌溉和调亏灌溉的理论与实践［M］．北京：中国农业出版社，2002.

[41] 庞秀明，康绍忠，王密侠．作物调亏灌溉理论与技术研究动态及其展望［J］．西北农林科技大学学报（自然科学版），2005，33（6）：141－146.

[42] 姜国军，王振华，郑旭荣．北疆滴灌复种大豆田土壤温度分布特征［J］．西北农学报，2014，23（4）：45－51.

[43] Chalmers D J，Mitchell P，Heek L. Control of peach tree growth and productivity by regulated waters upply，tree density，and summer pruning［J］．J Amer Sol Sci，1981，106（3）：307－302.

[44] 曾德超．果树调亏灌溉密植节水增产技术的研究与开发［M］．北京：北京农业大学出版社，1994.

[45] 康绍忠，史文娟，胡笑涛，等．调亏灌溉对玉米生理生态和水分利用效率的影响［J］．农业工程学报，1998，14（4）：82－72.

[46] 张喜英，由懋正，王新元．冬小麦调亏灌溉制度田间试验初报［J］．生态农业研究，1999，6（3）：33－36.

[47] 郭相平，康绍忠．调亏灌溉——节水灌溉的新思路［J］．西北水资源与水工程，1998，9（4）：22－26.

[48] Chalmers D J，Mitchell P D，Jerie P H. The physiology of growth control of perch an pear trees using reduced irrigation［J］．Acta Horticulture，1984，146：143－148.

[49] Fábio M D，Rodolfo A L，Emerson A S，et al. Effects of soil water deficit and nitrogen nutrition on water relations and photosynthesis of pot-grown Coffee caneph or a Pierre［J］．Trees，2002，16：555－558.

[50] Blackman P G，Davies W J. Root to shoot communication in maize plants of the effects of soil drying［J］．J Exp Bot，1985，36：39－48.

[51] Chalmers D J，Burge P H，Mitchell P D. The mechanism of regulation of 'Bartlett' pear fruit and vegetative grow th by irrigation withholding and regulated deficit irrigation［J］．Journal of the American Society for Horticultural Science，1986，11（6）：944－947.

[52] Bastiaanssen W G，Bandara K M. Evaporative depletion assessments for irrigated watersheds in

Sri Lanka [J]. Irrigation Science，2001，21：1-15.
[53] Anne-Maree，Boland，et al. The effect of regulated deficit irrigation on tree water use and growth of peach [J]. Journal of Horticultural Science，1993，68 (2)：261-264 .
[54] Chalmers D J，Bvanden Ende. Productivity of peach trees factors affecting dry-weight distribution during tree growth [J]. Ann Bot，1975，39：423-432.
[55] Chalmers D J，Wilson I B. Productivity of peach trees：tree growth and water stress in relation to fruit growth and assimilate demand [J]. Ann Bot，1978，42：285-294.
[56] Turner N C，Begg L E. Plant water relationship and adaptation to stress [J]. Plant and Soil，1981，58：97-131.
[57] Turner N C. Plant water relations and irrigation management [J]. Agricultural Water Management，1990，17：59-73.
[58] 孟兆江，刘安能，庞鸿宾. 夏玉米调亏灌溉的生理机制与指标研究 [J]. 农业工程学报，1998 (4)：88-92.
[59] 杨世民. 杂交水稻对生态环境和弱光胁迫的适应性研究 [D]. 成都：四川农业大学，2011.
[60] 李玉. 基于多变量分析的不同保鲜方法对采后佛手瓜品质变化的影响 [D]. 成都：四川农业大学，2016.
[61] 邱继水，林志雄，潘建平，陆育生，常晓晓，彭程. 花期调亏灌溉对枇杷生长结果的影响 [J]. 广东农业科学，2017，44 (12)：33-38.
[62] 原保忠，张卿亚，别之龙. 调亏灌溉对大棚滴灌甜瓜生长发育的影响 [J]. 排灌机械工程学报，2015，33 (7)：611-617.
[63] 强薇，赵经华，付秋萍，洪明，马英杰. 调亏灌溉对滴灌核桃树生长及产量的影响 [J]. 干旱区资源与环境，2018，32 (8)：186-190.
[64] 郑浩亮，孔维萍，张恒嘉，李福强. 不同生育期调亏灌溉对酿酒葡萄耗水及果实品质的影响 [J]. 中国生态农业学报，2016，24 (9)：1196-1205.
[65] 李欢. 调亏灌溉条件下玉米耗水规律及灌溉方案评价试验研究 [D]. 哈尔滨：东北农业大学，2016.
[66] 王龙. 调亏灌溉条件下大豆耗水规律与水分利用效率的试验研究 [D]. 哈尔滨：东北农业大学，2015.
[67] 时学双，李法虎，闫宝莹，何东，普布多吉，曲珍. 不同生育期水分亏缺对春青稞水分利用和产量的影响 [J]. 农业机械学报，2015，46 (10)：144-151，265.
[68] 万文亮，郭鹏飞，胡语妍，张筱茜，张坤，刁明. 调亏灌溉对新疆滴灌春小麦土壤水分、硝态氮分布及产量的影响 [J]. 水土保持学报，2018，32 (6)：166-174.
[69] 依提卡尔·阿不都沙拉木，朱成立，柳智鹏，蒋平. 调亏灌溉对枣树生长与果实品质和产量的影响 [J]. 排灌机械工程学报，2018，36 (10)：948-951，957.
[70] 王玉才，张恒嘉，邓浩亮，王世杰，巴玉春. 调亏灌溉对菘蓝水分利用及产量的影响 [J]. 植物学报，2018，53 (3)：322-333.
[71] 郑凤杰，杨培岭，任树梅，蒋光昱，贺新. 河套灌区调亏畦灌对加工番茄生长发育、产量和果实品质的影响 [J]. 中国农业大学学报，2016，21 (5)：83-90.
[72] 郑健，蔡焕杰，陈新明，王健. 调亏灌溉对温室小型西瓜水分利用效率及品质的影响 [J]. 核农学报，2009，23 (1)：159-164.
[73] 寇丹. 西北旱区地下调亏滴灌对苜蓿 (Medicago sativa L.) 产量、品质及耗水量的影响 [D]. 北京：北京林业大学，2014.
[74] 王玉才，邓浩亮，李福强，王泽义，张万恒，黄彩霞，张恒嘉. 调亏灌溉对菘蓝光合特性及品质的影响 [J]. 水土保持学报，2017，31 (6)：291-295，325.

[75] 柏军华，王克如，初振东，陈兵，李少昆. 叶面积测定方法的比较研究 [J]. 石河子大学学报（自然科学版），2005，(2)：216-218.
[76] 国家药典委员会. 中华人民共和国药典·一部 [M]. 北京：中国医药科技出版社，2010.
[77] 鲁建江，王莉，顾承志，成玉怀. 菘蓝多糖的提取及含量测定 [J]. 广东药学，2001，(4)：16-18.
[78] 李富恒，赵恒田，王新华. 农作物发育过程中的量变与质变规律 [J]. 农业系统科学与综合研究，2003，19 (1)：78-80.
[79] 冯广龙，刘昌明，王立. 土壤水分对作物根系生长及分布的调控作用 [J]. 生态农业研究，1996，4 (3)：5-9.
[80] 吴敏，张文辉，周建云，马，闯，韩文娟. 干旱胁迫对栓皮栎幼苗细根的生长与生理生化指标的影响 [J]. 生态学报，2014，34 (15)：4223-4233.
[81] 张爱民，杨红，耿广东. 干旱胁迫对辣椒幼苗形态指标的影响 [J]. 贵州农业科学，2011，39 (10)：54-56.
[82] 马树庆，王琪，徐丽萍，于海，张铁林. 吉林玉米带春季土壤水分变化对玉米幼苗生长状况的影响 [J]. 中国农业气象，2014，35 (1)：55-61.
[83] 唐梅，李伏生，张富仓，梁继华，王力，陈俊. 不同磷钾条件下苗期适度水分亏缺对大豆生长及干物质积累的影响 [J]. 干旱地区农业研究，2006，24 (5)：109-114.
[84] 乌兰，石晓华，杨海鹰，秦永林，贾立国，樊明寿. 苗期水分亏缺对马铃薯产量形成的影响 [J]. 中国马铃薯，2015，29 (2)：80-84.
[85] 魏永霞，马瑛瑛，冯鼎瑞，熊建，张雨凤，张翼鹏. 调亏灌溉下滴灌玉米根冠生长与水分动态响应特征 [J]. 农业机械学报，2017，48 (7)：180-188.
[86] 丁林，王福霞，王以兵，张新民. 调亏条件下春播蚕豆生长动态及其产量效应 [J]. 水土保持研究，2008，15 (6)：236-240.
[87] 孙德岭，赵前程. 番茄苗期地温对光合产物积累和分配的影响 [J]. 天津农业科学，2000，3 (1)：14-17.
[88] 杨宏羽，李欣，王波等. 膜下滴灌油葵土壤水热高效利用及高产效应 [J]. 农业工程学报，2016，32 (8)：91-97.
[89] 龚雪文，刘浩，孙景生，张昊，李勇，吴晓磊，崔嘉欣. 不同水分下限对温室膜下滴灌甜瓜开花坐果期地温的影响 [J]. 应用生态学报，2014，25 (10)：2935-2943.
[90] 黄海霞，韩国君，陈年来，黄得志，张正，张凯. 荒漠绿洲调亏灌溉条件下辣椒耗水规律研究 [J]. 自然资源学报，2012，27 (5)：747-756.
[91] 邱新强，路振广，张玉顺，孟春红，刘祖贵，刘战东，肖俊夫. 不同生育时期干旱对夏玉米耗水及水分利用效率的影响 [J]. 中国农学通报，2013，29 (27)：68-75.
[92] 徐淑贞，张双宝，鲁俊奇，金江波. 日光温室滴灌番茄需水规律及水分生产函数的研究与应用 [J]. 节水灌溉，2001 (4)：26-28.
[93] 王贺辉，赵恒，高强，韩淑敏. 温室番茄滴灌灌水指标试验研究 [J]. 节水灌溉，2005 (4)：22-23，25.
[94] 张步翀. 河西绿洲灌区春小麦调亏灌溉试验研究 [J]. 中国生态农业学报，2008，16 (1)：35-40.
[95] 孙红勇，刘昌明，张永强，张喜英. 不同时期干旱对冬小麦产量效应和耗水特性研究 [J]. 灌溉排水学报，2003.22 (2)：13-16.
[96] Faberio C，Martin de Santa Olalla F，Juan J A. Production of muskmelon (Cucumis melo L.) under controlled deficit irrigation in a semi-arid climate [J]. Agricultural Water Management，1990，17：59-73.
[97] 雷艳，张富仓，寇雯萍，冯磊磊. 不同生育期水分亏缺和施氮对冬小麦产量及水分利用效率的影响 [J]. 西北农林科技大学学报（自然科学版），2010，38 (5)：167-174，180.

[98] 袁淑芬，陈源泉，闫鹏，陶志强，崔吉晓，李超，隋鹏. 水分胁迫对华北春玉米生育进程及物质生产力的影响 [J]. 中国农业大学学报，2014，19 (5)：22-28.

[99] 韩占江，于振文，王东，王西芝，许振柱. 调亏灌溉对冬小麦耗水特性和水分利用效率的影响 [J]. 应用生态学报，2009，20 (11)：2671-2677.

[100] 张群，成自勇，张芮，李有先，何玉琴. 膜上调亏灌溉对制种玉米产量的影响 [J]. 灌溉排水学报，2012，31 (1)：141-142.

[101] 李晓彬，汪有科，赵春红，王颖，张勇勇，汪星，张建国. 水分调控对梨枣果实品质与投入产出效益的影响分析 [J]. 中国生态农业学报，2011，19 (4)：818-822.

[102] 谭勇，梁宗锁，董娟娥，郝海员，叶青. 水分胁迫对菘蓝生长发育和有效成分积累的影响 [J]. 中国中药杂志，2008，33 (1)：19-22.

[103] 王玉才，邓浩亮，李福强，王泽义，张万恒，黄彩霞，张恒嘉. 调亏灌溉对菘蓝光合特性及品质的影响 [J]. 水土保持学报，2017，31 (6)：291-295，325.

[104] 綦隽娜，胡星. 我国水资源利用现状与节水灌溉发展对策经验谈 [J]. 智能城市，2018，4 (18)：150-151.

[105] 吴普特，冯浩. 中国节水农业发展战略初探 [J]. 农业工程学报，2005，21 (6)：152-157.

[106] 孙景生，康绍忠. 我国水资源利用现状与节水灌溉发展对策 [J]. 农业工程学报，2000，16 (2)：1-5.

[107] 汪恕诚. 人与自然和谐相处-中国水资源问题及对策 [J]. 北京师范大学学报（自然科学版），2009，45 (Z1)：441-445.

[108] 施炯林，郭忠，贾生海. 节水灌溉技术 [M]. 兰州：甘肃民族出版社，2003.

[109] 刘坤. 作物水分生产函数常用模型及灌溉制度优化概述 [J]. 安徽农业科学，2010，38 (11)：5521-5522，5555.

[110] 何春燕，张忠，何新林，王小兵. 作物水分生产函数及灌溉制度优化的研究进展 [J]. 水资源与水工程学报，2007，18 (3)：42-45.

[111] 唐梅. 主动水分亏缺对大豆生长和水分养分利用的影响 [D]. 南宁：广西大学，2006.

[112] 郑建华. 膜下滴灌条件下调亏灌溉对洋葱产量和水分利用效率的影响 [A]. //中国农业工程学会. 现代节水高效农业与生态灌区建设（上）[C]. 2010.

[113] 马福生，康绍忠，王密侠，庞秀明，王金凤，李志军. 调亏灌溉对温室梨枣树水分利用效率与枣品质的影响 [J]. 农业工程学报，2006，22 (1)：37-43.

[114] 董国锋，成自勇，张自和，王小军，刘兴荣，张芮. 调亏灌溉对苜蓿水分利用效率和品质的影响 [J]. 农业工程学报，2006，22 (5)：201-203.

[115] 樊廷录，杨珍，王建华，王淑英. 灌水时期和灌水量对甘肃河西玉米制种产量和水分利用的影响 [J]. 干旱地区农业研究，2014，32 (5)：1-6.

[116] 王金平，孙雪峰. 作物水分与产量关系的综合模型 [J]. 灌溉排水，2001，20 (2)：76-80.

[117] 张辉，张玉龙，虞娜，田义. 温室膜下滴灌灌水控制下限与番茄产量、水分利用效率的关系 [J]. 中国农业科学，2006，39 (2)：425-432.

[118] 雷波，刘钰，许迪，姜文来. 农业水资源利用效用评价研究进展 [J]. 水科学进展，2009，20 (5)：732-738.

[119] 王世杰，张恒嘉，巴玉春，王玉才，黄彩霞，薛道信，李福强. 膜下滴灌调亏辣椒产量构成要素及水分生产函数研究 [J]. 华北农学报，2018，33 (4)：217-225.

第三部分

水分调亏对绿洲膜下滴灌菘蓝生理特性、产量及品质的影响

第 18 章　概　　述

18.1　研究背景

水是地球生物赖以生存的基本物质，也是人类维系健康和生命的基本需求。水资源作为基础的自然资源和经济资源，关系着地球生态环境状况的改变，是保障国家经济发展和居民生存的基础性资源。长期以来，水资源污染和不合理利用导致严重的水资源浪费，全球水资源匮乏问题越来越严重。我国水资源总量约为 2.8 万亿 m^3，位居世界第六，由于人口众多，人均水资源占有量仅为 $2240m^3$，约为全球平均水平的 1/3，直接影响我国农业生产和灌溉。我国水土资源分布极不均衡，降雨量由东到西呈降低趋势，蒸发量则与之相反，西北干旱半干旱地区水资源占有量为全国的 6%，而土地面积则占 47%。水资源匮乏严重影响区域经济发展，是限制北方干旱半干旱地区农业生产的重要因素，发展高效节水农业有助于我国农业可持续健康发展。

菘蓝又名茶蓝，是我国传统的中药材，其叶（大青叶）和干燥根（板蓝根）均能入药，具有清热解毒、利咽止痛、凉血消炎等功效，是我国最常用的清热解毒之药。近年来药理学研究发现，菘蓝有明显的抗病毒活性，同时具有抗炎、抗肿瘤、抗癌、抗内毒素和增强免疫力等作用，临床用于治疗温毒发斑、高热头痛、水痘麻疹、流行性感冒及消化系统和呼吸系统各种炎症。菘蓝根系比较发达，对气候条件和土壤环境要求较低，可在一定的干旱和低温等逆境条件下正常生长，全国各地均有种植。目前，甘肃、内蒙古、河北、陕西和山东等地为我国菘蓝主要种植区。近年来甘肃省河西菘蓝种植面积逐步扩大，其中绿洲冷凉灌区民乐县栽培面积为 15 万～25 万亩，已成为提高当地农户收入的主要经济作物之一。当地菘蓝种植大部分沿用传统露地平地栽培方式，但由于降雨量稀少，蒸发强度极大，土壤水分不能满足菘蓝生长需水要求，导致菘蓝产量和品质降低。传统大水漫灌方式灌水量较大，占该区总用水量 98%左右，水资源浪费严重，水分利用效率较低，仅为 $0.63kg/m^3$，远低于我国平均水平，同时大水漫灌导致土壤肥力流失，土壤养分利用效率下降。

18.2　研究意义

河西走廊属于我国西北干旱半干旱地区，该区水资源短缺，纬度较高，气候干旱，降雨量稀少，日照强度、光热资源充足，蒸发量较大，农业发展主要依靠灌溉，绿洲农业是其支柱产业。目前，该区农业灌溉面积约为 65.39 万 hm^3，水资源开发利用率超过 90%，但作物水分利用效率远低于全球水平。水资源短缺和水分利用效率低下是限制该区农业可持续健康发展的主要因素。尽管菘蓝适应性极强，对气候条件和土壤环境要求较低，但我国西北地区菘蓝种植仍面临干旱问题。水分胁迫不仅影响菘蓝生长发育，还会进一步影响菘蓝产量。因此，科学合理的种植技术和灌溉方式可在提高水分利用的同时提高菘蓝产量，达到高效节水和提高经济效益的目的。膜下滴灌是将地膜覆盖和滴灌技术相结合的农田灌溉技术，可精准地将水分和养分输送至土壤，同时有效降低土壤水分蒸发量。合理的灌溉方式可满足作物正常生长发育，促进土壤理化性状及结构发生改变，如改变土壤微生物、酶活性等指标，进而影响其生理过程，最终实现作物产量和水分利用效率提高与品质改善。因此，本研究将调亏灌溉和膜下滴灌技术相结合，重点研究膜下滴灌调亏对菘蓝生长动态、干物质积累及分配、生理特性、产量和品质的影响及其机制，寻求最优水分亏缺程度和调亏生育期，为河西绿洲冷凉灌区菘蓝节水高效优质高产提供理论依据。

18.3 国内外研究进展

18.3.1 调亏灌溉研究进展

调亏灌溉（regulated deficit irrigation，RDI）是20世纪70年代中期首次提出的一种灌溉理论，其核心思想是有效利用作物的生理功能实现节约用水、增加作物产量和改善作物品质。此法是在作物特定生长发育阶段进行水分胁迫处理，从而对作物生理和生化过程产生影响，改变作物光合产物在不同组织和器官间的分配比例，从而达到节水和提高水分利用效率的目的。国际上调亏灌溉研究最早应用在果树上。研究发现，调亏灌溉对果树果实和产量的影响不大。20世纪90年代初期Ebel等研究表明，调亏灌溉对果皮颜色影响不大，但可促进苹果可溶性物质等有机质合成，抑制苹果淀粉和有机酸合成。20世纪90年代中期至今，调亏灌溉理论已逐步应用于大田作物，在小麦、玉米、番茄、辣椒等经济作物上均有研究和应用，在延续节水高产研究的同时已将重心转向作物品质改善，且研究方向也已扩展到肥料利用效率、水肥一体化及水盐一体化，研究范围越来越广。国内调亏灌溉研究起步较晚，最先也应用在果树上。武阳等研究发现，在梨树细胞分裂期和果实膨大期进行调亏灌溉虽然会抑制营养生长，但有利于提高果树产量和改善果实品质，后开始应用于大田经济作物。近年来，调亏灌溉研究所涉及范围越来越广，主要涉及调亏灌溉制度制定及优化、调亏灌溉模型的设计及应用和其他因素与调亏灌溉同时作用的多因素试验（如调亏灌溉水肥耦合研究、水盐运移研究、间套作研究等）。张步翀、张恒嘉、薛道信等分别研究了干旱环境下春小麦最优调亏灌溉制度、绿洲调亏灌溉春玉米农田耗水特征及水分利用效率、荒漠绿洲调亏灌溉马铃薯水分利用和产量等。国内外大量研究发现，调亏灌溉可提高作物产量和水分利用效率，且对其生物学特性有重要影响。

1. 调亏灌溉的节水机理

调亏灌溉利用土壤水分管理调控作物根系生长，以此调节作物地上部营养生长及叶水势，叶水势可调节气孔开度，从而影响作物光合作用和蒸腾作用。调亏灌溉理论认为，作物根系是影响作物水分利用效率提高的重要因素之一。当作物根系经受水分胁迫时将改变光合产物在根冠间的分配比例，根系积累更多同化产物，生长相对有利，而冠层生长（如作物叶面积和干物质）将受到抑制，作物蒸腾耗水量减少，需水量降低。调亏灌溉还可通过减少棵间蒸发来降低作物需水量。土壤水分含量较低，加之表层土壤水分蒸发及根系吸水导致表层土壤含水量低于毛管断裂含水量，下层土壤水分仅可以水汽扩散方式向大气扩散，而上层土壤为干燥土壤，水汽通量较少，减少了水分浪费。

2. 调亏灌溉的增产机理

作物在调亏处理期间不同组织器官对水分的吸收能力及对水势的敏感性不同。植株生长对水分亏缺最为敏感，光合产物和有机物积累由叶片向果实的运输过程敏感性次之，因此作物水分调亏时期所获水量亦存在差异。当植株经受水分亏缺时营养生长受到抑制，果实会继续积累有机物质以降低水分亏缺的影响，复水后水分亏缺时段积累的有机物质可用于细胞壁合成及其他与果实生长有关的过程，即产生生长补偿效应，产量不会显著下降。然而，作物水分亏缺要适时适度，若水分亏缺程度过重或亏缺历时过长均会使细胞壁弹性减弱，复水后不能恢复细胞壁功能，最终导致作物产量下降。上述机理为调亏灌溉定性化和可操作化深层次研究提供了理论依据。

3. 调亏灌溉在作物栽培中的应用

调亏灌溉不仅可节约灌溉用水，提高水分利用效率，还能抑制枝叶等营养器官生长，同时提高作物产量和改善作物品质。强薇等研究表明，核桃树开花结果期进行轻度调亏灌溉会抑制果树新梢及枝叶旺长，减少对养分的竞争力，保证核桃树生殖器官发育，使果实体积增大，果实数量增加，有利于核桃树产量提高。强敏敏等研究表明，对枣树进行轻度或中度亏水均会抑制枣吊生长，减少枣树新梢生长量及夏季修剪量，但可促进果实生长，有利于产量和水分利用效率提高。Turner 研究认为，调亏灌溉并不总是降低作物产量，早期适度的调亏灌溉反而有利于作物产量提高。

冯泽洋等研究表明，土壤水分过高或过低都不利于甜菜生长，适时适度的水分亏缺会使甜菜具有抵御干旱的能力，复水后产生补偿生长效应，避免水分过多导致甜菜植株徒长，可在节水的同时保证甜菜高产稳产。研究表明，适时适度的调亏灌溉可增强番茄复水后的光合能力，提高水分利用效率，改善作物品质，与冯泽洋研究结果相一致。黄远等研究表明，果实膨大期进行轻度亏水可在不降低作物产量的前提下改善甜瓜果实品质和提高水分利用效率。张万恒等研究表明，适时适度的亏水可在不显著降低膜下滴灌马铃薯产量的情况下显著提高作物水分利用效率、灌溉水利用效率和商品薯率。

18.3.2 菘蓝调亏灌溉研究进展

1. 调亏灌溉对菘蓝生长动态的影响

王玉才等研究发现，营养生长期和肉质根生长期对菘蓝进行轻度水分胁迫不会显著影响生长发育，中度胁迫处理则会使生长受到抑制，而重度胁迫处理则会显著影响其生物量（株高、茎粗、叶面积等），但中度和重度水分胁迫则会影响根系营养生长，从而减少根系干物质积累量，根冠比下降。王竹承等研究表明，随着水分胁迫程度的加重，菘蓝叶长、叶宽均受到明显抑制，根冠比明显增大。研究表明，膜下滴灌菘蓝轻度水分胁迫对作物生长影响不显著，不会降低菘蓝生物量，中度水分胁迫会抑制作物生长，而重度水分胁迫则会显著降低菘蓝生物量（株高、茎粗、叶面积、茎叶生物量和根干重等），严重影响根系干物质积累；菘蓝叶片厚度、单株叶片数、最大叶长和叶宽亦均随水分胁迫程度加重逐渐降低，且重度水分胁迫降幅最大。Elisabetta 等研究表明，菘蓝对水分胁迫响应敏感，水分胁迫会降低菘蓝株高和叶面积指数。

2. 调亏灌溉对菘蓝光合特性的影响

研究发现，营养生长期和肉质根生长期重度水分胁迫菘蓝净光合速率、蒸腾速率和气孔导度均显著降低，降幅随水分调亏程度增加而增大，而轻度亏水对其影响不显著，但复水后均有所增大，表现出明显的复水补偿效应。邓浩亮等研究发现，营养生长期和肉质根生长期水分胁迫菘蓝与正常灌溉相比显著降低了叶片净光合速率（*Pn*）、蒸腾速率（*Tr*）和气孔导度（*Gs*），降幅分别为 6.48%～16.55%、3.71%～33.18%和 21.74%～48.01%，且降幅随水分亏缺程度加重而增大。

3. 调亏灌溉对菘蓝耗水特征的影响

研究表明，不同程度水分调亏菘蓝全生育期耗水量均显著低于充分灌溉，且随调亏程度加重逐渐下降；菘蓝苗期、营养生长期和肉质根生长期、肉质根成熟期耗水量分别占全生育期总耗水量的10%、60%～80%、15%左右；耗水强度呈营养生长期和肉质根生长期最高（约 3.00mm/d）、肉质根成熟期较高（约 1.60mm/d）、苗期最低（约 0.90mm/d）的变化规律；耗水模数未随水分调亏程度加重呈规律性变化。研究发现，适宜的调亏灌溉可减少灌溉定额和灌溉次数，降低菘蓝耗水量。谭勇等研究表明，调亏灌溉菘蓝耗水量随水分亏缺程度增加而逐渐减少，其需水关键期为 7 月，10 月耗水量最低。李文明等研究表明，调亏灌溉菘蓝耗水量随灌水次数减少而减少，各生育期耗水量表现为营养生长期＞肉质根成熟期＞苗期，其中苗期耗水模数为 2%，营养生长期为 55%；耗水强度变化规律为营养生长期和肉质根生长期＞肉质根成熟期＞苗期；全生育期总耗水量随灌水次数的增加而增大。

4. 调亏灌溉对菘蓝水生产力的影响

研究表明，膜下滴灌菘蓝营养生长期和肉质根生长期轻度亏水对产量无显著影响，其他亏水处理均导致菘蓝产量降低，而重度亏水菘蓝产量显著低于充分灌水 17.09%～37.42%。邓浩亮等研究表明，水分亏缺会降低菘蓝产量，肉质根成熟期轻度亏水产量最高（7342.05kg/hm^2），较充分灌溉降低 5.32%；幼苗期轻度亏水菘蓝水分利用效率最高，肉质根成熟期次之。王玉才等研究表明，营养生长期和肉质根生长期轻度亏水菘蓝产量和水分利用效率最高，分别为 8239.56kg/hm^2 和 24.11kg/（hm^2·mm），重度和中度亏水均导致菘蓝产量和水分利用效率降低，且显著影响根系土壤含水量；营养生长期和肉质根生长期轻度亏水可显著提高菘蓝灌溉水利用效率，而肉质根生长期中度和重度亏水则显著降低菘蓝灌溉水利用效率。Elisabetta 等研究表明，适度水分胁迫会提高菘蓝耐旱性，对产量影响不显著。

5. 调亏灌溉对菘蓝品质的影响

研究发现，不同生育期水分调亏会影响菘蓝靛蓝、靛玉红和（R，S）-告依春含量有效成分，肉质根成熟期中度水分胁迫菘蓝综合品质最优，其中靛蓝、靛玉红和（R，S）-告依春含量分别较充分灌溉提高 0.26mg/g、0.42mg/g 和 0.0165mg/g。Elisabetta 等研究发现，干旱条件下菘蓝靛蓝含量受水分胁迫积极影响，RC 处理明显高于 WW 处理。邓浩亮等研究表明，适时适量的水分调亏可在菘蓝多糖含量不受影响的同时增加靛蓝、靛玉红和（R，S）-告依春含量，改善菘蓝品质，且其综合品质随调亏处理程度加重而提高；而其他生育期（除苗期外）水分调亏均可增加菘蓝靛蓝含量 0.51%～2.55%，肉质根成熟期水分调亏菘蓝品质显著高于其他生育期。谭勇等研究表明，水分胁迫直接影响菘蓝地上部和地下部形态及结构，进而影响菘蓝产量与品质，其中中度水分胁迫有利于靛玉红含量增加，较充分灌溉增加60.8%，与王玉才、邓浩亮等研究结果一致。大量研究表明，肉质根成熟期中度水分胁迫菘蓝综合品质最优。

第19章 材料与方法

19.1 试验区概况

试验于2019年5—10月在甘肃省张掖市民乐县益民灌溉试验站进行。该试验站位于河西走廊东端，北纬38°39′，东经100°43′，平均海拔1970.00m，属于典型大陆性荒漠草原气候，多年平均降雨量183～345mm，多年平均蒸发量为1638mm，干燥度为5.85，年日照时数为2932h，年平均气温7.6℃，≥0℃有效积温3500℃，≥10℃有效积温2985℃。农田土壤类型属轻壤土，0～60cm土层土壤容重约为1.46g/cm^3，0～20cm耕层土壤有机质、碱解氮、速效钾和速效磷含量分别为12.4g/kg、57.3mg/kg、191.7mg/kg和15.9mg/kg，0～100cm土层田间最大持水量为24%（质量含水率），无霜期150天。该区地下水位埋深20.00m，无盐碱化影响，具有降雨稀少且分布不均、河源来水不足导致供需矛盾突出及干旱频繁的特点。

19.2 试验材料

试验菘蓝品种为甘肃农业大学中草药系自繁粒大饱满、均匀优质的菘蓝种子，采用露地种植方式，于2019年5月4日播种，10月10日收获。播种量为33kg/hm^2，种植密度为83万株/hm^2。播种前4天对试验地30cm土层机械翻耕，人工去除杂草并分别施入220kg/hm^2、330kg/hm^{2}和120kg/hm^{2}的尿素（N含量为46%）、过磷酸钙（P_2O_5含量为12%，S含量为10%，Ca含量为16%）和源钾（K_2O含量为60%）作为基肥。土地平整后进行滴灌带铺设，每小区各铺设三条滴灌带（间距90cm），滴头间距和滴头平均流量分别为30cm和2.4L/h。然后用120cm宽的无色地膜进行搭接式全膜覆盖，并覆盖5cm厚土层压盖。各小区间用60cm宽塑料薄膜隔开，防止小区间土壤水分侧渗。

19.3 试验设计

本研究为单因素随机试验，将菘蓝整个生育期划分为：苗期、营养生长期、肉质根生长期和肉质根成熟期4个阶段。土壤水分设4个梯度，分别为充分供水（75%～85%FC）、轻度亏水（65%～75%FC）、中度亏水（55%～65%FC）和重度亏水（45%～55%FC）。苗期不进行水分调亏，在营养生长期分别设置轻度、中度和重度亏水，肉质根生长期设置轻度和中度亏水，肉质根成熟期只设置轻度亏水。本试验采用随机区组设计，设置6个亏水处理和1个充分供水对照，每个处理及对照均重复3次，共计21个小区，小区面积13.5m^2（2.7m×5m），有效种植总面积为283.5m^2，试验小区分布示意图如图19-1所示。灌水方式为膜下滴灌，用水表计量灌水量。土壤水分控制到设计范围内，当计划湿润层土壤水分降低到设计下限时立即灌水至上限值。具体试验设计见表 19-1。

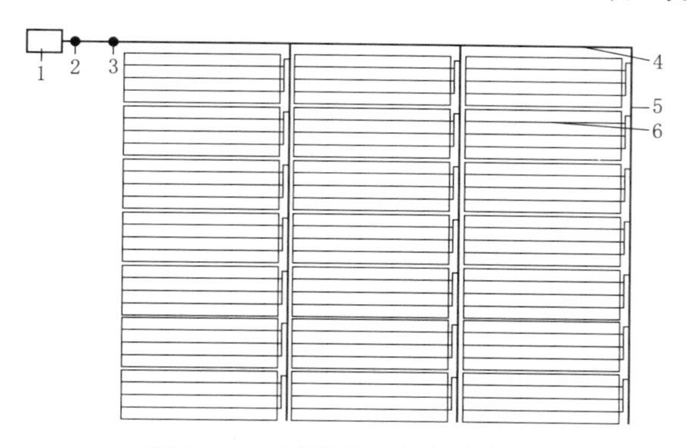

图 19-1 试验小区分布示意图

1—供水水池；2—阀门；3—水表；4—干管；5 支管；6—滴灌带

表 19-1 试验设计

处理	苗期	营养生长期	肉质根生长期	肉质根成熟期
WT1[a]	75%～85%[b]	65%～75%	75%～85%	75%～85%
WT2	75%～85%	55%～65%	75%～85%	75%～85%
WT3	75%～85%	45%～55%	75%～85%	75%～85%
WT4	75%～85%	65%～75%	65%～75%	75%～85%
WT5	75%～85%	55%～65%	55%～65%	75%～85%
WT6	75%～85%	65%～75%	75%～85%	65%～75%
CK	75%～85%	75%～85%	75%～85%	75%～85%

注 [a]WT1 为营养生长期轻度缺水，WT2 为营养生长期中度缺水，WT3 为营养生长期重度缺水，WT4 为营养生长期轻度缺水、肉质根生长期轻度缺水，WT5 为营养生长期中度缺水、肉质根生长期中度缺水，WT6 为营养生长期轻度缺水、肉质根成熟期轻度缺水，CK 为全生育期充分供水。

[b]土壤含水量的上下限（占田间持水量的%）。

19.4 测定项目及方法

19.4.1 土壤容重

不同土层深度土壤容重采用环刀法分层取土测定，所取土样在 105℃烘箱中烘干至恒重，重复 3 次，各土层土壤容重为干土重与环刀体积的比值。

19.4.2 地温

采用直角地温计测量试验田地温。菘蓝出苗至收获前各生育期分别选取 3 个天气晴朗典型日每间隔 5cm 测定 8：00、10：00、12：00、14：00、16：00、18：00 和 20：00 各试验小区膜下 0～25cm 土层土壤温度。

19.4.3 气象资料

菘蓝全生育期气象资料由民乐县气象局和益民灌溉试验站自动气象观测系统获取。

19.4.4 生长指标

每个生育期从各小区选取长势均匀的菘蓝植株3株分别测定各生长指标。用精度为0.1cm的钢卷尺测定菘蓝株高和主根长，用精度为0.02mm的游标卡尺测定菘蓝主根直径，叶面积用系数法测量。

菘蓝叶面积指数(LAI)＝单位土地面积上菘蓝植株数(株)
×菘蓝单株叶面积(m^2)/单位土地面积(m^2)　　(19-1)

19.4.5 光合生理生态指标

在菘蓝各生育期选择多个天气晴朗典型日，采用LI-6400便携式光合仪测定各试验小区3株菘蓝植株由里至外第3片叶片净光合速率（Pn）、气孔导度（Gs）、蒸腾速率（Tr）等生理参数日变化，并计算菘蓝叶片水分利用效率、群体光合势、作物生长率、净同化率、比叶重和比叶面积。菘蓝叶片水分利用效率计算公式为

$$WUE_{L}=Pn/Tr \tag{19-2}$$

式中 WUE_{L}——菘蓝叶片水分利用效率；
Pn——菘蓝叶片净光合速率，mmol/(m^2·s)；
Tr——菘蓝叶片蒸腾速率，mmol/(m^2·s)。

光合势（LAD）为作物整个生育期或某一生育阶段叶面积的积分值。其计算公式为

$$LAD=\frac{LAI_{1}+LAI_{2}}{2}(t_{2}-t_{1}) \tag{19-3}$$

式中 LAD——菘蓝光合势，$10^4 m^2 \cdot d/hm^2$；
LAI_1、LAI_2——前后2次测定的群体叶面积指数；
t_1、t_2——前后2次测定日期，d。

作物生长率（CGR）指单位时间内单位土地面积上增加的干物质重量。计算公式为

$$CGR=\frac{W_{2}-W_{1}}{A(t_{2}-t_{1})} \tag{19-4}$$

式中 CGR——菘蓝作物生长率，g/(m^2·d)；
W_2、W_1——t_2、t_1时刻植株干重，g；
t_1、t_2——前后生育时期对应的日期，d；
t_2-t_1——间隔天数，d；
A——土地面积。

净同化率（NAR）指单位叶面积在单位时间内增加的干物质重量。其计算公式为

$$NAR=\frac{(\ln L_{2}-\ln L_{1})(W_{2}-W_{1})}{(L_{2}-L_{1})(t_{2}-t_{1})} \tag{19-5}$$

式中 NAR——菘蓝净同化率，g/(m^2·d)；
L_1、L_2——t_2、t_1时刻植株叶面积；
W_2、W_1——t_2、t_1时刻植株干重，g；
t_1、t_2——前后生育时期对应的日期，d；
t_2-t_1——间隔天数，d。

比叶重（SLW）指单位叶面积的叶片干重。其计算公式为

$$SLW = W_L / L \tag{19-6}$$

式中 SLW——菘蓝比叶重，g/cm^2；

L——植株叶面积，cm^2；

W_L——叶片干重，g。

比叶面积（SLA）指单位叶干重的叶面积。其计算公式为

$$SLA = L / W_L \tag{19-7}$$

式中 SLA——菘蓝比叶面积，cm^2/g；

W_L——叶片干重，g；

L——植株叶面积，cm^2。

19.4.6 干物质

每次取样时分别选取长势均匀的5株菘蓝植株测定不同生育期干物质积累量。将取样植株带回室内，用清水反复冲洗干净，用滤纸吸干多余水分，将植株地上部和根系分开，杀青、烘干后称重。相关指标计算公式为

根冠比＝菘蓝地下部干重／菘蓝地上部干重 (19－8)

菘蓝根分配指数＝根干重／菘蓝植株干重 (19－9)

菘蓝叶分配指数＝叶干重／菘蓝植株干重 (19－10)

19.4.7 土壤含水量

土壤含水量采用烘干称重法测定。在各试验小区随机选取两株菘蓝植株的连线中点分6个土层梯度（0～10cm、10～20cm、20～40cm、40～60cm、60～80cm、80～100cm）用土钻取土测定土壤含水量。因菘蓝根系活动范围为0～45cm，故计划湿润层土壤深度取0～60cm土层，取0～100cm土层土壤水分变化作为作物耗水量的依据。菘蓝播前和出苗后每间隔10天测定一次土壤水分，降雨及灌水后亦均需加测。

土壤含水量为

$$\theta_j = \frac{m_{j1} - m_{j2}}{m_{j2}} \times 100\% \tag{19-11}$$

式中 θ_j——第j层土壤含水量，%；

m_{j1}——第j层自然湿土重量，g；

m_{j2}——第j层烘干土重量，g。

当试验小区计划湿润层土壤水分降至设计下限时依据水分亏缺程度灌水至上限值，灌水量为

$$M = 10\gamma HP(\theta_1 - \theta_2) \tag{19-12}$$

式中 M——灌水量，mm；

γ——土壤容重，g/cm^3；

H——计划湿润层深度，取60cm；

P——滴灌设计湿润比，%；

θ_1——试验设计含水量上限值，%；

θ_2——实测土壤含水量，%。

19.4.8 菘蓝耗水量

采用水量平衡法计算菘蓝耗水量，计算公式为

$$ET = 10\sum_{i=1}^{n}\gamma_i H_i(W_{i1} - W_{i2}) + M + P + K - C \tag{19-13}$$

式中 ET——某生育阶段菘蓝耗水量，mm；

i——土层编号；

H_i——第 i 层土层厚度，cm；

γ_i——第 i 层土壤容重，取 $1.45g/cm^3$；

W_{i1}、W_{i2}——第 i 层土壤某测定时段始末土壤质量含水量，%；

P——某一时段内降雨量，mm；

K——深层土壤水向 0～100cm 土层的补给量，mm；

C——深层渗漏量，mm。

试验区地下水位较深，无深层水补给，故 K 取值为 0；

计划湿润层为 60cm，无深层渗漏水，故 C 取值为 0。

19.4.9 产量和经济系数

菘蓝成熟收获时在每个小区选取长势均匀之处挖取单位面积（$1m^2$）菘蓝，带回室内冲洗、晾干，最后换算成公顷菘蓝总产量。有

$$HI = Y/Y_b \tag{19-14}$$

式中 HI——菘蓝经济系数；

Y——单位面积菘蓝经济产量，kg/hm^2；

Y_b——单位面积菘蓝生物量，kg/hm^2。

19.4.10 水分利用效率和灌溉水利用效率

水分利用效率和灌溉水利用效率公式为

$$WUE = Y/ET \tag{19-15}$$

$$IWUE = Y/I \tag{19-16}$$

式中 WUE——菘蓝水分利用效率，$kg/(hm^2 \cdot mm)$；

$IWUE$——菘蓝灌溉水利用效率，$kg/(hm^2 \cdot mm)$；

Y——菘蓝单位面积的产量，kg/hm^2；

ET——菘蓝全生育期单位面积的耗水深度，mm；

I——菘蓝全生育期单位面积灌水深度，mm。

19.4.11 菘蓝品质

菘蓝有效成分靛蓝、靛玉红和（R，S）-告依春含量测定参照《中国药典》高效液相色谱法。高效液相色谱仪采用 LC-10AT$_{VP}$，其色谱条件：SPD-10A$_{vp}$（UV-VIS）检测器，色谱柱为 Agilent Zorbax SB-C18（100mm×4.6mm，3.5μm），以甲醇-0.1%甲酸溶液为流动相；流速为 1.0mL/min，自动样器进样，进样量为 20μL；检测波长为 280nm，柱温箱柱温为 25℃。菘蓝根多糖和可溶性蛋白质含量分别采用苯酚-浓硫酸法和考马斯亮蓝 G-250 法测定。

19.5 田间管理

19.5.1 土地平整和播种

本试验用地前茬为马铃薯，在上一年度 10 月底灌水后待地皮发白时机械翻耕平整后入冬保墒。试验菘蓝种子为甘肃农业大学中草药系自繁的粒大饱满、均匀优质的菘蓝种子，采用露地种植方式，在穴播盘中放入菘蓝种子和少许粒径约 3cm 的石子进行播种以保证播种均匀度。

19.5.2 覆土压膜、间苗、定苗、补苗及除草

平地种植全膜覆盖的同时膜上覆土（土层厚度约为 3cm），可防止大风掀起地膜、杂草顶破地膜，避免中午由膜面温度太高导致发芽的菘蓝幼苗烫伤。播种后 7～9 天即可出苗，因膜面覆土导致部分菘蓝幼苗无法顺利顶出，故需人工放苗。当菘蓝幼苗长出 2 片真叶后通过去弱留强间苗。当苗高 4～7cm 时按株距 7～9cm 定苗，使行间植株保持三角形分布。若缺苗、少苗时应及时移栽补苗。菘蓝全生育期应及时除草，保证各试验小区无杂草，防止杂草生长顶破地膜。

19.5.3 病虫害防治

菘蓝病虫害重点防治霜霉病、菜白蝶和根腐病。为保证菘蓝正常生长，试验小区有以下病症时应及时做好病虫害防治工作：

（1）霜霉病：主要对菘蓝地上部分造成危害，在菘蓝叶片背面产生白色或灰白色霉状物，病癍不明显，情况严重的可使叶片枯黄或致死。防治方法：发病初期用 50%退菌特 1000 倍液或 65%代森锌可湿粉 500 倍液喷雾防治，注意试验小区通风透光和排水。

（2）菜白蝶：菜白蝶幼虫以菘蓝叶片为食，将叶片吃成孔洞状和缺刻，严重时仅留叶脉。防治方法：发病初期喷 90%敌百虫 800 倍液或 2.5%鱼藤精乳油 500～800 倍液，根部收获后将地上部病叶和残留植株清理至试验小区外集中烧毁并填埋。

（3）根腐病：发病后菘蓝根部部分呈黑褐色，情况严重的病症可蔓延至植株茎叶。防治方法：发病初期用 70%百菌清可湿性粉剂 600 倍液喷雾防治。

19.5.4 适时收获

当菘蓝植株叶片逐渐变黄并开始凋落，菘蓝植株已进入生育末期，此时菘蓝根系均已停止生长，干物质积累和有效成分积累量均达到最大，为菘蓝收获黄金期，应适时铲叶挖根，抖去泥土，摊开晾干储存。

19.6 数据处理及分析

采用 Microsoft Excel 2013 软件对试验数据进行计算处理并绘图，用 SPSS 23.0 软件对试验数据进行差异显著性分析。

第 20 章　调亏灌溉对膜下滴灌菘蓝生长动态的影响

植物生长过程中各器官之间相互依存、相互促进，地下部分与地上部分、生殖生长与营养生长均具有相关性。植物内部结构和生理特性均受水分胁迫影响，并通过外部形态变化呈现，如株高下降、叶片萎蔫、叶面积减小、根冠比增大等，且对水分胁迫响应最敏感的器官为叶片。过度水分胁迫会影响植物光合生理过程，叶绿素含量降低，气孔关闭，光合速率减慢，同时降低植物生物量，使生长受到抑制。因此，本研究结合调亏灌溉理论和膜下滴灌技术研究分析调亏灌溉对膜下滴灌菘蓝株高、主根长和主根直径、叶面积指数、干物质积累及分配规律的影响及其机制，寻求最优水分调亏程度和调亏生育期，以期为河西绿洲灌区菘蓝高产高效节水提供理论依据。

20.1　调亏灌溉对菘蓝株高的影响

从表 20－1 可知，菘蓝苗期各调亏灌溉处理株高长势基本一致，不存在显著差异（$p>0.05$）。营养生长期充分供水对照 CK 株高最高（12.73cm），营养生长期轻度亏水（WT1）、中度亏水（WT2）和重度亏水（WT3）株高表现为 WT1＞WT2＞WT3，说明营养生长期水分调亏会抑制菘蓝株高生长，且降幅随水分亏缺程度增加而增大。与充分供水对照 CK 相比，WT1、WT2 和 WT3 处理菘蓝株高分别显著（$p<0.05$）降低 10.29％、18.85％和 26.39％。肉质根生长期 WT1 处理菘蓝株高较对照 CK 显著提高 8.45％；WT2 较 WT5 显著提高 6.26％，说明菘蓝水分调亏后及时复水将产生一定的补偿生长效应。菘蓝肉质根生长期复水后因水分亏缺的负面影响已经形成，各处理株高变化规律与肉质根生长期基本一致；WT1 和 WT6 处理肉质根成熟期菘蓝株高较肉质根生长期分别增长 17.09％和 8.44％，说明复水后再进行水分调亏仍会抑制株高增长。

表 20－1　　不同调亏灌溉处理菘蓝株高变化　　单位：cm

处理	苗期	营养生长期	肉质根生长期	肉质根成熟期
WT1	4.99a	11.42b	24.01a	28.96ab
WT2	6.18a	10.33c	22.07b	27.88b
WT3	4.90a	9.37d	18.21d	24.31d
WT4	5.13a	11.08bc	22.19b	27.79b
WT5	6.02a	10.56c	20.77c	24.91d

续表

处理	苗期	营养生长期	肉质根生长期	肉质根成熟期
WT6	6.13a	12.16ab	23.77a	25.96c
CK	5.43a	12.73a	22.14b	29.13a

注 同列不同小写字母表示各处理间在 $p<0.05$ 水平上差异显著。下同。

20.2 调亏灌溉对菘蓝主根长和主根直径的影响

从表20-2调亏灌溉对菘蓝主根长和主根直径的影响可知，苗期至肉质根成熟期各水分调亏处理菘蓝主根长和主根直径持续递增，且苗期和营养生长期生长缓慢，肉质根生长期生长迅速，主根长和主根直径增幅较大，肉质根成熟期根系继续生长，但较肉质根生长期增幅减小。菘蓝苗期不进行水分调亏，各处理间主根长和主根直径均处于同一水平。营养生长期轻度亏水处理WT1、WT4和WT6主根长和主根直径与充分供水对照CK间无显著差异（$p>0.05$），而重度亏水处理WT3主根长和主根直径较对照CK分别显著（$p<0.05$）降低23.17%和29.49%，说明轻度亏水不会明显抑制菘蓝根系生长，而重度亏水则严重抑制根系生长发育。肉质根生长期重度亏水处理WT3主根长和主根直径较营养生长期有所增加，但增幅较小；受连续中度亏水影响，WT5处理主根长和主根直径较充分供水对照CK分别显著降低11.70%和14.88%。肉质根成熟期WT1和WT4处理主根长与充分供水对照CK间不存在显著差异，但WT4处理主根直径较充分供水对照CK显著增加。因此，轻度亏水菘蓝主根长和主根直径不会显著降低，反而对菘蓝根系生长有利。

表20-2　　不同调亏灌溉处理菘蓝主根长和主根直径变化

处理	苗期		营养生长期		肉质根生长期		肉质根成熟期	
	主根长/cm	主根直径/cm	主根长/cm	主根直径/cm	主根长/cm	主根直径/cm	主根长/cm	主根直径/cm
WT1	6.43a	0.34a	13.01a	0.76a	23.81ab	1.16a	31.28ab	1.92bc
WT2	6.81a	0.35a	11.34b	0.69bc	23.43ab	1.19a	30.07c	1.72d
WT3	6.41a	0.33a	9.98c	0.55d	20.51c	0.91c	26.86d	1.69d
WT4	6.57a	0.35a	12.06ab	0.75ab	22.12b	1.15a	31.41ab	1.97a
WT5	6.69a	0.31a	11.29b	0.68c	20.83c	1.03b	28.08d	1.71d
WT6	6.79a	0.30a	13.11a	0.77a	23.72a	1.17a	30.45bc	1.88c
CK	6.71a	0.34a	12.99ab	0.78a	23.59ab	1.21a	31.37ab	1.91bc

20.3 调亏灌溉对菘蓝叶面积指数的影响

从表20-3菘蓝叶面积指数变化可知，各水分调亏处理菘蓝叶面积指数随生育期推进呈逐渐上升趋势。营养生长期和肉质根生长期为菘蓝生殖生长旺盛时期，叶面积指数增幅较大，且肉质根生长期增幅最大，而苗期和肉质根成熟期相对较小。菘蓝苗期各水分调亏处理均为充分灌溉，叶面积指数各处理间无显著差异（$p>0.05$），均值为0.15。营养生长期轻度亏水和充分灌溉叶面积指数处于同一水平，但中度亏水处理WT2、WT5和重度亏水处理 WT3 菘蓝叶面积指数分别较充分灌溉对照 CK 显著（$p<0.05$）降低 15.91%、13.64%和 36.36%，说明轻度亏水对菘蓝叶面积生长无显著影响，而中度和重度亏水则抑制菘蓝叶面积增长，且影响随水分调亏程度加重而增大。肉质根生长期 WT1、WT4、WT6 处理和最高值对照 CK 间无显著差异，而叶面积指数以 WT3 处理最低，且较对照 CK 显著降低 27.63%，说明营养生长期重度亏水严重抑制菘蓝叶片生长，即使肉质根生长期复水后也未产生明显的补偿生长效应。肉质根成熟期复水后菘蓝叶面积并未显著增加，叶面积指数变化规律与肉质根成熟期基本一致，其中对照 CK 叶面积指数最大（2.133）。

表 20－3　　不同调亏灌溉处理菘蓝叶面积指数（*LAI*）变化

处理	苗期	营养生长期	肉质根生长期	肉质根成熟期
WT1	0.16a	0.43a	1.51a	2.11a
WT2	0.15a	0.37b	1.42b	1.82c
WT3	0.14a	0.28c	1.10c	1.51d
WT4	0.15a	0.43a	1.51a	2.06ab
WT5	0.15a	0.38b	1.39b	1.83c
WT6	0.16a	0.43a	1.50a	1.95b
CK	0.16a	0.44a	1.52a	2.13a

20.4　调亏灌溉对菘蓝干物质积累和分配规律的影响

20.4.1　调亏灌溉对菘蓝干物质积累的影响

不同生育期调亏灌溉对菘蓝干物质积累量的影响如图 20－1 所示，整个生育期菘蓝干物质累积速率呈 S 形变化规律，苗期-营养生长期、肉质根生长期-肉质根成熟期菘蓝植株生长缓慢，干物质积累较慢，营养生长期-肉质根生长期菘蓝植株生长旺盛，干物质积累迅速。随着菘蓝生育期推进，干物质积累总量逐渐增大，肉质根成熟期达到最大。地上部干物质积累呈先增大后减小再增大的二次生长趋势，而地下部干物质积累呈逐渐增大趋势，营养生长期-肉质根生长期增幅最大。营养生长期轻度亏水处理 WT1、WT4 和 WT6 总干物质积累量与对照 CK 间无显著差异（$p>0.05$），而 WT2、WT3 和 WT5 处理总干物质积累量比对照 CK 显著（$p<0.05$）降低 20.76%、36.87%和 20.47%。肉质根生长期 WT6 处理总干物质积累量最高（20.91g），与 WT1 处理和对照 CK 处于同一水平。肉质根成熟期 WT1 处理总干物质积累量最高，与 WT4 处理和对照 CK 间无显著差异，但比 WT6 处理显著提高 11.94%，说明肉质根成熟期轻度水分调亏导致总干物质积累量减少。

20.4.2　调亏灌溉对菘蓝干物质分配规律的影响

由表 20－4 可知，各水分调亏处理根干物质分配指数随生育期推进先增大，肉质根生长期达到最大，然后逐渐减小，而各水分调亏处理叶干物质分配指数先降低，肉质根生长期最小，后逐渐增大。因苗期未进行水分调亏，各处理间根、叶分配指数无显著差异（$p>0.05$）。营养生长期 WT3 处理根分配指数最小，比对照 CK 显著（$p<0.05$）降低 42.68%，WT1、WT4 和 WT6 处理则与对照 CK 处于同一水平。肉质根生长期 WT6 处

理叶分配指数最大（34.58%）。肉质根成熟期 WT4 处理根分配指数最大，比对照 CK 显著提高 10.66%，但与 WT1 和 WT6 处理处于同一水平，说明营养生长期和肉质根成熟期轻度亏水有利于菘蓝根干物质积累量增加。

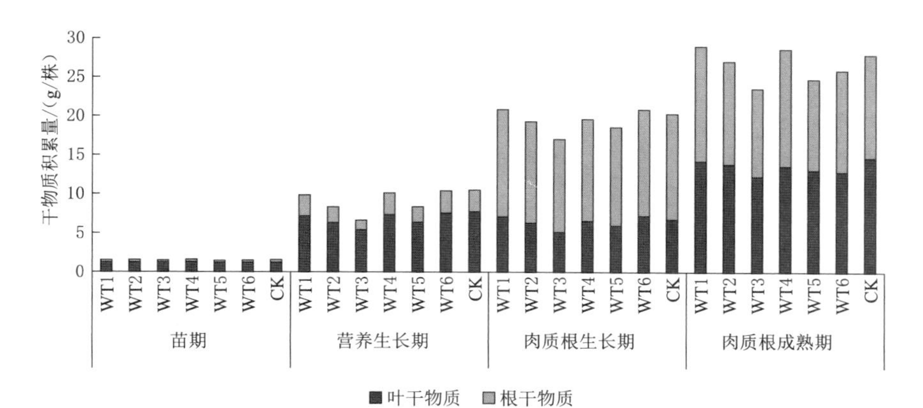

图 20-1　不同生育期调亏灌溉对菘蓝干物质积累量的影响

表 20-4　不同生育期调亏灌溉对菘蓝干物质分配指数的影响

处理	苗期		营养生长期		肉质根生长期		肉质根成熟期	
	根分配指数/%	叶分配指数/%	根分配指数/%	叶分配指数/%	根分配指数/%	叶分配指数/%	根分配指数/%	叶分配指数/%
WT1	19.11a	80.89a	27.02a	72.98c	65.95b	34.05a	50.83a	49.17c
WT2	19.88a	80.12a	24.16ab	75.84bc	67.43ab	32.57ab	48.86bc	51.14ab
WT3	15.69a	84.31a	18.47c	81.53a	69.87a	30.13b	47.88c	52.12a
WT4	19.02a	80.98a	26.52a	70.06c	66.62a	33.38b	52.51a	47.49c
WT5	17.33a	82.67a	23.48b	76.52b	67.90ab	32.10ab	47.12c	52.88a
WT6	18.83a	81.17a	27.23a	72.77c	65.42b	34.58a	50.35ab	49.65bc
CK	20.76a	79.24a	26.35a	73.65c	66.72b	33.28a	47.45c	52.55a

20.4.3　调亏灌溉对菘蓝根冠比的影响

不同调亏灌溉处理菘蓝根冠比变化见表 20-5，菘蓝全生育期根冠比（R/S）呈先增后降趋势，且肉质根生长期增幅最大。菘蓝根冠比苗期最小，均在 0.27 以下，且各处理间无显著差异（$p>0.05$）。营养生长期 WT1、WT4 和 WT6 处理与充分灌溉对照 CK 间 R/S 无显著差异，WT2、WT3 和 WT5 处理 R/S 比对照 CK 分别显著（$p<0.05$）降低 11.11%、36.11%和 13.89%，说明营养生长期轻度亏水不会造成菘蓝 R/S 显著降低，而中度和重度亏水则会显著降低 R/S。肉质根生长期菘蓝 R/S 最高，均在 1.93 以上，肉质根生长期 WT3 处理根冠比显著高于其他处理，与对照 CK 相比提高 16.00%，说明水分调亏后复水可显著提高菘蓝 R/S。肉质根成熟期与肉质根生长期相比 R/S 明显下降，肉质根成熟期 WT1 和 WT4 处理间 R/S 无显著差异，但较对照 CK 分别显著提高 14.44%和 23.33%，说明营养生长期和肉质根生长期轻度亏水向菘蓝根部分配较多光合

产物，根干物质积累量增多，根冠比增大。

表 20-5 不同调亏灌溉处理菘蓝根冠比变化

处理	苗期	营养生长期	肉质根生长期	肉质根成熟期
WT1	0.24a	0.37a	1.94cd	1.03a
WT2	0.25a	0.32b	2.07b	0.96b
WT3	0.19a	0.23c	2.32a	0.92bc
WT4	0.24a	0.38a	2.00bc	1.11a
WT5	0.21a	0.31b	2.12b	0.89c
WT6	0.23a	0.37a	1.90d	1.01ab
CK	0.26a	0.36a	2.00bc	0.90bc

20.5 讨论与小结

水资源匮乏是限制北方旱区农业发展最主要的环境因素，在提高作物水分利用效率的同时获得较高的产量是农业生产的重中之重。膜下滴灌栽培菘蓝可将水分和养分精准输送到土壤中，降低土壤水分蒸发量，改善农田小气候。本研究发现，菘蓝营养生长期调亏灌溉对株高、主根长、主根直径、叶面积指数和根冠比均有影响，各处理间株高、主根长、主根直径和叶面积指数均表现为轻度亏水＞中度亏水＞重度亏水，是由于营养生长期水分调亏影响菘蓝生理生长，对菘蓝生长有抑制作用，与高佳、王玉才等的研究结果一致。菘蓝后期复水产生补偿生长效应，其株高、主根长、主根直径与充分供水相近。

根冠功能平衡理论认为，受作物自身遗传特征影响，一定条件下作物根冠比保持相对稳定。当作物受外界环境胁迫时，为防止物种灭绝，作物将所汲取的营养自动分配至急需减轻胁迫程度的器官（如作物种子或果实）。研究发现，根冠比大小反映植株抵抗干旱的能力，其值越大植株对水分和养分的吸收能力越强，后期抗旱能力也越强。本研究表明，营养生长期 WT1、WT4 和 WT6 处理 R/S 与对照 CK 间无显著差异，WT2、WT3 和 WT5 处理分别比对照 CK 显著降低 10.89%、36.59%和 14.28%，表明营养生长期轻度亏水不会导致根冠比显著降低，其光合产物分配向根系转移，提高了菘蓝抗旱能力；而营养生长期和肉质根生长期中度和重度亏水严重制约了菘蓝根系营养生长，根系干物质积累量下降，进而导致 R/S 显著降低，与王玉才等的研究结果一致。陈斐等研究发现，干旱胁迫对春小麦各器官分配指数排序无显著影响，但对排序变化时间节点有一定影响，改变了持续时间。本研究发现，菘蓝全生育期干物质积累速率呈 S 形变化规律，与王恩军、何万春等对不同种植方式下干物质累积速率变化规律基本一致。本试验结果表明，营养生长期轻度亏水处理 WT1、WT4 和 WT6 总干物质积累量与对照 CK 间差异不显著，肉质根生长期 WT6 处理总干物质积累量最高，与 WT1 处理和对照 CK 间无显著差异，表明营养生长期和肉质根生长期轻度水分调亏不会显著影响干物质积累量；肉质根成熟期 WT1 和 WT4 处理干物质积累量与对照 CK 间差异不显著，WT1 总干物质积累量最高，比 WT6 处理显著提高 11.94%，表明肉质根成熟期轻度亏水会导致菘蓝干物质积累量减少。

第 21 章　调亏灌溉对膜下滴灌菘蓝光合特性的影响

叶绿体是植物进行光合作用的主要场所，水分胁迫会破坏叶绿体光合机构，使叶绿素对光能的吸收和转化能力降低。植物重要生理过程之一就是光合作用，而叶绿素则是光合作用的基础和光合强弱的标志，一定程度上可反映植物生产性能和抵抗逆境胁迫的能力。植物经受水分胁迫后叶绿素含量降低，气孔关闭，对 CO_2 的吸收受限，改变了叶绿体片层膜体系机构，光合系统活性减弱，叶绿素合成速度减慢，酶活性降低，从而导致光合作用减弱，抑制了光合产物积累。气候干旱和土壤水分胁迫一定程度上制约了植物光合作用和作物生产力，而光合作用是作物最重要的生理过程，在此过程中作物合成大量有机质，因此土壤水分对作物光合作用至关重要。研究发现，不同生育期水分胁迫可降低作物叶片光合速率、气孔导度及蒸腾速率，且降幅随水分胁迫程度加重而减小。

21.1　调亏灌溉对膜下滴灌菘蓝叶片光合特性的影响

21.1.1　调亏灌溉对菘蓝叶片和根系含水率的影响

1. 叶片含水率

各生育期菘蓝叶片含水率变化由高到低依次为营养生长期、苗期、肉质根成熟期和肉质根生长期，且营养生长期各处理叶片含水率显著高于其他生育期（图 21-1）。菘蓝苗期叶片含水率各水分调亏处理间并未表现出显著差异（$p>0.05$）。菘蓝营养生长期对照 CK 叶片含水率显著（$p<0.05$）高于其他处理，WT1、WT4 和 WT6 处理间无显著差异，

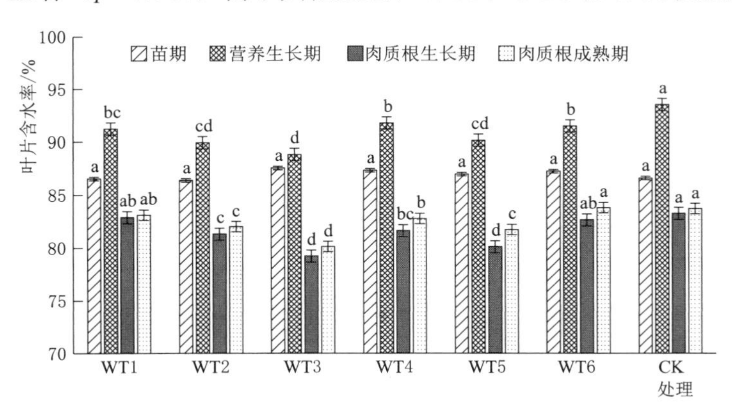

图 21-1　不同调亏灌溉处理对菘蓝叶片含水率的影响

而营养生长期重度亏水处理 WT3 叶片含水率显著低于其他处理，表明重度水分调亏会显著降低菘蓝叶片含水率。肉质根生长期各处理菘蓝叶片含水率较营养生长期均显著下降，进入肉质根成熟期后叶片含水率有所增大，表明成熟期复水可提高菘蓝叶片含水率。

2. 根系含水率

苗期各处理间菘蓝根系含水率未表现出显著差异。进入营养生长期后，除重度亏水处理 WT3 外其他各处理根系含水率较苗期均有所增加，表明营养生长期重度亏水会显著降低根系含水率。肉质根生长期和肉质根成熟期根系含水率显著（$p<0.05$）低于其他生育期（图 21-2），其中肉质根生长期 WT1、WT2、WT4、WT5 和 WT6 处理间根系含水率无显著差异（$p>0.05$），而肉质根成熟期 WT1 处理根系含水率最高，WT3 处理最低，表明营养生长期重度水分调亏后进行复水处理不能显著提高根系含水率。

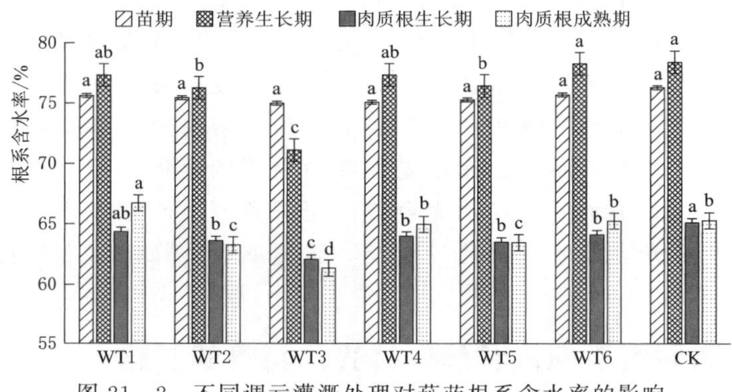

图 21-2 不同调亏灌溉处理对菘蓝根系含水率的影响

21.1.2 调亏灌溉对菘蓝叶片净光合速率的影响

菘蓝叶片光合作用强弱和光合作用有机物积累与净光合速率（Pn）大小密切相关。从表 21-1 可以看出，菘蓝各生育期 Pn 呈单峰曲线变化，各水分调亏处理 Pn 从苗期到肉质根生长期持续增大，肉质根生长期达到最大，至肉质根成熟期开始下降，且营养生长期 Pn 增幅最大，肉质根生长期增幅较小。由于苗期未进行水分调亏，各处理间菘蓝叶片 Pn 均处于同一水平（$p>0.05$）。营养生长期叶片 Pn 较苗期显著（$p<0.05$）增加，对照 CK 叶片 Pn 最大，其他各亏水处理较对照 CK 均显著降低，各轻度亏水处理 WT1、WT4 和 WT6 间叶片 Pn 无显著差异，较充分供水对照 CK 分别显著降低 3.39%、3.05% 和 4.49%，而重度亏水处理 WT3 较对照 CK 显著降低 22.08%，表明不同程度水分调亏均会降低菘蓝叶片净光合速率，且降幅随水分调亏程度加重而增大。进入肉质根生长期后菘蓝叶片 Pn 较营养生长期有所增加，但增幅较小，轻度亏水后复水处理 WT1 和 WT6 叶片 Pn 较对照 CK 分别显著提高 7.31%和 5.75%，表现出一定的复水补偿效应；中度和重度亏水后复水处理 WT2 和 WT3 菘蓝叶片 Pn 虽有所提高，但增幅较小，仍显著低于对照 CK；肉质根成熟期各处理叶片 Pn 较肉质根生长期均有所降低，处理 WT1 和 CK 间、WT4 和 CK 间未表现出显著差异，其他各亏水处理叶片 Pn 较充分供水对照 CK 显著降低 27.02%～10.81%。

表 21-1　　不同调亏灌溉处理菘蓝净光合速率变化

处理	苗期	营养生长期	肉质根生长期	肉质根成熟期
WT1	7.669a	20.569b	23.785a	15.504a
WT2	7.501a	18.339c	20.929c	12.930d
WT3	7.577a	16.591d	18.399e	11.120e
WT4	7.944a	20.642b	23.573a	14.997b
WT5	7.541a	18.607c	20.166d	12.640d
WT6	7.635a	20.335b	23.439a	13.590c
CK	7.794a	21.291a	22.165b	15.237ab

21.1.3　调亏灌溉对菘蓝叶片气孔导度的影响

气孔是植物蒸腾过程中气体从体内排出体外的主要出口，也是光合作用和呼吸作用与外界进行气体交换的通道，影响着蒸腾、光合、呼吸等作用过程。植物与外界进行气体交换时，水分亏缺导致叶肉细胞膨压下降，气孔导度降低。从表 21-2 菘蓝各生育期叶片气孔导度（*Gs*）变化可知，各水分调亏处理菘蓝叶片 *Gs* 随生育期推进逐渐增大，苗期-营养生长期增幅最大，肉质根生长期达到最大值，进入肉质根成熟期 *Gs* 则开始下降。菘蓝苗期各处理 *Gs* 变化规律基本一致，差异不显著（$p>0.05$）。营养生长期轻度亏水处理 WT4 菘蓝 *Gs* 最大［1.336mol/(m^2 · s)］，较对照 CK 显著（$p<0.05$）增加 26.04%，与 WT6 处理处于同一水平，WT2、WT3 和 WT5 处理与 CK 相比分别显著减小 15.94%、38.40%和 20.66%，表明轻度亏水有利于菘蓝叶片 *Gs* 增大，而中度和重度亏水则会显著降低 *Gs*。肉质根生长期 WT1 处理 *Gs* 与 WT4、WT6 处理间无显著差异，较对照 CK 显著增大 19.23%，表明轻度亏水后及时复水存在一定的补偿效应。肉质根成熟期重度亏水处理 WT3 菘蓝叶片 *Gs* 最小［0.46mol/（m^2 · s)］，较对照 CK 显著降低 49.00%，表明营养生长期重度水分调亏处理后亏水影响已经形成，后期复水处理对菘蓝叶片 *Gs* 影响不大。

表 21-2　　不同调亏灌溉处理菘蓝气孔导度变化

处理	苗期	营养生长期	肉质根生长期	肉质根成熟期
WT1	0.156a	1.044b	1.327a	0.926a
WT2	0.157a	0.891c	0.924c	0.707c
WT3	0.154a	0.653d	0.836c	0.460d
WT4	0.178a	1.336a	1.350a	0.879a
WT5	0.168a	0.841c	0.842c	0.668c
WT6	0.175a	1.222a	1.266a	0.798b
CK	0.178a	1.060b	1.113b	0.902a

21.1.4　调亏灌溉对菘蓝叶片蒸腾速率的影响

如表 21-3 所示，菘蓝全生育期叶片蒸腾速率呈先增后降趋势，其中营养生长期增幅最大，在营养生长期或肉质根生长期达到最大值。不同程度水分调亏对菘蓝全生育期叶片蒸腾速率均有影响。苗期菘蓝叶片蒸腾速率（*Tr*）最小，均低于 3.90mmol/（m^2·s），且各处理间差异不显著（$p>0.05$）。营养生长期轻度水分调亏处理 WT4 叶片 *Tr* 最大[17.43mmol/（m^2·s)]，较对照 CK 显著（$p<0.05$）增加 16.96%，但与 WT1 和 WT6 处理间无显著差异；中度和重度水分调亏处理 WT2 和 WT3 较对照 CK 分别显著降低 18.80%和 46.28%，表明营养生长期轻度亏水不会导致菘蓝叶片 *Tr* 显著降低，而中度和重度亏水则会显著降低 *Tr*。进入肉质根生长期 WT1、WT4 和 WT6 处理与 CK 间叶片 *Tr* 无显著差异，而 WT2、WT3 和 WT5 处理与对照 CK 相比叶片 *Tr* 分别显著降低 29.32%、35.46%和 27.21%，重度亏水后及时复水处理 WT3 叶片 *Tr* 较营养生长期有所提高，表明复水处理会产生一定的补偿效应。肉质根成熟期与肉质根生长期相比菘蓝叶片 *Tr* 下降明显。肉质根成熟期 WT1、WT4 处理和对照 CK 处理间叶片 *Tr* 差异不显著，而营养生长期和肉质根成熟期轻度亏水处理 WT6 较对照 CK 显著降低 14.32%，表明肉质根成熟期轻度亏水会显著降低菘蓝 *Tr*。

表 21-3　不同调亏灌溉处理菘蓝蒸腾速率变化

处理	苗期	营养生长期	肉质根生长期	肉质根成熟期
WT1	3.721a	16.198ab	14.767a	9.295a
WT2	3.746a	12.099c	10.720bc	7.081c
WT3	3.693a	8.005d	9.789c	6.363d
WT4	3.868a	17.427a	15.240a	8.943a
WT5	3.690a	14.582b	11.040b	6.428d
WT6	3.783a	16.191ab	15.390a	7.743b
CK	3.855a	14.900b	15.167a	9.037a

21.1.5　不同调亏灌溉处理对菘蓝叶片水分利用效率的影响

不同调亏灌溉处理菘蓝叶片水分利用效率（WUE_L）变化见表 21-4。各水分调亏处理 WUE_L 随生育期推进呈先降后增趋势，以营养生长期最低，此后逐渐增大。菘蓝苗期不进行水分调亏，各处理间叶片 WUE_L 无显著差异（$p>0.05$）。营养生长期 WT1、WT5 和 WT6 处理菘蓝叶片 WUE_L 较对照 CK 有所降低，但各处理间不存在显著差异；中度和重度亏水处理 WT2 和 WT3 叶片 WUE_L 较对照 CK 分别提高 6.57%和 44.97%，

表 21-4　不同调亏灌溉处理菘蓝叶片水分利用效率变化

处理	苗期	营养生长期	肉质根生长期	肉质根成熟期
WT1	2.061a	1.276cd	1.611b	1.668d
WT2	2.002a	1.524b	1.935a	1.827b
WT3	2.052a	2.073a	1.880a	1.749c
WT4	2.054a	1.185d	1.548b	1.677d
WT5	2.041a	1.281cd	1.839a	1.966a
WT6	2.018a	1.261cd	1.524b	1.756c
CK	2.022a	1.430bc	1.462b	1.686d

且WT3处理与对照CK间差异显著，表明中度和重度亏水有利于菘蓝叶片WUE_L提高。肉质根生长期各亏水处理叶片WUE_L较对照CK均有所提高，WT1、WT4和WT6处理WUE_L与对照CK间无显著差异，而WT2、WT3和WT5处理与对照CK相比叶片WUE_L分别显著（$p<0.05$）提高32.35%、28.59%和25.79%。进入肉质根成熟期各亏水处理菘蓝叶片WUE_L较肉质根生长期增减幅度较小，其中WT5处理WUE_L最高(1.966)，较对照CK显著提高16.61%，而WT2、WT3和WT6处理叶片WUE_L则比对照CK显著提高3.74%～8.36%。

21.2 调亏灌溉对膜下滴灌菘蓝群体光合特性的影响

21.2.1 调亏灌溉对菘蓝光合势的影响

光合势反映植物光合同化效率的高低，是表征作物群体叶面积大小及其持续时间长短的生理指标。从表21-5可知，各水分调亏处理光合势（*LAD*）随生育期推进呈逐渐上升趋势。因苗期不进行水分调亏，各处理间菘蓝*LAD*无显著差异（$p>0.05$）。营养生长期WT1处理和充分供水CK对照*LAD*处于同一水平，但WT2和WT3处理LAD较对照CK分别显著（$p<0.05$）降低13.33%和30.00%，表明轻度亏水对菘蓝*LAD*无显著影响，而中度和重度亏水则会显著降低菘蓝*LAD*。肉质根生长期菘蓝*LAD*变化规律与肉质根成熟期基本一致，以CK对照*LAD*最大，与WT1、WT4和WT6处理间差异不显著，而以WT3处理LAD最小，较对照CK显著降低29.59%。肉质根成熟期WT1、WT4处理与对照CK间无显著差异，WT6处理则较对照CK显著降低5.48%，表明肉质根成熟期轻度亏水会显著降低菘蓝LAD。

表21-5 不同调亏灌溉处理菘蓝光合势变化

处理	苗期	营养生长期	肉质根生长期	肉质根成熟期
WT1	2.88a	12.39a	39.77a	74.21a
WT2	2.70a	10.92b	36.70b	66.42c
WT3	2.52	8.82c	28.29c	53.51d
WT4	2.70a	12.18ab	39.77a	73.19a
WT5	2.70a	11.13b	36.29b	66.01c
WT6	2.88a	12.39a	39.57a	70.73b
CK	2.88a	12.60a	40.18a	74.83a

21.2.2 调亏灌溉对菘蓝作物生长率的影响

从表21-6菘蓝作物生长率（*CGR*）变化可知，各亏水处理菘蓝*CGR*随生育期推进呈先增后降的单峰曲线变化趋势，且以苗期*CGR*最小，在肉质根生长期菘蓝*CGR*达最大值后逐渐降低。因苗期不进行水分调亏，菘蓝各处理间*CGR*无显著差异（$p>0.05$）。营养生长期轻度亏水处理WT1、WT4和WT6与对照CK间菘蓝*CGR*较为接近，但中度亏水处理WT2、WT5和重度亏水处理WT3菘蓝*CGR*较对照CK分别显著（$p<0.05$）降低24.69%、23.12%和42.74%，表明轻度亏水对菘蓝*CGR*无显著影响，而中度和重

度亏水则会降低菘蓝 *CGR*，且降幅随水分调亏程度加重而增大。肉质根生长期 WT1、WT2 和 WT3 处理菘蓝 *CGR* 处于同一水平，且 WT1 和 WT2 处理较对照 CK 分别显著提高 12.02%和 11.82%，而 WT3 处理菘蓝 *CGR* 则较对照 CK 提高 5.85%，但差异不显著，表明肉质根生长期菘蓝及时复水后产生了明显的补偿生长效应。进入肉质根成熟期后菘蓝 *CGR* 较肉质根生长期明显降低，WT1、WT2 处理和 CK 对照 *CGR* 处于同一水平，而 WT6 处理 *CGR* 则较对照 CK 显著降低 33.93%，表明复水后再次进行轻度亏水仍会显著降低菘蓝 *CGR*。

表 21-6　　不同调亏灌溉处理菘蓝作物生长率变化

处理	苗期	营养生长期	肉质根生长期	肉质根成熟期
WT1	3.63a	16.49a	22.36a	16.63b
WT2	3.73a	13.39b	22.32a	15.85b
WT3	3.54a	10.18c	21.20ab	13.27c
WT4	3.77a	16.92a	19.35b	18.37a
WT5	3.47a	13.67b	20.87b	12.50c
WT6	3.56a	17.64a	21.30ab	10.26d
CK	3.68a	17.78a	19.96b	15.53b

21.2.3 调亏灌溉对菘蓝净同化率的影响

不同调亏灌溉处理菘蓝净同化率变化见表 21-7。不同程度水分调亏对各处理菘蓝净同化率（*NAR*）均有影响。各亏水处理菘蓝 *NAR* 随生育期推进呈先升后降的单峰曲线变化趋势，在苗期较低，营养生长期达到最大值后逐渐降低。营养生长期轻度水分调亏处理 WT1、WT4 和 WT6 与对照 CK 菘蓝 *NAR* 无显著差异（$p>0.05$），但中度亏水处理 WT2、WT5 和重度亏水处理 WT3 菘蓝 *NAR* 较对照 CK 分别显著（$p<0.05$）降低 15.14%、14.20%和 21.26%，表明轻度亏水对菘蓝 *NAR* 无显著影响，而中度和重度亏水则会降低菘蓝 *NAR*，且降幅随水分调亏程度加重而增大。肉质根生长期 WT1、WT2 和 WT3 处理菘蓝 NAR 较对照 CK 分别显著提高 13.71%、25.25%和 55.44%，表明菘蓝肉质根生长期及时复水将产生明显的补偿生长效应。肉质根成熟期菘蓝 *NAR* 较肉质根生长期明显下降，其中 WT6 处理 *NAR* 较对照 CK 显著降低 30.52%，其他各水分调亏处理 *NAR* 与对照 CK 间无显著差异，表明复水后再次进行轻度亏水将进一步降低菘蓝 *NAR*。

表 21-7　　不同调亏灌溉处理菘蓝净同化率变化

处理	苗期	营养生长期	肉质根生长期	肉质根成熟期
WT1	22.63b	60.08a	25.80b	9.18ab
WT2	24.06ab	54.25b	28.42b	9.75a
WT3	24.96a	50.34c	35.27a	10.17a
WT4	25.29a	63.46a	22.34c	10.29a

续表

处理	苗期	营养生长期	肉质根生长期	肉质根成熟期
WT5	22.96b	54.85b	26.61b	7.75b
WT6	22.56b	64.80a	24.69bc	5.92c
CK	23.14ab	63.93a	22.69c	8.52ab

21.2.4 调亏灌溉对菘蓝比叶重的影响

不同调亏灌溉处理菘蓝比叶重变化见表 21－8。不同程度水分调亏对各处理菘蓝比叶重（*SLW*）均有影响。各水分调亏处理菘蓝 *SLW* 先随生育期推进逐渐增大，进入营养生长期达到最大值，此后逐渐下降，在肉质根生长期降到最小，进入肉质根成熟期后菘蓝 *SLA* 又有所增大。因苗期不进行水分调亏，各处理 *SLW* 比较接近，均值为 0.069g/cm^2。营养生长期重度亏水处理 WT3 菘蓝 *SLW* 较对照 CK 显著（$p<0.05$）增加 12.41%，WT1 处理 *SLW* 较对照 CK 显著降低 4.14%，WT2、WT4 和 WT6 处理菘蓝 *SLW* 与对照 CK 处于同一水平（$p>0.05$），说明重度亏水会增加菘蓝 *SLW*。进入肉质根生长期 WT1、WT6 处理菘蓝 *SLW* 较对照 CK 分别显著增加 5.41%和 8.11%，WT2、WT4、WT5 处理 *SLW* 与对照 CK 间无显著差异。肉质根成熟期 WT3 处理菘蓝 *SLW* 最高（0.068g/cm^2），较对照 CK 显著增加 19.30%，而 WT2、WT5 处理 *SLW* 较对照 CK 分别显著增加 10.53%和 3.51%，但 WT1、WT4、WT6 处理 *SLW* 与对照 CK 间差异不显著。

表 21－8　不同调亏灌溉处理菘蓝比叶重变化

处理	苗期	营养生长期	肉质根生长期	肉质根成熟期
WT1	0.066b	0.139c	0.039a	0.056c
WT2	0.069b	0.143bc	0.037b	0.063b
WT3	0.076a	0.163a	0.039a	0.068a
WT4	0.074a	0.142bc	0.036b	0.055c
WT5	0.068b	0.140c	0.036b	0.059b
WT6	0.066b	0.147b	0.040a	0.055c
CK	0.066b	0.145b	0.037b	0.057c

21.2.5 调亏灌溉对菘蓝比叶面积的影响

不同调亏灌溉处理菘蓝比叶面积变化见表 21－9。不同程度水分调亏对各处理菘蓝比叶面积（*SLA*）均有影响。各水分调亏处理菘蓝 *SLA* 随生育期推进先逐渐减小，在营养生长期最小，此后逐渐增大，在肉质根成熟期达到最大值，而后又有所降低。因苗期不进行水分调亏，各处理间菘蓝 *SLA* 较为接近，均值为 14.47cm^2/g。营养生长期 WT1 和 WT4 处理菘蓝 *SLA* 较对照 CK 分别显著（$p<0.05$）提高 4.65%和 2.76%，WT3 处理 *SLA* 较对照 CK 显著降低 10.90%，而 WT2、WT6 处理 *SLA* 则与对照 CK 处于同一水平（$p>0.05$），说明轻度亏水有利于 *SLA* 增加，重度亏水则显著降低菘蓝 *SLA*。进入肉质根生长期 WT2、WT4 处理菘蓝 *SLA* 与对照 CK 间无显著差异，而 WT5 处理则较对照 CK 显著提高 3.47%。肉质根成熟期 WT6 处理菘蓝 *SLA* 最大（18.34cm^2/g），较对照

CK 显著增加 4.62%，与 WT1 和 WT4 处理处于同一水平，而 WT2 和 WT3 处理 *SLA* 则较对照 CK 分别显著降低 9.58%和 15.52%。

表 21－9　　不同调亏灌溉处理菘蓝比叶面积变化

处理	苗期	营养生长期	肉质根生长期	肉质根成熟期
WT1	15.18a	7.20a	25.72c	17.89a
WT2	14.41a	6.99b	27.32b	15.85c
WT3	13.20b	6.13c	25.90c	14.81d
WT4	13.56b	7.07a	27.75ab	18.30a
WT5	14.64a	7.15a	28.05a	16.87b
WT6	15.17a	6.82b	25.16c	18.34a
CK	15.15a	6.88b	27.11b	17.53b

21.3　讨论与小结

作物经受水分亏缺后及时复水对其生理指标有一定影响，这也是调亏灌溉理论研究的核心内容之一。研究发现，植物生长发育和生理代谢均受水分亏缺的影响，且水分亏缺对植株光合作用影响更大。水分是植物光合作用的重要原料，水分亏缺会降低叶片叶绿素含量，导致叶片气孔关闭、淀粉水解，破坏叶绿体结构，光合产物输出速度减慢，影响光合生理过程，光合作用受到抑制，进而减少光合产物积累。水分过多或过少均会对光合作用气体交换产生影响，因而对净光合速率、蒸腾速率和气孔导度等光合生理指标均有直接或间接影响。研究发现，在 80%正常灌水量水分胁迫下辣椒净光合积累量、光饱和点、表观光合量子效率（Φ）及 CO_2 饱和点均高于其他处理，而光补偿点和 CO_2 补偿点则显著低于其他处理，因此适度水分胁迫有利于辣椒光合作用，灌水量过多或过少均不利于光合作用。

本研究结果发现，营养生长期 WT4 处理菘蓝叶片 *Tr* 和 *Gs* 均最大，其值分别为 17.43mmol/(m^2 · s) 和 1.336mol/(m^2 · s)，较对照 CK 分别显著（$p<0.05$）增加 16.96%和 26.04%，与 WT1 和 WT6 处理间无显著差异（$p>0.05$）；中度亏水处理 WT2 菘蓝叶片 *Pn*、*Tr* 和 *Gs* 较对照 CK 显著降低 13.87%、18.80%和 15.94%，重度亏水处理 WT3 叶片 *Pn*、*Tr* 和 *Gs* 较对照 CK 显著降低 22.08%、46.28%和 38.40%。因此，营养生长期轻度亏水不会造成菘蓝叶片 *Tr* 和 *Gs* 显著降低，而中度和重度亏水则会显著降低菘蓝叶片 *Pn*、*Tr* 和 *Gs*，且降幅随水分调亏程度加重而增大。付秋实等研究认为，水分胁迫会使辣椒叶片 *Pn*、*Tr* 和 *Gs* 降低，叶片气孔阻力升高，胞间 CO_2 浓度下降，水分利用效率提高，辣椒叶片气孔密度、长度和宽度均降低，大部分气孔关闭。于文颖等研究发现，水分胁迫导致玉米叶片 *Pn*、*Tr* 和 *Gs* 降低，同时使光合速率日变化峰值提前，且该响应具有明显的滞后性。李翠等研究发现，不同生育阶段进行不同程度水分调亏均会降低作物叶片 *Pn*，且降幅随水分调亏程度的加重而增大。

孟兆江等研究表明，适时适度水分调亏对玉米叶片蒸腾速率有显著抑制作用，但对光合速率影响不显著，及时复水后会产生超补偿效应，光合产物超补偿积累，有利于生殖生长。本试验结果表明，进入肉质根生长期WT1和WT6处理菘蓝叶片*Pn*较对照CK分别显著提高7.31%和5.75%，而WT2和WT3处理叶片*Pn*有所增加，但增幅较小；WT3处理叶片*Tr*较营养生长期有所增加，WT1处理*Gs*较对照CK显著增加19.23%，表明水分调亏后及时复水表现出一定的复水补偿效应，与孟兆江等研究结果一致。

武阳等研究认为，叶片蒸腾作用对土壤水分亏缺比光合作用更敏感，水分亏缺有利于叶片WUE_L提高。Ahmed等研究发现，水分亏缺导致橄榄树叶片光合速率与蒸腾速率同时降低，但蒸腾速率降幅更大，因此导致橄榄树叶片水分利用效率提高。已有研究发现，植物叶片蒸腾速率和气孔开度对水分亏缺的响应比光合速率更为敏感，水分亏缺可提高叶片水分利用效率。本研究发现，营养生长期中度和重度亏水处理WT2和WT3菘蓝叶片WUE_L较对照CK分别提高6.57%和44.97%，且WT3处理与对照CK间差异显著，说明中度和重度亏水有利于菘蓝叶片WUE_L提高。

本试验结果表明，营养生长期WT1处理对菘蓝*LAD*、*CGR*和*NAR*均无显著影响，但WT2和WT3处理菘蓝*LAD*较对照CK分别显著降低13.33%和30.00%，*CGR*较对照CK分别显著降低24.69%和42.74%，*NAR*较对照CK分别显著降低15.14%和21.26%。肉质根生长期WT1和WT2处理菘蓝*CGR*较对照CK分别显著增加12.02%和11.82%，WT3处理较对照CK增加5.85%，但差异不显著；WT1、WT2和WT3处理菘蓝*NAR*较对照CK分别显著增加13.71%、25.25%和55.44%，说明水分调亏后及时复水菘蓝将产生明显的补偿生长效应，与李晶等研究结果相似。张恒嘉等研究发现，水分胁迫下恒水处理可导致玉米光合势、群体生长率、净同化率和地上部生物量显著降低，而适度胁迫下变水处理则有利于作物生育后期光合能力提高。本研究结果表明，营养生长期WT3处理菘蓝*SLW*较对照CK显著提高12.41%，WT1处理*SLW*较对照CK显著降低4.14%，说明重度亏水会提高*SLW*；营养生长期WT1和WT4处理*SLA*较对照CK显著提高4.65%和2.76%，WT3处理*SLA*较对照CK显著降低10.90%，WT2、WT6处理*SLA*则与对照CK处于同一水平，说明轻度亏水有利于*SLA*提高，而重度亏水则会显著降低菘蓝*SLA*。邓秀秀等的研究结果也表明，干旱环境下马尾松会通过牺牲比叶面积和调节气孔导度来适应干旱环境。

第22章 调亏灌溉对膜下滴灌菘蓝耗水特征及土壤温度的影响

作物全生育期总耗水量和不同生育期阶段耗水量变化规律是制定灌溉制度的重要依据。耗水量指在作物生长过程中所消耗的水量，受生长状况及所处自然环境等因素的影响。不同气候变化、作物种类、种植方式和灌溉方法均会影响耗水量时空分布特征。作物耗水特征通常用耗水量、耗水强度和耗水模数表示。耗水强度受作物生长环境、土壤水分及耕作技术等因素的影响，可间接反映作物各生育阶段和全生育期耗水量变化规律。作物某一生育期耗水量与全生育期总耗水量的比值称为耗水模数，其大小与作物耗水强度、全生育期总耗水量及该生育阶段时间长短和环境变化等因素紧密相关。露地覆膜种植可有效减少土壤棵间蒸发，在降低作物耗水量的同时有利于土壤温度增高。作物生长过程中土壤水分过高或过低均不利于节约灌溉水量和提高农田水分利用效率。因此，分析研究膜下滴灌菘蓝耗水量变化对不同生育期水分调亏的响应可为了解菘蓝需水特征和耗水规律及制定节水高产优质高效灌溉制度提供重要参考。

22.1 土壤水分动态变化

菘蓝根系主要分布在膜下0～60cm土层。由图22-1可知，各水分调亏处理菘蓝0～60cm土层含水量随降雨量和灌水量呈锯齿状波动，变幅在12.09%～20.31%之间。充分供水对照CK土壤含水量最高，波动范围在15.79%～20.31%之间，水分调亏程度越重土壤含水量越低。从全生育来看，各水分调亏处理土壤含水量变化规律从生育前期到成熟期呈逐渐下降趋势，且各水分调亏处理土壤含水量均低于对照CK，且复水后土壤含水量均有所回升。苗期菘蓝植株较小，对水分需求量少，棵间蒸发是土壤水分消耗的主要方式，该期由于气温较低，土壤含水量变幅较小。进入营养生长期和肉质根生长期菘蓝植株

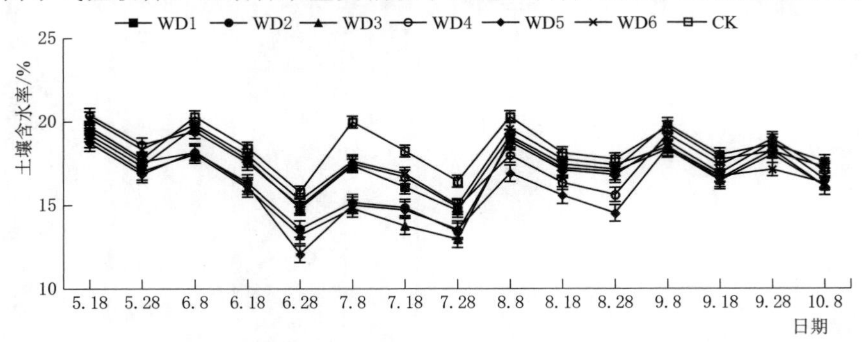

图22-1 菘蓝全生育期膜下0～60cm土壤含水量变化

生长旺盛，叶面积增幅较大，菘蓝根系迅速增大，植株蒸腾是土壤水分消耗的主要方式，耗水量明显增多；此外，由于突发降雨和及时灌溉，土壤含水量波动较其他生育期更为剧烈。进入肉质根成熟期后菘蓝绿叶叶面积减小，叶片生理功能减弱，根系开始大量积累有效成分，菘蓝植株对水分的需求量减少，土壤含水量波动幅度较小。

22.2 耗水特征

22.2.1 各生育阶段耗水量

从图 22-2 可知，菘蓝各生育期阶段耗水量呈先增后减的单峰曲线变化，各水分调亏处理菘蓝耗水量从苗期到营养生长期持续递增，在营养生长期或肉质根生长期达到最大，肉质根成熟期开始减少，且营养生长期耗水量增幅最大。菘蓝苗期耗水量最少，仅为 28.62～34.07mm，占全生育期耗水量的 8.14%～9.26%，而营养生长期和肉质根生长期为菘蓝关键需水期，此期菘蓝茎叶生长迅速，叶面积快速增大，地面覆盖度显著增大，植株蒸腾作用增强，根系生长迅速，主根长和主根直径增幅较大，耗水量增至全生育期峰值。营养生长期充分供水对照 CK 菘蓝耗水量最大（151.26mm），与其他水分调亏处理间差异显著（$p<0.05$），而重度亏水处理 WT3 耗水量最少，较对照 CK 显著减少 17.79%。进入肉质根生长期对照 CK 与 WT6 处理间耗水量无显著差异（$p>0.05$），但显著高于其他水分调亏处理。肉质根成熟期菘蓝耗水量较肉质根生长期显著降低，仅为 57.36～75.31mm。

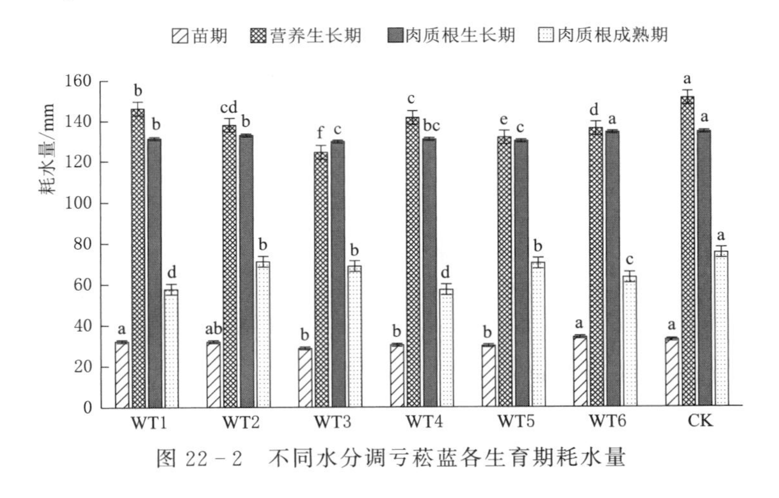

图 22-2 不同水分调亏菘蓝各生育期耗水量

22.2.2 全生育期耗水量

如图 22-3 所示，对照 CK 全生育期总耗水量最大（393.85mm），其他各处理总耗水量较对照 CK 均显著（$p<0.05$）减少 5.12%～10.78%。在所有亏水处理中营养生长期 WT3 处理全生育期耗水量最少（351.41mm），较对照 CK 显著减少 10.78%，说明营养生长期重度亏水可显著减少菘蓝全生育期耗水量。WT5 处理菘蓝全生育期耗水量较 WT2 处理显著减少 3.20%，较对照 CK 显著减少 8.15%，说明肉质根生长期连续中度水分调亏可显著减少菘蓝全生育期耗水量。WT1、WT4 和 WT6 处理间菘蓝全生育期耗水量无显著差异（$p>0.05$），但比对照 CK 分别显著减少 6.79%、8.62%和 6.58%，说明营养生长期轻度亏水可显著减少全生育期耗水量，而肉质根生长期和肉质根成熟期轻度亏水对菘蓝全生育期耗水量无显著影响。因此，水分调亏生育期和调亏程度均会影响膜下滴灌调亏菘蓝全生育期耗水量。

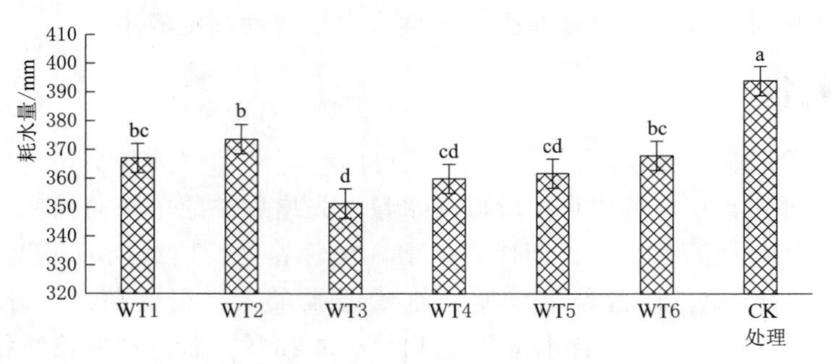

图 22-3　不同水分调亏菘蓝全生育期耗水量

22.2.3　各生育阶段耗水强度

如图 22-4 所示，各水分调亏处理菘蓝全生育期日耗水强度呈先增后减的变化趋势，其中苗期最小，营养生长期和肉质根生长期达到峰值，肉质根成熟期有所减小，且以营养生长期增幅最大。菘蓝苗期未进行水分调亏处理，除 WT6 处理和充分供水对照 CK 外各处理间日耗水强度差异不显著（$p>0.05$），苗期日耗水强度最小，仅为 0.80～0.95mm/d，这是由于苗期气温较低，日照强度较弱，菘蓝植株弱小，叶片数量少，叶面积小，叶片光合作用和蒸腾作用较弱。菘蓝营养生长期气温升高，日照强度增大，植株生长旺盛，叶面积增大，叶片光合作用和蒸腾作用增强，各水分调亏处理菘蓝日耗水强度显著（$p<0.05$）大于苗期，其中充分供水处理对照 CK 日耗水强度最大（3.60mm/d），轻度亏水处理 WT1 和 WT4 与对照 CK 间无显著差异，中度亏水处理 WT2 和 WT5 日耗水强度较对照 CK 显著减小 8.89%和 12.78%，而重度亏水处理 WT3 较对照 CK 则显著减小 17.78%，说明轻度亏水不会明显降低菘蓝日耗水强度，中度和重度亏水则会显著降低菘蓝日耗水强度。进入肉质根生长期气温持续升高，菘蓝植株仍快速生长，耗水量较大，日耗水强度约为 3.22mm/d，WT1、WT2 和 WT6 处理与对照 CK 间日耗水强度无显著差异，而 WT3、WT4 和 WT5 处理菘蓝日耗水强度较 CK 显著降低 3.66%、2.74%和 3.35%。肉质根成熟期菘蓝日耗水强度较肉质根生长期显著降低（仅为 1.40～1.84mm/d），对照 CK

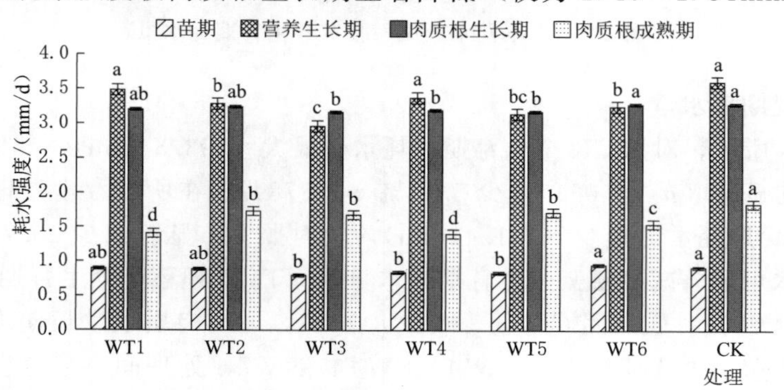

图 22-4　不同水分调亏菘蓝各生育期耗水强度

日耗水强度最大（1.84mm/d）且显著大于其他处理，而营养生长期轻度亏水处理WT4日耗水强度最小（仅为1.40mm/d）且较对照CK显著降低23.91%。

22.2.4 各生育阶段耗水模数

作物各生育阶段耗水模数是土壤水分管理的重要依据。如图22-5所示，各水分调亏处理菘蓝全生育期耗水模数呈先升后降的变化趋势，由小到大依次为苗期＜肉质根成熟期＜营养生长期和肉质根生长期。菘蓝苗期未进行水分调亏处理，除WT6外各处理间耗水模数无显著差异（$p>0.05$），且苗期在菘蓝全生育期耗水模数最小（仅为8.14%～8.75%）。肉质根成熟期各处理耗水模数均值为17.99%，以WT1处理耗水模数最小（15.70%）且较对照CK显著（$p<0.05$）降低17.89%，WT2、WT3和WT5处理与对照CK间差异不显著，其中以WT3处理耗水模数最大（19.57%）。营养生长期和肉质根生长期菘蓝耗水模数较其他生育期显著增大，各处理耗水模数均值分别为37.61%和35.88%。营养生长期WT1和WT4处理耗水模数与对照CK相比显著提高3.62%和2.37%，而WT2、WT5和WT3处理则较对照CK显著降低3.88%、5.18%和7.86%，说明轻度亏水不会明显降低菘蓝耗水模数，而中度和重度亏水则可显著降低菘蓝耗水模数。肉质根生长期WT3处理菘蓝耗水模数较营养生长期有所提高，其值为36.90%。

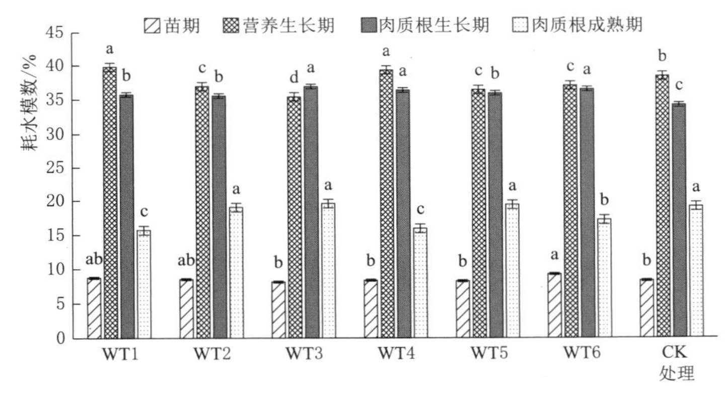

图22-5 不同水分调亏菘蓝各生育期耗水模数

22.3 菘蓝全生育期土壤温度变化

土壤温度是影响作物生长发育的重要生态因子，可对土壤碳平衡造成影响，进而影响植株生长，因此适宜的土壤温度有利于作物营养生长和生殖生长。作物覆膜栽培可有效提高试验小区浅层土壤温度。张朝勇等对膜下滴灌棉花土壤温度动态变化规律研究发现，覆膜有利于提高土壤温度，能有效克服土壤温度高且含水量低或土壤温度低且含水量高的矛盾。土壤水分运动和热量传输是一个不可分割的系统，较高的土壤温度有利于有机质分解和微生物繁衍，对农作物呼吸及代谢过程有促进作用，可有效增加土壤氮磷钾等养分，形成良性的水热循环。本试验通过对不同水分调亏条件下浅层土壤温度研究分析菘蓝全生育期浅层土壤温度变化特征。

22.3.1 全生育期土壤温度变化

膜下滴灌菘蓝全生育期土层温度变化如图22-6所示。菘蓝全生育期浅层土壤温度随生育期推进呈单峰曲线变化趋势，肉质根生长期浅层土壤温度达到峰值。苗期浅层土壤温度整体稳步上升，6月初由于气温有所降低，浅层土壤温度也有所下降；营养生长期和肉质根生长期浅层土壤温度持续上升，在肉质根生长中期浅层土壤温度达到最大值，这是由于肉质根生长中期正处于8月最高气温，而肉质根生长末期浅层土壤温度开始下降；进入肉质根成熟期浅层土壤温度继续降低，在肉质根成熟末降至最低。由图22-6可以看出，土壤温度随土层深度增加而降低，菘蓝全生育期内膜下5cm和10cm土壤温度最高（为24.6℃和22.3℃），温度波动最大，在肉质根生长期最高达到34.6℃和32.7℃；膜下15cm土层温度变化较为明显；20cm和25cm土壤温度最低，温度变化比较缓慢，且整体变化规律基本相似。

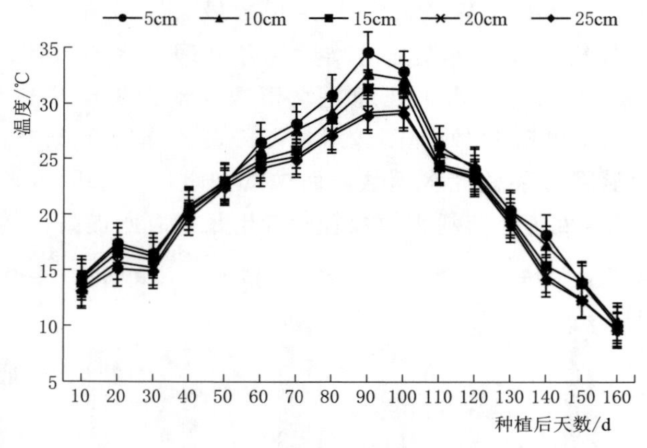

图22-6　菘蓝全生育期各土层温度变化

22.3.2　不同生育期不同土层深度土壤温度日变化

以充分供水对照CK为例，分别在菘蓝各生育期选取4个典型晴朗日，自8：00至20：00每间隔2h测定一次土壤温度，菘蓝各生育期不同土层深度温度变化如图22-7所示。菘蓝各生育期土壤温度变化均受大气温度影响，各土层温度变化趋势较为相似，早晨土壤温度较低，随时间推移土壤温度逐渐上升，土壤温度日变化峰值出现在14：00—16：00之间，随后土壤温度开始下降，且表层土壤温度较深层土壤变化剧烈。气温对土壤温度影响较大的土层是5cm和10cm土层，而对20cm和25cm土层温度影响不明显。随时间推移，膜下15cm、20cm和25cm土层温度变化规律基本呈增加趋势，晚上20：00土壤温度较早上8：00有所提高，源于土壤积温效应对菘蓝植株生长有利。

苗期因菘蓝植株弱小，叶面积也较小，不能完全覆盖地表，太阳光可直射地膜表面。随日照时数增加和日照强度增大，膜下5cm和10cm土层土壤温度变化剧烈，早上8：00各土层温度在12.5℃左右，5cm土层土壤温度仅为12.0℃，随时间推移土壤温度逐渐上升，由于地膜的增温效应，膜下5cm和10cm土层土壤温度迅速上升，14：00—16：00间各土层温度全天最高，其中以膜下5cm土层温度最高（24.1℃），随后土壤温度开始下降，到20：00左右膜下5cm土层温度降至最低（12.6℃），膜下20cm和25cm土层土壤温度降至15.2℃和15.1℃，以15cm土层土壤温度值最高（15.6℃）。营养生长期菘蓝植株生长旺盛，叶面积增幅较大，菘蓝叶片基本全覆盖地表，阳光几乎无法直射到地膜表面，膜下各土层温度只受近地表气温的影响，早上 8：00 各土层温度在 14.8～17.4℃之间，随时间的推移土壤温度逐渐上升，由于地膜的保温性能，膜下 5cm 和 10cm 土层土壤温度迅速上升，14：00—16：00 间各土层温度出现峰值，其中以膜下 5cm 土层温度最高（33.1℃），随后土壤温度开始下降，至 20：00 各土层温度基本保持在 20.9～23.6℃之间。进入肉质根生长期各土层温度均比营养生长期有所升高，早上 8：00 各土层温度在 18.4～20.9℃之间，14：00—16：00 之间出现温度最高值，其中最高温度为地表以下 5cm 土层（36.2℃），较营养生长期最高温度增加 3.1℃，随后各土层温度开始下降，至 20：00 各土层温度基本保持在 22.5～26.6℃之间。肉质根成熟期由于气温较低，各土层温度较肉质根生长期大幅度下降，早上 8：00 各土层温度在 9.6～12.8℃之间，至 14：00 出现土温峰值，温度最高值为膜下 5cm 土层（25.8℃），较肉质根生长期最高温度降低 10.4℃，至 20：00 各土层温度基本保持在 13.8℃左右，其中膜下 5cm 和 10cm 土层温度在 14：00 前上升较慢，14：00 后下降迅速，而膜下 15cm、20cm 和 25cm 土层土壤温度变化较为平稳。

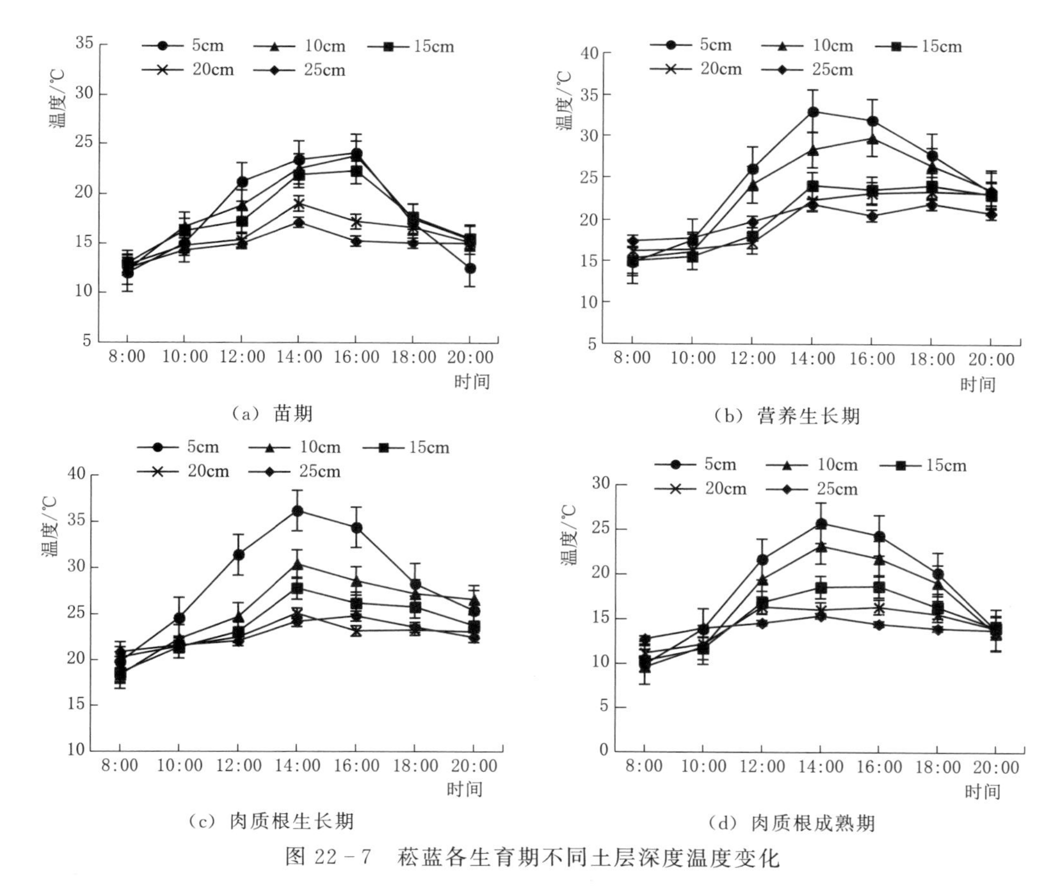

（a）苗期　（b）营养生长期

（c）肉质根生长期　（d）肉质根成熟期

图 22-7　菘蓝各生育期不同土层深度温度变化

22.3.3　不同生育期不同水分调亏处理土壤温度日变化

土壤热量状况可通过膜下 0～25cm 土层土壤温度反映，土壤温度过高或过低均不利于菘蓝植株生长发育。在菘蓝不同生育期各选取一个典型晴朗日分析菘蓝不同水分调亏处理各土层深度土壤温度日变化规律（图 22－8）。菘蓝不同生育期各水分调亏处理土壤温度日变化趋势基本相似，均呈先升后降的单峰曲线变化，且水分调亏程度越重土壤温度变化越剧烈。在早上 8：00—10：00 之间不同生育期土壤温度变化特征为：土壤含水量越高则土壤温度越高，其中肉质根生长期充分供水对照土壤温度比中度水分调亏处理升高 1.6℃。10：00 以后，随着时间的推移太阳辐射增强，气温升高，各水分处理土壤温度均有所升高，土壤温度增幅随土壤水分含量增大而减小。14：00 左右各水分处理土壤温度达到峰值，随后开始下降，且土温降幅随土壤含水量增大而减小。18：00 以后，除肉质根成熟期外各水分调亏处理土壤温度变化规律与 8：00—10：00 之间相似。

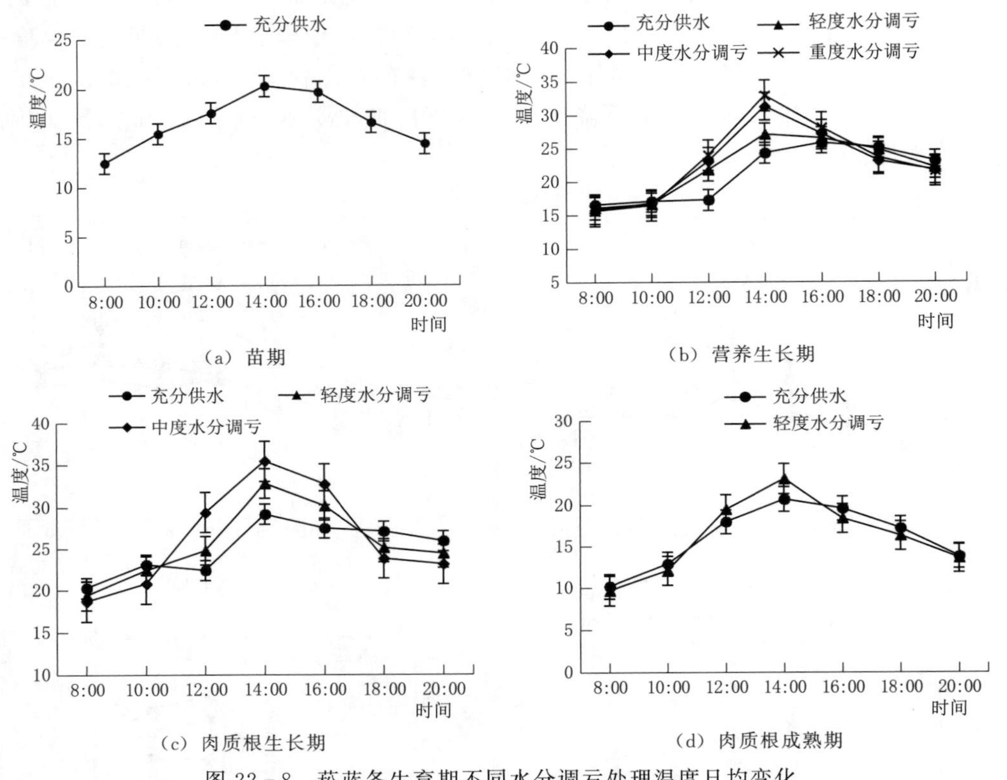

图 22－8　菘蓝各生育期不同水分调亏处理温度日均变化

菘蓝苗期未进行水分调亏处理，由于气温较低，日照强度较小，充分供水对照土壤温度均低于其他生育期，土壤温度最大值出现在 14：00（20.3℃）。菘蓝营养生长期气温升高，植株生长旺盛，从早上 10：00 开始土壤温度迅速上升，在 14：00 左右出现峰值，因日照强度较大，气温较高，此时土壤温度达到峰值后开始缓慢降低，因此 10：00—16：00 间水分调亏对土壤温度影响显著，土壤温度随水分调亏程度加重而剧烈变化，各水分处理土壤温度由高到低变化次序为重度亏水＞中度亏水＞轻度亏水＞充分供水对照。肉质根生长期试验区气温较高，各水分处理土壤温度高于其他生育期，且土壤温度峰值为 35.4℃。进入肉质根成熟期，各水分处理土壤温度较肉质根生长期显著降低，肉质根成熟期轻度水分调亏处理土壤温度峰值比肉质根生长期降低 9.7℃。

22.4 讨论与小结

本试验结果表明，各水分调亏处理0～60cm土层土壤含水量随降雨量和灌水量变化呈现有规律的锯齿状波动，变化范围在12.09%～20.31%之间，对照CK土壤含水量最高，波动范围在15.79%～20.31%之间，其他各水分调亏处理土壤含水量随调亏程度加重而降低。从全生育来看，土壤含水量变化规律从生育前期至成熟期呈逐渐下降趋势，各水分调亏土壤含水量均低于对照CK，复水后土壤含水量均有所回升。水分调亏过程中由于灌水量减少导致表层土壤含水量下降（通常低于毛管断裂含水量），深层土壤水分通过土壤孔隙以水汽的形式缓慢向大气扩散，且水分调亏抑制菘蓝叶面蒸腾，从而降低作物耗水量。研究发现，调亏灌溉与充分灌溉相比灌水量减少32%，但对作物产量没有影响，同时有效抑制桃树枝条生长。本研究表明，菘蓝全生育期充分供水对照CK总耗水量最大（393.85mm），其他各处理总耗水量较对照CK显著（$p<0.05$）降低5.12%～10.78%，营养生长期重度亏水处理WT3全生育期耗水量最少（351.41mm），较对照CK显著降低10.78%，因此菘蓝全生育期耗水量随调亏程度加重而增大，与孟兆江等的研究结果一致，即调亏灌溉可降低冬小麦全生育期耗水量12.8%～46.5%，且降幅随调亏程度加重而增大。黄兴法等的研究发现，调亏灌溉处理苹果树灌水量和耗水量分别显著减少17%～20%和10.2%～11.2%。本研究表明，菘蓝各生育期阶段耗水量呈先增后减的单峰曲线变化，苗期耗水量最少，占全生育期的8.14%～9.26%，主要是由于苗期气温较低，光照不充足，菘蓝植株弱小，生长速度缓慢，生长所需水量较少，植株蒸腾作用弱，叶片蒸腾失水较少；营养生长期和肉质根生长期菘蓝耗水量最多，主要是由于此期菘蓝茎叶快速生长，叶面积迅速增大并覆盖地表，植株蒸腾作用变强，根系生长迅速，主根长和主根直径增幅较大，此时菘蓝耗水量最多；肉质根成熟期菘蓝耗水量较肉质根生长期显著降低（此期仅为57.36～75.31mm），主要是由于肉质根成熟期气温较低，日照强度较小，叶面积下降，菘蓝植株蒸腾作用减弱，耗水量下降。因此，水分调亏时期和调亏程度均影响膜下滴灌调亏菘蓝全生育期耗水量。王世杰等的研究结果表明，调亏灌溉辣椒全生育期总耗水量受调亏时期与调亏程度的影响，盛果期耗水量最多（74.22mm），调亏灌溉辣椒各生育期耗水量表现为盛果期>后果期>开花坐果期>苗期，辣椒阶段耗水量受水分亏缺影响而减少，且减幅随水分调亏程度加重而增大。

本试验结果表明，菘蓝各生育期阶段日耗水强度和耗水模数变化均呈先增后降趋势，由小到大依次为苗期<肉质根成熟期<营养生长期和肉质根生长期。处理WT1和WT4日耗水强度与对照CK间无显著差异（$p>0.05$），耗水模数与对照CK相比显著（$p<0.05$）提高3.62%和2.37%；WT2、WT5和WT3处理日耗水强度较对照CK分别显著降低8.89%、12.78%和17.78%，耗水模数分别显著降低3.88%、5.18%和7.86%。因此，轻度亏水不会显著降低菘蓝日耗水强度和耗水模数，而中度和重度亏水则严重降低菘蓝日耗水强度和耗水模数。菘蓝日耗水强度苗期最小，营养生长期和肉质根生长期最大，可能是由于作物自身的生理特性及植株蒸腾作用导致，这与邓浩亮等的研究结果相似。黄海霞等的研究表明，辣椒耗水量与灌水量呈显著正相关，阶段耗水量随灌水量增加而增大；耗水强度和耗水模数均表现为结果盛期>定植-坐果期>结果末期，各生育期水分调亏均降低耗水强度和耗水模数，以结果盛期降幅最为显著。马伟国等的研究表明，辣椒各生育期耗水强度均表现为结果前期＞结果盛期＞结果后期＞营养生长期，阶段耗水量表现为结果盛期＞结果后期＞营养生长期＞结果前期，而日耗水强度则随耗水量增加而增大。

本研究表明，气温对土壤温度影响较大的土层为膜下 5cm 和 10cm 土层，而对 20cm 和 25cm 土层温度影响不明显；土壤温度随土层深度增加而降低，全生育期内膜下 5cm 和 10cm 土壤温度最高，温度波动最大，温度变幅为 24.6℃和 22.3℃，膜下 15cm 土层温度变化较明显，20cm 和 25cm 土层土壤温度最低且变化较缓慢。姚宝林等的研究发现，受气温影响土壤温度变化呈浅层土壤高于深层土壤的趋势，膜下 40cm 以下土壤温度变化受太阳辐射影响较弱；覆膜可明显提高棉花生育前期浅层土壤温度，具有一定的增温效应，生育后期也具有土壤保温效应。刘洋等的研究发现，与不覆膜滴灌和地面灌溉相比，膜下滴灌可提高玉米生育前期土壤温度，苗期日均土壤温度和土壤积温分别增加 2.3℃和 87℃，全生育期土壤积温增加 115～150℃。谢夏玲研究认为，膜下滴灌条件下玉米全生育期土壤温度变化与土层深度成指数关系，各土层温度变化随土层深度增加而趋于平缓，且随灌溉定额增大而减小。本研究结果表明，不同生育期各水分调亏处理菘蓝土壤温度日变化趋势基本一致，均呈先增后降的单峰曲线变化，且水分调亏程度越重土壤温度变化越剧烈。

第 23 章 调亏灌溉对膜下滴灌菘蓝产量和水分利用效率的影响

作物生产力指单位土地面积上形成有机物的最大能力。作物生产力受土壤、气候、作物自身和栽培管理等因素的影响，也是表征作物最大经济产量的重要指标。大量研究发现，适时适度的水分亏缺可减少作物生育期耗水量，有利于土壤水分高效利用，在节约灌溉用水量的同时不会对作物产量造成显著影响。

23.1 调亏灌溉对菘蓝产量、总生物量和经济系数的影响

23.1.1 调亏灌溉对菘蓝产量的影响

由表 23-1 可知，营养生长期 WT1 处理菘蓝经济产量最高（8554.18kg/hm^2），与充分供水对照 CK 间差异不显著（$p>0.05$），处理 WT4（8398.70kg/hm^2）与对照 CK 间亦无显著差异，说明肉质根生长期和营养生长期轻度亏水对菘蓝经济产量影响不大。其他各生育期不同亏水处理均导致菘蓝经济产量显著（$p<0.05$）降低，与对照 CK 相比降幅为 6.89%～18.33%。WT2、WT3 和处理 WT5 处理经济产量较对照 CK 分别显著降低 10.54%、18.33%和 18.10%，表明中度和重度亏水可导致菘蓝经济产量显著下降，且降幅随水分调亏程度加重而增大。WT6 处理较 WT1 处理经济产量显著降低 7.24%，表明菘蓝经济产量也受水分调亏时期的影响。

表 23-1 不同调亏灌溉处理对菘蓝产量和经济系数的影响

处理	经济产量 /(kg/hm^2)	增减幅度 /%	总生物量 /(kg/hm^2)	增减幅度 /%	经济系数	增减幅度 /%	总耗水量 /mm	灌水量 /mm
WT1	8554.18a	0.38	12637.75a	−0.09	0.6769bc	0.47	367.09bc	170.49ab
WT2	7623.76c	−10.54	11174.88b	−11.66	0.6822b	1.27	373.70b	163.00bc
WT3	6959.82d	−18.33	10350.15c	−18.18	0.6724c	−0.19	351.41d	145.41d
WT4	8398.70a	−1.44	12247.66a	−3.18	0.6857b	1.79	359.89cd	163.69bc
WT5	6979.25d	−18.10	10272.86c	−18.79	0.6794bc	0.85	361.75cd	156.15c
WT6	7934.63b	−6.89	11424.15b	−9.69	0.6945a	3.10	367.92bc	171.52ab
CK	8521.77a	—	12649.42a	—	0.6737c	—	393.85a	178.35a

23.1.2 调亏灌溉对菘蓝产量构成要素的影响

由表 23-2 可知，各亏水处理对菘蓝产量构成要素均有影响。充分灌溉对照 CK 侧根数最多，与 WT1、WT4 处理相比无显著差异（$p>0.05$），而其他各亏水处理侧根数则

较对照CK显著（$p<0.05$）减少20.05%～34.28%；营养生长期重度亏水处理WT3侧根数最少，较对照CK显著减少34.28%。因此，水分调亏会抑制菘蓝侧根生长，且水分调亏程度越大抑制作用越强。WT4处理主根长最大（31.41cm），与WT1处理、对照CK处于同一水平，而WT6处理较对照CK降低2.93%，但不存在显著差异，其他各水分调亏处理主根长均显著减小4.14%～14.38%，且水分调亏程度越大减幅越大，表明轻度亏水对菘蓝主根长影响不显著，而中度和重度亏水则严重抑制菘蓝主根长增大。WT4处理主根直径最大（1.97cm），较对照CK显著提高3.14%，WT1、WT6处理与对照CK间无显著差异，WT2、WT3主根直径则显著小于对照CK，表明营养生长期-肉质根生长期连续轻度亏水有利于主根直径增加，而中度和重度亏水则减小主根直径。处理WT1和WT4根干重显著高于对照CK，增幅分别为11.14%和13.47%，WT3处理根干重则较对照CK显著降低14.90%，表明轻度亏水有利于根干物质积累，重度亏水则会抑制根干物质积累。处理WT1、WT4菘蓝产量与对照CK间差异不显著，其他各水分调亏处理菘蓝产量均显著降低6.89%～18.33%，表明轻度亏水对菘蓝产量无显著影响，而中度和重度亏水则显著降低菘蓝产量。

表23-2　不同调亏灌溉处理对菘蓝产量及构成要素的影响

处理	侧根数/(个/株)	主根长/cm	主根直径/cm	根干重/g	产量/(kg/hm^2)
WT1	11.33a	31.28ab	1.92bc	14.77a	8554.18a
WT2	9.00b	30.07c	1.72d	13.26b	7623.76c
WT3	7.67c	26.86d	1.69d	11.31d	6959.82d
WT4	11.00a	31.41ab	1.97a	15.08a	8398.70a
WT5	8.67bc	28.08d	1.71d	11.69cd	6979.25d
WT6	9.33b	30.45bc	1.88c	13.07bc	7934.63b
CK	11.67a	31.37ab	1.91bc	13.29b	8521.77a

23.1.3　调亏灌溉对菘蓝总生物量及经济系数的影响

1. 总生物量

菘蓝全生育期充分供水对照CK总生物量最高（12649.42kg/hm^2），其他各亏水处理总生物量均有所下降，且水分调亏程度越大降幅越大（表23-1）。对照CK与处理WT1、WT4相比无显著差异（$p>0.05$）。亏水处理WT2、WT3、WT5和WT6较充分供水对照CK总生物量显著（$p<0.05$）降低9.69%～18.79%，表明中度和重度亏水可造成菘蓝总生物量显著下降。

2. 经济系数

由表23-1可知，WT1、WT2、WT4和WT5处理间经济系数无显著差异（$p>0.05$），较对照CK有所提高，增幅为0.47%～1.79%。营养生长期和肉质根成熟期均轻度亏水处理WT6经济系数最高，较对照CK显著提高3.10%（$p<0.05$），表明营养生长期和肉质根成熟期均轻度亏水有利于经济系数提高。营养生长期重度亏水处理WT3经济系数最低，较对照CK减小0.19%，但差异不显著，表明营养生长期重度亏水对经济系数影响不显著。

23.2 调亏灌溉对菘蓝水分利用的影响

23.2.1 调亏灌溉对菘蓝土壤贮水量的影响

由图23-1菘蓝各生育期不同亏水处理土壤贮水量可知，各亏水处理对菘蓝土壤贮水量均有影响。各处理苗期均为充分供水，各处理0～60cm土层土壤贮水量介于156.98～170.56mm之间。营养生长期对照CK土壤贮水量最高（158.64mm），各亏水处理土壤贮水量降低6.46%～20.21%，其中WT1、WT4和WT6处理间及WT2、WT3和WT5处理间土壤贮水量均无显著差异（$p>0.05$）。肉质根生长期WT1、WT2、WT3和WT6处理间土壤贮水量无显著差异，且较对照CK分别显著降低5.79%、8.88%、8.82%和3.97%。进入肉质根成熟期WT1处理土壤贮水量最高（161.97mm），WT1和WT4处理与对照CK间土壤贮水量无显著差异，其他各水分调亏处理均导致土壤贮水量显著降低2.69%～5.82%。

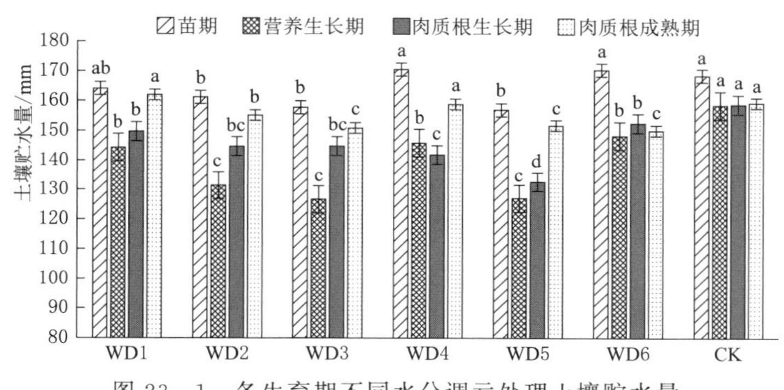

图23-1 各生育期不同水分调亏处理土壤贮水量

23.2.2 调亏灌溉对菘蓝耗水量和灌水量的影响

充分供水对照CK菘蓝全生育期耗水量和灌水量均最大（表23-1），分别为393.85mm和178.35mm，其他各处理总耗水量均较对照CK显著（$p<0.05$）降低5.12%～10.78%；WT1和WT6处理灌水量与对照CK间差异不显著，其他各处理灌水量均较对照CK显著降低，降幅为8.22%～18.47%。WT1、WT2和WT6处理间全生育期总耗水量无显著差异（$p>0.05$），而WT1、WT2、WT4和WT6处理间灌水量差异不显著。WT4处理全生育期总耗水量（359.89mm）和灌水量（163.69mm）较对照CK分别显著降低8.62%和8.22%；WT5处理全生育期总耗水量和灌水量较对照CK分别显著降低为8.15%和12.45%；营养生长期重度亏水处理WT3全生育期总耗水量（351.41mm）和灌水量（145.41mm）均处于最低水平，比对照CK分别显著降低10.78%和18.47%。

23.2.3 调亏灌溉对菘蓝水分利用效率和灌溉水利用效率的影响

不同调亏灌溉处理*WUE*和*IWUE*如图23-2所示。WT4处理水分利用效率（*WUE*）最高，WT1处理次之，比对照CK分别显著（$p<0.05$）提高7.91%和7.72%，且WT1和WT4处理间无显著差异（$p>0.05$）；WT2、WT3、WT6处理与对照CK间*WUE*处于同一水平，其中以WT5处理最低，比对照CK显著降低10.82%，表明营养生长期—肉质根生长期连续中度亏水会显著降低菘蓝 *WUE*，而轻度亏水则有利于 *WUE* 提高。WT4 处理灌溉水利用效率（*IWUE*）最高，WT1 处理次之，且 WT1 和 WT4 处理间差异不显著，比对照 CK 分别显著提高 7.39%和 5.00%；WT2、WT3、WT6 处理与对照 CK 间 *IWUE* 处于同一水平，以 WT5 处理最低且比对照 CK 显著降低 6.45%，但与 WT6 处理间差异不显著。因此，适度水分调亏有利于提高菘蓝 *WUE* 和 *IWUE*。WT1 和 WT6 处理间 *WUE* 差异不显著，而 *IWUE* 则差异显著，表明肉质根成熟期轻度水分调亏对菘蓝 *WUE* 影响不显著，但对 *IWUE* 则有显著影响。

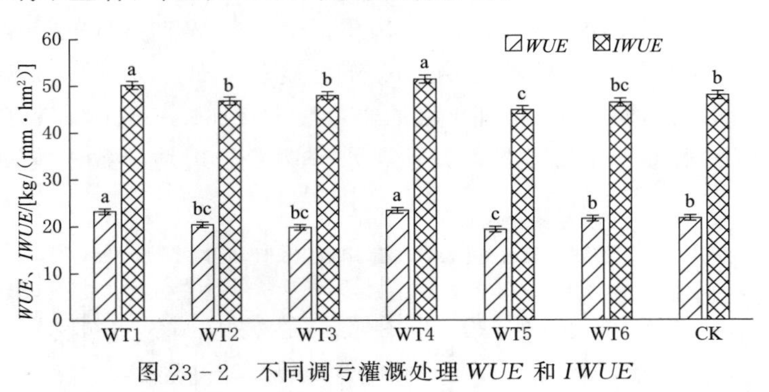

图 23-2 不同调亏灌溉处理 *WUE* 和 *IWUE*

23.3 讨论与小结

大量研究发现，调亏灌溉技术可在提高作物水分利用效率的同时获得较高产量，也对作物品质改善有一定影响。本研究表明，菘蓝不同生育期调亏灌溉可导致生物量下降，且水分调亏程度越大降幅越大，以对照 CK 总生物量最大（12649.42kg/hm^2），而营养生长期和肉质根生长期轻度亏水处理 WT1 和 WT4 总生物量与对照 CK 间差异不显著（$p>0.05$），其他各处理则均显著（$p<0.05$）降低 9.69%～18.79%。闫曼曼、李炫臻也得出相似结果，充分灌溉对生物量积累有利，而水分亏缺则会抑制作物生长，导致生物量降低。经济系数指作物经济产量占总生物量的比值，一定程度上反映了作物生产水平。适度亏水可提高作物经济系数，但重度亏水则严重抑制作物生长，导致经济产量和总生物量降低，经济系数下降。刘震研究结果表明，有限补充灌溉对半干旱区马铃薯有显著增产效果，在提高马铃薯产量和生物量的同时提高经济系数，且苗期补充灌溉对马铃薯产量的补偿效应最显著。时学双等研究表明，春青稞不同生育期轻度和中度亏水可提高作物经济系数和水分利用效率，但重度亏水则导致籽粒产量、经济系数和水分利用效率显著降低。本研究表明，菘蓝全生育期轻度和中度亏水均可提高菘蓝经济系数，与对照 CK 相比增幅在 0.47%～3.10%之间，而重度亏水则会降低经济系数，与前人研究结果基本一致。这是因为菘蓝中度和重度亏水将使细胞壁变得坚硬，复水后难以恢复，从而导致菘蓝生物量下降和经济系数降低。

适时适度调亏灌溉可减少作物全生育期总耗水量，提高水分利用效率，且对产量影响不显著。郑凤杰、刘炼红和韩占江等对加工番茄、西瓜和冬小麦的研究结果表明，调亏灌溉在不显著影响产量的情况下可降低作物全生育期总耗水量，同时提高水分利用效率。本研究表明，WT1 处理菘蓝经济产量最高，与 WT4 处理和对照 CK 间无显著差异（$p>0.05$），而 WT4 处理菘蓝 *WUE* 和 *IWUE* 最高，比对照 CK 分别提高 7.91%和 7.39%，主要是因为 WT4 处理在不显著影响产量的情况下降低了菘蓝全生育期耗水量，与张玉顺等的研究结果相似，即调亏灌溉可提高冬小麦 *WUE* 和 *IWUE*，使各项生理指标达到最优且不显著降低冬小麦产量。李彪等也得出相似结论，即返青—拔节期、苗期—拔节期分别对冬小麦和夏玉米进行适度水分调亏可在不大幅度降低产量的同时促进节水和固碳减排。

第24章 调亏灌溉对膜下滴灌菘蓝品质的影响

土壤水分可通过调节控制土壤水分促进作物新陈代谢，有利于光合产物积累和作物品质改善。人工栽培药用植物时初生代谢产物积累决定产量，而次生代谢产物积累则决定产品质量。近年来，道地药材研究炙手可热，其热点之一便是次生代谢产物积累，也是中药材临床疗效发挥的物质基础和中药材生产的目的所在。水分胁迫虽然影响中药材生长发育，但可促进中药材次生代谢产物合成，有利于道地药材的形成。中药主要成分通常为次生代谢产物，其中靛蓝、靛玉红和（R，S）-告依春含量等均为有效成分，还包括一些营养成分，如丙氨酸、半胱氨酸、天门冬氨酸、甘氨酸、苯丙氨酸、γ-氨基丁酸等十几种氨基酸及黑芥子甙、靛甙、色胺酮、表告伊春、腺甙、棕榈酸、蔗糖等多种糖类，从而使菘蓝不仅具有抗菌、抗病毒、抗炎和抗肿瘤等作用，还具有免疫功能。

24.1 调亏灌溉对菘蓝靛蓝含量的影响

由表24-1发现，WT1和WT4处理靛蓝含量较对照CK有所增加，营养生长期轻度亏水处理WT1靛蓝含量最高（6.83mg/kg），较充分供水对照CK显著（$p<0.05$）提高4.76%，WT4处理（6.56mg/kg）与对照CK间无显著差异（$p>0.05$），且WT2和WT5处理较对照CK分别降低1.53%和2.61%，表明营养生长期—肉质根生长期连续轻度和中度亏水对菘蓝根靛蓝含量影响不大。WT3和WT6处理菘蓝靛蓝含量较对照CK分别显著降低9.20%和7.52%，表明营养生长期重度亏水、营养生长期和肉质根成熟期分别轻度亏水均会导致菘蓝靛蓝含量显著下降，而其他亏水处理也可导致靛蓝含量降低1.53%～2.61%，与对照CK间无显著差异。

表24-1 不同调亏灌溉处理对菘蓝品质的影响

处理	靛蓝/(mg/kg)	靛玉红/(mg/kg)	(R，S)-告依春/(mg/g)
WT1	6.83a	9.02b	0.241bc
WT2	6.42bc	8.60c	0.236c
WT3	5.92d	8.12e	0.220d
WT4	6.56b	9.23a	0.262a
WT5	6.35c	9.04b	0.243bc
WT6	6.03d	8.32d	0.235c
CK	6.52bc	9.11ab	0.249b

24.2 调亏灌溉对菘蓝靛玉红含量的影响

由表 24－1 可知，不同生育阶段水分调亏对菘蓝有效成分靛玉红含量产生不同的影响。WT4 处理菘蓝靛玉红含量最高，较对照 CK 提高 1.32%，但差异不显著（$p>0.05$），说明营养生长期—肉质根生长期连续轻度亏水对靛玉红含量积累有利。其他各处理均会降低靛玉红含量，降幅为 0.77%～10.87%。WT1 和 WT5 处理菘蓝靛玉红含量较对照 CK 分别降低 0.99%和 0.77%，但不存在显著差异，WT2、WT3 和 WT6 处理靛玉红含量较对照 CK 显著（$p<0.05$）降低，而营养生长期重度亏水处理 WT3 靛玉红含量最低（8.12mg/kg），说明营养生长期重度亏水不利于菘蓝有效成分靛玉红含量积累。

24.3 调亏灌溉对菘蓝（R，S）-告依春含量的影响

由表 24－1 可以看出，不同亏水处理对菘蓝有效成分（R，S）-告依春积累量的影响与靛蓝、靛玉红变化规律基本相似。WT4 处理菘蓝（R，S）-告依春含量最高，较对照 CK 显著（$p<0.05$）增加 5.22%，说明营养生长期—肉质根生长期连续轻度水分调亏有利于有效成分（R，S）-告依春含量积累。其他亏水处理均可降低菘蓝有效成分（R，S）-告依春积累量，其中 WT1 和 WT5 处理菘蓝（R，S）-告依春含量与对照 CK 间差异不显著（$p>0.05$），WT2、WT3 和 WT6 处理（R，S）-告依春含量分别较对照 CK 显著降低 0.013mg/g、0.029mg/g 和 0.014mg/g，因此除苗期外其他各生育期分别进行中度和重度亏水均会抑制（R，S）-告依春含量积累。

24.4 调亏灌溉对菘蓝多糖含量的影响

不同调亏灌溉处理多糖和可溶性蛋白质如图 24－1 所示，水分调亏对菘蓝根多糖含量均有影响。WT1 和 WT4 处理多糖含量较对照 CK 分别增加 0.62%和 2.57%，WT1 处理与对照 CK 间无显著差异（$p>0.05$），以 WT4 处理多糖含量最高（126.43mg/g），与对照 CK 间差异显著（$p<0.05$）。其他亏水处理均导致菘蓝根多糖含量降低，降幅为 1.53%～10.88%。WT5 处理与对照 CK 及 WT2 和 WT6 处理多糖含量均处于同一水平，且 WT2、WT6 和 WT3 处理多糖含量较对照 CK 分别显著降低 6.10%、4.61%和 10.88%，以 WT3 处理降幅最大。因此，营养生长期和肉质根生长期轻度亏水有利于多糖积累，而营养生长期和肉质根生长期中度和重度亏水、肉质根成熟期轻度亏水均不利于多糖的形成。

24.5 调亏灌溉对菘蓝可溶性蛋白质含量的影响

由图 24－1 可以看出，水分调亏处理菘蓝根可溶性蛋白质含量变化与多糖含量基本一致。WT1 和 WT4 处理可溶性蛋白质含量分别为 69.01mg/g 和 68.83mg/g，较对照 CK 分别提高 3.34%和 3.07%，但无显著差异（$p>0.05$）。其他亏水处理菘蓝可溶性蛋白质含量较对照 CK 显著（$p<0.05$）降低 6.93%～23.29%，以 WT3 处理可溶性蛋白质含量最低（51.23mg/g），降幅为 23.29%，说明营养生长期和肉质根生长期轻度亏水有利于菘蓝可溶性蛋白质含量的积累，而中度和重度亏水则严重影响菘蓝根可溶性蛋白质的形

成，导致可溶性蛋白质含量降低。WT6 处理可溶性蛋白质含量较 WT1 显著降低 15.66%，说明肉质根成熟期轻度水分调亏不利于菘蓝可溶性蛋白质的积累。

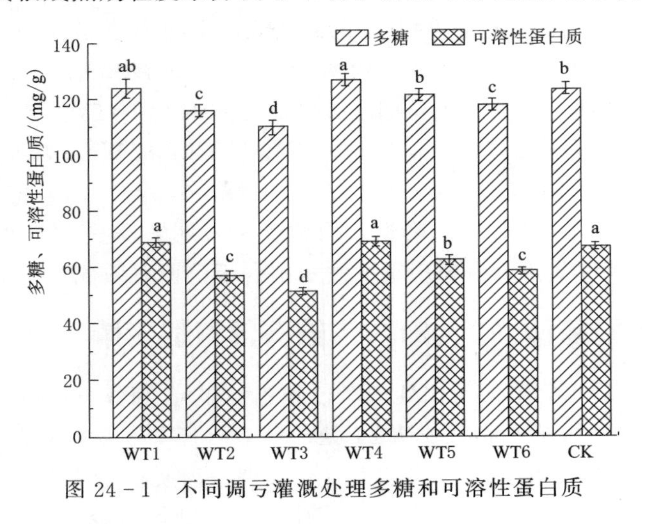

图 24-1 不同调亏灌溉处理多糖和可溶性蛋白质

24.6 讨论与小结

影响菘蓝品质的外界因素较多，包括菘蓝品种、产地、气象因素、栽培方式、土壤水分和土壤生态环境等。初生代谢产物和次生代谢产物积累分别决定菘蓝的产量和质量。本试验膜下滴灌调亏对菘蓝品质的影响研究结果表明，WT1 处理靛蓝含量最高（6.83mg/kg），较对照 CK 显著（$p<0.05$）增加 4.76%，说明营养生长期轻度亏水有利于菘蓝有效成分靛玉红和（R，S）-告依春含量的积累；WT4 处理菘蓝靛玉红含量和（R，S）-告依春含量较对照 CK 分别增加 1.32% 和 5.22%，其他亏水处理则均会降低靛玉红含量和（R，S）-告依春含量，降幅分别为 0.77%～10.87% 和 2.47%～11.65%，说明 WT4 处理有利于靛玉红含量和（R，S）-告依春含量积累，中度和重度亏水则不利于菘蓝有效成分靛玉红含量和（R，S）-告依春含量积累。这一结论与王玉才等的研究结果相似，即营养生长期和肉质根生长期连续轻、中度亏水有利于有效成分（R，S）-告依春、靛玉红和靛蓝含量增加，而重度亏水则不利于菘蓝有效成分积累。在可耐受干旱胁迫下，大量光合产物在植物体内积累，这些“过剩”的光合产物将被植物自身合成含碳次生代谢物，增加次生代谢物含量以维持自身的生存。

马福生等的研究表明，梨枣树成熟期水分调亏可在不显著影响平均单果重和枣维生素 C 含量的情况下提高有机酸和可溶性固形物含量，从而改善枣的品质。寇丹等的研究表明，地下滴灌紫花苜蓿在分枝前期和分枝期进行水分调亏有利于提高粗蛋白质量分数和粗蛋白产量，从而改善紫花苜蓿品质。张万恒等的研究发现，膜下滴灌马铃薯在淀粉积累期进行轻度水分调亏，蛋白质和还原糖含量分别提高 18.65% 和 15.62%，有利于马铃薯品质的改善。本研究发现，WT1 和 WT4 处理多糖含量较对照 CK 分别提高 0.62% 和 2.57%，其他亏水处理均造成菘蓝根多糖含量降低，降幅为 1.53%～10.88%；WT1 和 WT4 处理可溶性蛋白质含量分别为 69.01mg/g 和 68.83mg/g，较对照 CK 分别提高

3.34%和3.07%，其他亏水处理可溶性蛋白质含量较对照CK显著降低6.93%～23.29%，说明营养生长期和肉质根生长期轻度亏水有利于多糖和可溶性蛋白质的积累，而营养生长期和肉质根生长期中度和重度亏水、肉质根成熟期轻度亏水均不利于多糖和可溶性蛋白质的形成。这一结论与邓浩亮等的研究结果相似，即适时适量水分调亏可在菘蓝多糖含量不受影响的同时增加有效成分靛蓝、靛玉红和（R，S）-告依春含量，改善菘蓝品质。

第25章　菘蓝水分生产函数

作物产量高低受土壤水分状况影响，是评价灌溉制度优劣的重要依据。大量研究表明，适度灌水和施肥可在提高作物产量和改善作物品质的同时提高作物经济效益，但过量灌水和施肥则会导致水分和肥料严重浪费，提高生产成本，造成经济效益下降。

25.1　菘蓝水生产力和品质指标与土壤含水量及耗水量的关系

25.1.1　菘蓝产量和总生物量与全生育期土壤含水量的关系

作物生长状况受土壤水分、土壤养分和气象因素的影响，而土壤含水量会影响作物生长发育，进而影响作物产量和总生物量。由图25－1可以看出，菘蓝产量与全生育期平均土壤含水量的关系可用二次抛物线表示，回归方程为 $y=-252.54x^2+9490.4x-80547$（$R^2=0.8779$）。求解上述方程，当土壤含水量为18.79%时菘蓝产量最高（$8614.81kg/hm^2$），由该方程预测可知，当土壤含水量增加至18.79%时菘蓝产量呈下降趋势。

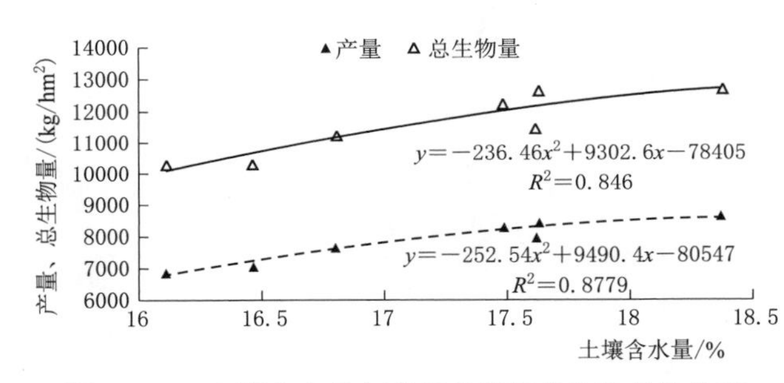

图25－1　土壤含水量与菘蓝产量和总生物量的关系

菘蓝总生物量与全生育期平均土壤含水量的关系也可用抛物线方程 $y=-236.46x^2+9302.6x-78405$（$R^2=0.846$）模拟（图25－1）。菘蓝总生物量随土壤含水量增大而增加，而当土壤含水量增加至某一临界值（19.67%）时总生物量达到最大（$13088.66kg/hm^2$），超过临界值总生物量将随土壤含水量增加呈降低趋势。

25.1.2　菘蓝水分利用效率和灌溉水利用效率与全生育期土壤含水量的关系

由图25－2可知，调亏灌溉条件下膜下滴灌菘蓝水分利用效率（*WUE*）与全生育期平均土壤含水量的关系可用二次抛物线描述，拟合方程为 $y=-1.3649x^2+48.443x-407.4$（$R^2=0.7679$）。随土壤含水量的增加，菘蓝水分利用效率呈先增后降的趋势，当土壤含水量增至田间持水量的17.75%这一临界值时，水分利用效率达到最大值22.43kg/（$mm\cdot hm^2$），而当土壤含水量超过这一临界值时，水分利用效率呈下降趋势。

灌溉水利用效率（*IWUE*）与全生育期平均土壤含水量的关系可用二次抛物线 $y=-2.0124x^2+70.589x-569.91$（$R^2=0.4521$）表示，与水分利用效率和全生育期平均土壤含水量的关系相似（图25－2）。随着土壤含水量的增加，灌溉水利用效率亦呈先增后降的趋势，当土壤含水量增至田间持水量的17.54%时，灌溉水利用效率达到最大值49.10kg/（mm·hm²），此后灌溉水利用效率随土壤含水量增加而降低。

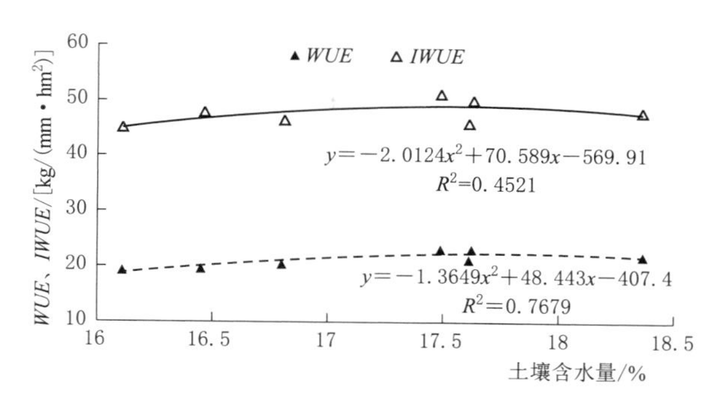

图 25-2　土壤含水量与水分利用效率和灌溉水利用效率的关系

25.1.3　菘蓝产量和总生物量与全生育期总耗水量的关系

全生育期总耗水量受降雨量、灌水和土壤环境及其他气象因子的影响，一定程度上反映了作物水分利用状况。由图25-3可知，菘蓝产量与全生育期总耗水量的关系可用二次抛物线模拟，拟合方程为 $y=-0.6902x^2+544.57x-98975$（$R^2=0.3523$）。随耗水量增加菘蓝产量近似呈线性增加趋势，当耗水量增至某一临界值（395mm）时产量达到最大值（8441.70kg/hm²），此后产量不仅不再增加，反而随耗水量增大呈下降趋势。

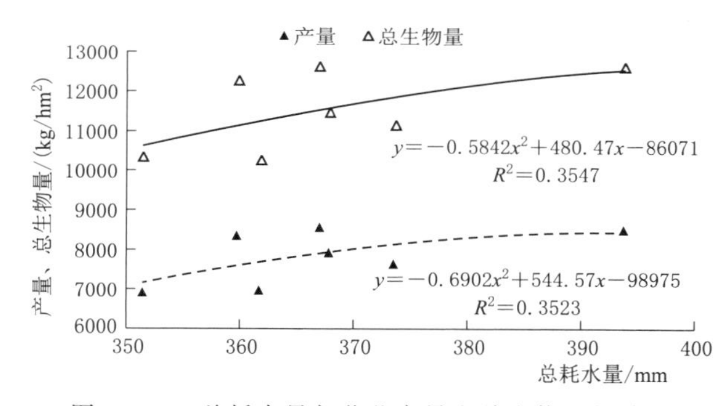

图 25-3　总耗水量与菘蓝产量和总生物量的关系

菘蓝总生物量与全生育期总耗水量的关系也可用二次抛物线模拟（图25-3），其回归模型为 $y=-0.5842x^2+480.47x-86071$（$R^2=0.3547$）。在耗水量较低阶段，菘蓝总生物量随耗水量增加而增大，当耗水量增加至某一临界值（411mm）时总生物量达到最大值（12718.5kg/hm²），而超过临界值总生物量将随耗水量增加而下降。

25.1.4　菘蓝品质与全生育期总耗水量的关系

回归分析发现，调亏灌溉条件下膜下滴灌菘蓝品质指标靛蓝、靛玉红、（R，S）-告依春、多糖和可溶性蛋白质含量均随全生育期总耗水量增加呈先增后降趋势，可用二次抛物线方程拟合菘蓝品质指标与总耗水量间的关系（图25-4）。菘蓝靛蓝与全生育期总耗水量的关系可用二次抛物线 $y=-0.0006x^2+0.4297x-75.435$（$R^2=0.2716$）拟合，在耗水量较低阶段菘蓝靛蓝含量随耗水量增加近似线性增加，当耗水量增至355～375mm时靛蓝含量趋于稳定，大部分处理靛蓝含量集中于此范围且出现最大值（WT1）。菘蓝靛玉红与全生育期总耗水量的关系可用二次抛物线 $y=-0.0003x^2+0.2453x-39.163$（$R^2=0.1596$）表示，在耗水量开始增加阶段（350～380mm），靛玉红含量随耗水量增加近似线性增加，而当耗水量达到某一临界值（408.83mm）时靛玉红含量达到峰值，此后靛玉红含量将随耗水量增加而降低。调亏灌溉菘蓝有效成分（R，S）-告依春含量随全生育期总耗水量增加呈先增后降趋势，当耗水量保持在350～375mm之间时（R，S）-告依春含量趋于稳定。分别建立菘蓝多糖、可溶性蛋白质与全生育期总耗水量间的二次抛物线回归方程为 $y=-0.0082x^2+6.2976x-1082.7$（$R^2=0.2041$）和 $y=-0.0076x^2+5.9099x-1076.1$（$R^2=0.1982$），菘蓝多糖和可溶性蛋白质含量分别随全生育期总耗水量增加达到相应临界值（126.44mg/g 和 72.81mg/g）后将随耗水量增加呈下降趋势。

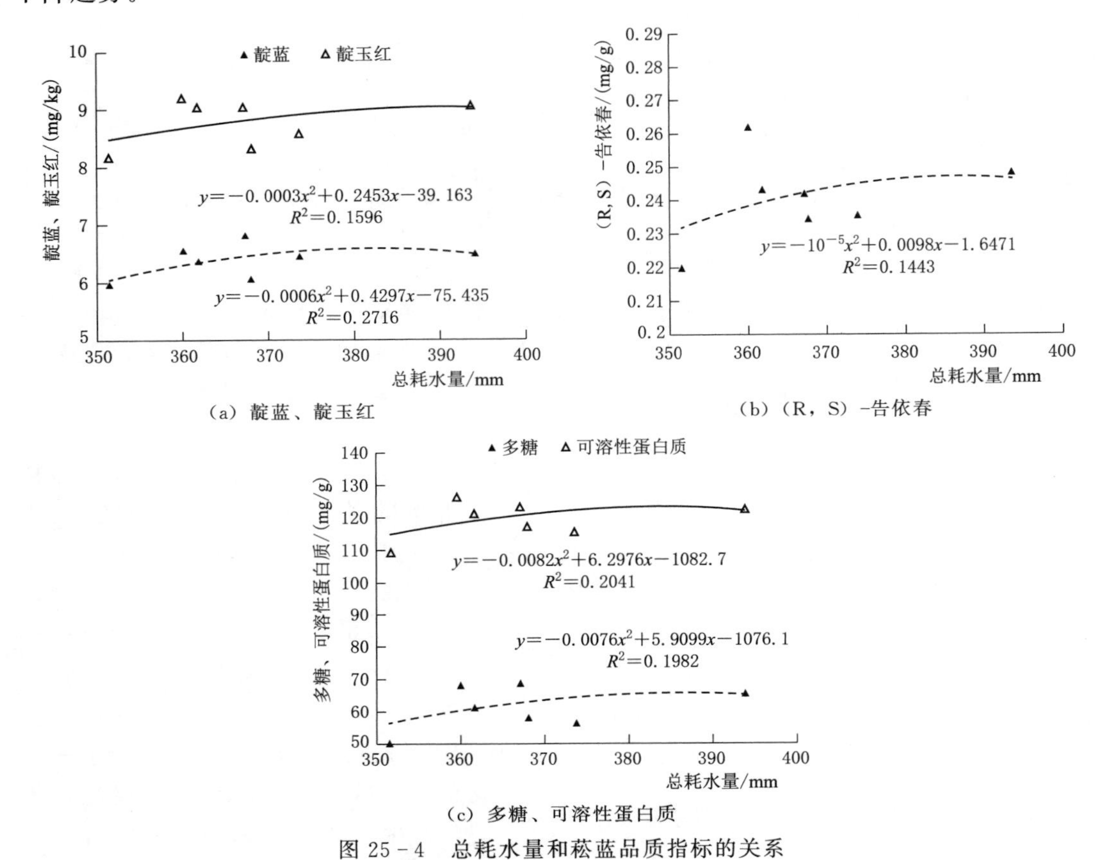

（a）靛蓝、靛玉红

（b）（R，S）-告依春

（c）多糖、可溶性蛋白质

图 25-4 总耗水量和菘蓝品质指标的关系

25.2 菘蓝经济效益

膜下滴灌菘蓝经济效益提高主要通过提高经济产量和降低投入成本来实现。调亏灌溉可节约灌溉水量，覆膜则可改善农田土壤水热状况，有利于减少杂草生长和病虫害产生，降低生产投入成本。统计并计算各亏水处理菘蓝生产成本、产量、产值、纯收入和增收率（表 25-1）。水费按照当地收费标准 0.217 元 m^3 计算，种子、肥料和农药等费用为 8500 元/hm^2，菘蓝干根按当地市场价 8.2 元/kg 计算。从表 25-1 可知，各亏水处理菘蓝生产成本在 8815.54～8887.02 元/hm^2 之间，产值在 57070.52～57070.52 元/hm^2 之间。WT1 处理产值和纯收入均最高，且纯收入较对照 CK 增加 0.46%；WT4 处理纯收入为 60014.13 元/hm^2，较对照 CK 虽未增加但较为接近；纯收入以 WT3 处理最低，其值为 48254.98 元/hm^2，较对照 CK 降低 20.88%；其他各亏水处理纯收入较对照 CK 均有不同程度降低，降幅为 7.78%～20.66%。WT1 处理在未降低产量的同时减少了生产成本投入，因此经济纯收入最高。WT2、WT3、WT5 和 WT6 处理虽降低了生产成本投入，但菘蓝经济产量较低，产值降低幅度大于生产成本降低幅度，从而导致菘蓝经济效益大幅下降。

表 25-1　　不同调亏灌溉处理对菘蓝经济效益的影响

处理	水费 /(元/hm²)	种子、肥料、农药等费用 /(元/hm²)	生产成本 /(元/hm²)	产量 /(kg/hm²)	产值 /(元/hm²)	纯收入 /(元/hm²)
WT1	369.96	8500	8869.96	8554.18	70144.28	61274.32
WT2	353.71	8500	8853.71	7623.76	62514.83	53661.12
WT3	315.54	8500	8815.54	6959.82	57070.52	48254.98
WT4	355.21	8500	8855.21	8398.70	68869.34	60014.13
WT5	338.85	8500	8838.85	6979.25	57229.85	48391.00
WT6	372.20	8500	8872.20	7934.63b	65063.97	56191.77
CK	387.02	8500	8887.02	8521.77a	69878.51	60991.49

25.3　菘蓝阶段水分生产函数

作物水分生产函数（crop water production function）指作物生长过程中产量与投入水量间的函数关系，是作物模型中联系生产力与水分因子的纽带。目前，Blank 模型和 Jensen 模型是国际上公认的比较完善的水分生产函数模型。由于作物品种、栽培方式、土壤特性及生育阶段划分、采用模型等因素的不同，作物水分生产函数表现形式和结果呈现多样化。

25.3.1　Blank 模型水分生产函数求解

运用 Blank 模型分析绿洲膜下滴灌菘蓝水分生产函数并确定各生育阶段水分敏感指数，即

$$\frac{Y_a}{Y_m}=\sum_{i=1}^{n}A_i\frac{ET_{ai}}{ET_{mi}} \tag{25-1}$$

令 $Z=\frac{Y_a}{Y_m}$，$X_i=\frac{ET_{ai}}{ET_{mi}}$，式（25-1）可表示为

$$Z=\sum_{i=1}^{n}A_i\cdot X_i \tag{25-2}$$

若有 m 个处理，可得 j 组 $X_{ij}\cdot Z_j(j=1,2,\cdots,m;i=1,2,\cdots,n)$，采用最小二乘法可得满足条件的 λ_i 值：

$$\min\theta=\sum_{j=1}^{m}\left(A_j-\sum_{i=1}^{n}A_i\cdot X_iX_{ij}\right)^2 \tag{25-3}$$

令 $\frac{\partial\theta}{A_i}=0$，则由式（25-3）可得

$$-2\sum_{j=1}^{m}\left(Z_j-\sum_{i=1}^{n}A_i\cdot X_{ij}\right)\cdot X_{ij}=0 \tag{25-4}$$

由式（25-4）可得线性联立方程组，即

$$\begin{aligned} L_{11}A_1 + L_{12}A_2 + \cdots + L_{1n}A_n &= L_{1z} \\ L_{21}A_1 + L_{22}A_2 + \cdots + L_{2n}A_n &= L_{2z} \\ &\cdots\cdots \\ L_{n1}A_1 + L_{n2}A_2 + \cdots + L_{nn}A_n &= L_{1z} \end{aligned} \tag{25-5}$$

$$L_{ik} = \sum_{j=1}^{m} X_{kj} \cdot X_{ij} \qquad k = 1,2,3,\cdots,n$$

$$L_{iz} = \sum_{j=1}^{m} X_{ij} \cdot X_{j} \qquad k = 1,2,3,\cdots,n$$

$$R_1 = \left(\frac{\sum_{i=1}^{n} A_i \cdot L_{i,n+1}}{L_{n+1,n+1}} \right)^{\frac{1}{2}} \tag{25-6}$$

求解方程组（25－5），计算得出 λ_i，根据式（25－6）计算可得 R_1，结果见表 25－2。

表 25－2　用 Blank 模型求解菘蓝各阶段的水分敏感指数

阶段	苗期	营养生长期	肉质根生长期	肉质根成熟期	相关系数 R_1
水分敏感指数 A	1.186	0.835	1.541	0.317	0.972

由表 25－2 可知，Blank 模型相关系数 R_1 为 0.972，说明运用 Blank 模型求解菘蓝水分生产函数模型较好地反映了菘蓝产量与水分消耗量间的关系。肉质根生长期菘蓝水分敏感指数最大（1.541），表明此生育期缺水对产量有较大影响；肉质根成熟期菘蓝水分敏感指数最小（0.317），表明该生育期对水分不敏感，缺水对产量影响不大。因此，Blank 模型膜下滴灌菘蓝水分生产函数为

$$\frac{Y_a}{Y_m} = 1.186 \frac{ET_1}{ET_{m1}} + 0.835 \frac{ET_2}{ET_{m2}} + 1.541 \frac{ET_3}{ET_{m3}} + 0.317 \frac{ET_4}{ET_{m4}} \tag{25-7}$$

25.3.2 Jensen 模型水分生产函数求解

采用 Jensen 模型分析绿洲膜下滴灌菘蓝水分生产函数并确定菘蓝各生育阶段水分敏感指数，求解方法与 Blank 模型求解相似，即

$$\frac{Y_a}{Y_m} = \prod_{i=1}^{n} \left(\frac{ET_{ai}}{ET_{mi}} \right)^{\lambda_i} \tag{25-8}$$

对式（25－8）两边取对数，令 $P = \frac{Y_a}{Y_m}$，$Q_i = \ln \frac{ET_{ai}}{ET_{mi}}$，代入线性公式，用最小二乘法计算线性回归多项式系数，得出菘蓝各生育阶段水分敏感指数，结果见表 25－3。

表 25－3　用 Jensen 模型求解菘蓝各阶段水分敏感指数

阶段	苗期	营养生长期	肉质根生长期	肉质根成熟期	相关系数 R_2
水分敏感指数 A	1.021	0.753	1.764	0.238	0.964

由表 25－3 可知，Jensen 模型的相关系数 R_2 为 0.964，较好地反映了菘蓝产量与水分消耗量间的关系。肉质根生长期菘蓝水分敏感指数最大（1.764），表明此生育期缺水对菘蓝产量有较大影响；其他各生育阶段菘蓝水分敏感指数表现为苗期＞营养生长期＞肉质根成熟期，与 Blank 模型求解结果一致。因此，Jensen 模型膜下滴灌菘蓝水分生产函数为

$$\frac{Y_a}{Y_m}=\left(\frac{ET_1}{ET_{m1}}\right)^{1.021}\times\left(\frac{ET_2}{ET_{m2}}\right)^{0.753}\times\left(\frac{ET_3}{ET_{m3}}\right)^{1.764}\times\left(\frac{ET_4}{ET_{m4}}\right)^{0.238} \quad (25-9)$$

25.4 讨论与小结

回归分析发现，菘蓝产量和总生物量与全生育期平均土壤含水量间均呈二次抛物线关系。当土壤含水量增至18.79%时菘蓝产量将达到最大值（8614.81kg/hm^2），而当土壤含水量增至19.67%时总生物量将达到最大值（13088.66kg/hm^2）；当土壤含水量超过某一临界值时菘蓝产量和总生物量均呈降低趋势。菘蓝水分利用效率（*WUE*）和灌溉水利用效率（*IWUE*）与全生育期平均土壤含水量的关系可用二次抛物线拟合，回归方程分别为 $y=-1.3649x^2+48.443x-407.4$（$R^2=0.7679$）和 $y=-2.0124x^2+70.589x-569.91$（$R^2=0.4521$），表明 *WUE* 和 *IWUE* 随土壤含水量增加均呈先增后降趋势，当土壤含水量分别增至田间持水量的17.75%和17.54%时，*WUE* 与 *IWUE* 分别达到最大值，与张辉等的研究结果相似。回归分析发现，菘蓝产量和总生物量与全生育期总耗水量间均呈二次抛物线关系，其中菘蓝产量与全生育期总耗水量间的回归方程为 $y=-0.6902x^2+544.57x-98975$（$R^2=0.3523$），随耗水量增加菘蓝产量近似呈线性增加趋势，当耗水量增至临界值395mm时产量达到最大值（8441.70kg/hm^2）；菘蓝总生物量与全生育期总耗水量间的回归方程为 $y=-0.5842x^2+480.47x-86071$（$R^2=0.3547$），在耗水量较低阶段菘蓝总生物量随耗水量增加而增大，当耗水量增加至临界值411mm时总生物量达到最大值（12718.5kg/hm^2）。大量研究表明，作物产量与耗水量间呈二次抛物线关系，当产量达到临界值时再增加水量对产量提高无益。

本试验结果表明，调亏灌溉条件下膜下滴灌菘蓝品质指标与总耗水量间的关系可用二次抛物线来拟合。回归分析发现，各品质指标［靛蓝、靛玉红、(R，S)-告依春、多糖和可溶性蛋白质含量］均随全生育期总耗水量增加呈先增后降趋势：当耗水量保持在350～375mm之间时(R，S)-告依春含量趋于平稳；多糖、可溶性蛋白质与全生育期耗水量间的回归方程分别为 $y=-0.0082x^2+6.2976x-1082.7$（$R^2=0.2041$）和 $y=-0.0076x^2+5.9099x-1076.1$（$R^2=0.1982$），当耗水量增至385mm左右时多糖和可溶性蛋白质含量达最大值，与王玉才的研究结果相似。

本研究分别用Blank模型和Jensen模型构建和求解菘蓝阶段水分生产函数，结果表明两种模型的相关系数分别为0.972和0.964，二者均能较好地反映菘蓝产量与水分消耗量间的函数关系，肉质根生长期为菘蓝水分亏缺最敏感阶段，是菘蓝需水临界期，为保证较高的菘蓝产量，此生育期应保证充足的土壤水分供应，与王泽义的研究结果一致。WD4处理菘蓝产量与充分供水对照CK无显著差异，但 *WUE* 和 *IWUE* 较对照CK分别显著提高7.91%和7.39%，因此营养生长期和肉质根生长期均轻度亏水处理WD4为本试验最优灌溉制度。

第 26 章　主　要　结　论

在河西绿洲冷凉灌区民乐县益民灌溉试验站进行了膜下滴灌菘蓝水分调亏大田试验，研究了各生育期不同水分调亏对菘蓝生长动态、光合特性、耗水特征、土壤水分、土壤温度、作物品质、产量和水分利用效率的影响，主要结论如下：

（1）营养生长期调亏灌溉对菘蓝植株生长均有影响，各处理间株高、主根长、主根直径和叶面积指数均表现为轻度水分调亏＞中度水分调亏＞重度水分调亏，复水后株高、主根长、主根直径均存在补偿生长效应。菘蓝全生育期干物质积累速率呈“S”形变化趋势，其中 WT1、WT4 和 WT6 处理总干物质积累量与充分供水对照 CK 无显著差异（$p>0.05$），而 WT2 和 WT3 处理比对照 CK 显著（$p<0.05$）降低 20.76%和 36.87%。

（2）营养生长期 WT4 处理叶片蒸腾速率和气孔导度均最大，分别为 17.43mmol/(m^2 · s) 和 1.336mol/(m^2 · s)，较 CK 分别显著（$p<0.05$）增加 16.96%和 26.04%，与 WT1 和 WT6 处理间无显著差异（$p>0.05$），而中度和重度亏水则显著降低菘蓝叶片净光合速率、蒸腾速率和气孔导度，降幅随水分调亏程度加重而增大，且复水后表现出一定的复水补偿效应。营养生长期 WT2 处理叶片水分利用效率较 CK 提高 6.57%，但差异不显著，WT3 处理较 CK 显著提高 44.97%。营养生长期 WT3 处理光合势、作物生长率、净同化率和比叶面积较 CK 分别显著（$p<0.05$）降低 30%、42.74%、21.26%和 10.9%，比叶重则较 CK 显著提高 12.41%。

（3）膜下滴灌调亏可有效调节土壤温度变化。覆膜具有一定的增温效应，土壤温度呈现浅层高于深层的变化趋势，全生育期内膜下 5cm 和 10cm 土壤温度最高、变幅最大（分别为 24.6℃和 22.3℃），膜下 15cm 土层温度变化较为明显，20cm 和 25cm 土壤温度最低、变幅较小。菘蓝不同生育期各亏水处理土壤温度日变化均呈先升后降的单峰曲线，且水分调亏程度越大土壤温度变化越明显。

（4）菘蓝全生育期充分供水对照 CK 总耗水量最大（393.85mm），不同水分调亏均显著（$p<0.05$）降低总耗水量 5.12%～10.78%，且降幅随水分调亏程度加重而增大。菘蓝营养生长期和肉质根生长期耗水量最多，苗期最少。菘蓝各生育阶段日耗水强度和耗水模数变化呈先增后降趋势，营养生长期 WT1 和 WT4 处理日耗水强度与对照 CK 无显著差异（$p>0.05$），耗水模数则较 CK 显著提高 3.62%和 2.37%，中度和重度亏水则严重降低菘蓝日耗水强度和耗水模数。

（5）菘蓝不同生育期调亏灌溉导致生物量下降，且调亏程度越大降幅越大，以对照 CK 总生物量最大（12649.42kg/hm^2），营养生长期和肉质根生长期轻度亏水处理 WT1 和 WT4 总生物量降幅不显著（$p>0.05$），其他各处理则显著（$p<0.05$）降低 9.69%～18.79%。WT1 处理菘蓝经济产量最高（为 8554.18kg/hm^2），与 WT4 处理和 CK 间差异

不显著；WT4 处理 *WUE* 和 *IWUE* 最高，比对照 CK 提高 7.91%和 7.39%。

（6）WT1 处理菘蓝靛蓝含量最高（6.83mg/kg），较对照 CK 显著（$p<0.05$）增加 4.76%；营养生长期和肉质根生长期连续轻度亏水有利于菘蓝靛玉红、（R，S）-告依春、多糖和可溶性蛋白质含量增加，较 CK 分别显著增加 1.32%、5.22%、2.57%和 3.07%，中度和重度亏水则不利于菘蓝有效成分靛蓝、靛玉红和（R，S）-告依春、多糖和可溶性蛋白质含量积累。

（7）菘蓝产量、总生物量和水分利用效率与全生育期土壤含水量的关系均可用二次抛物线拟合，回归方程分别为 $y=-252.54x^2+9490.4x-80547$（$R^2=0.8779$）、$y=-236.46x^2+9302.6x-78405$（$R^2=0.846$）和 $y=-1.3649x^2+48.443x-407.4$（$R^2=0.7679$）。菘蓝全生育期耗水量与产量、品质指标间均呈二次抛物线关系，其中产量与全生育期耗水量回归方程为 $y=-0.6902x^2+544.57x-98975$（$R^2=0.3523$）；随耗水量增大，菘蓝产量、各品质指标呈先增后降趋势。

（8）菘蓝 Blank 模型和 Jensen 模型阶段水分生产函数的相关系数分别为 0.972 和 0.964，二者均能较好地反映菘蓝产量与水分消耗量间的函数关系，两个模型均为肉质根生长期水分敏感指数最高（分别为 1.541 和 1.764），因此肉质根生长期为菘蓝水分亏缺最敏感时期。

综上，营养生长期和肉质根生长期均进行轻度亏水为河西绿洲冷凉灌区菘蓝节水高产优质高效灌溉模式。

参 考 文 献

[1] 张秀琴．气候变化背景下我国农业水资源管理的适应对策［D］．咸阳：西北农林科技大学，2013.

[2] 崔秀芳．发展节水灌溉的探讨［J］．科技情报开发与经济，2006，16（13）：279－280.

[3] 汪顺生，高传昌，王兴，史尚．不同灌溉方式下冬小麦耗水规律及产量的试验研究［J］．灌溉排水学报，2013，32（4）：11－14.

[4] 张兵，袁寿其，李红，成立，蒋惠凤．玉米灌溉模型及遗传算法的优化求解［J］．农业机械学报，2006，37（9）：104－106，115.

[5] 江津清．中国水资源现状分析与可持续发展对策研究［J］．智能城市，2019，5（1）：44－45.

[6] 金建华，孙书洪，王仰仁，韩娜娜．棉花水分生产函数及灌溉制度研究［J］．节水灌溉，2011（2）：46－48，61.

[7] 康绍忠，蔡焕杰．作物根系分区交替灌溉和调亏灌概的理论与实践［M］．北京：中国农业出版社，2002.

[8] Hui Y A，Tasheng D．Improved water use efficiency and fruit quality of greenhouse crops under regulated deficit irrigation in northwest china［J］．Agricultural Water Management，2017，79：193－204.

[9] 国家药典委员会．中华人民共和国药典 2015 版（一部）［M］．北京：中国医药科技出版社，2015.

[10] Du Z J，Liu H，Zhang Z L，Li P．Antioxidant and antiinflammatory activities of radix isatidis

polysaccharide in murine alveolar macrophages [J]. Int J Biol Macromol，2013，58：329-335.

[11] 陈晓琴，于中南，方剑儒. 张掖市人工种植板蓝根资源调查 [J]. 北方药学，2013，10 (2)：81.

[12] 侯格平，甄东升，姜青龙，焦阳. 民乐县板蓝根高产优质栽培试验研究 [J]. 农业科技通讯，2015 (9)：132-134.

[13] 白宏洁，曹京京. 西北地区水资源现状及可持续开发利用探讨 [J]. 山西水利科技，2010，176 (2)：58-60.

[14] 贺访印，俄有浩，徐先英，唐进年. 试论河西绿洲节水型农业的可持续发展 [J]. 安徽农业科学，2008，36 (4)：1670-1673，1675.

[15] 柴仲平，梁智，王雪梅，贾宏涛. 不同灌溉方式对棉田土壤物理性质的影响 [J]. 新疆农业大学学报，2008，31 (5)：57-59.

[16] Chalmers D J，Van D E B. Productivity of peach trees：factors affecting dry-weight distribution during tree growth [J]. Annals of Botany，1975，39 (3)：423-432.

[17] Mitchell P D，JerieP H，et al. The effects of regulated water deficits on pear tree growth，flowering，fruitgrowth，and yield [J]. Journal of the American Society for Horticultural Science，1984，109 (5)：604-606.

[18] Ebel R C，Proebsting E L，Evans R G. Deficit irrigation to control vegetative growth in apple and monitoring fruit growth to schedule irrigation [J]. Hortscience A Publication of the American Society for Horticultural Science，30 (6)：1229-1232.

[19] Tari，Ali Fuat. The effects of different deficit irrigation strategies on yield，quality，and water-use efficiencies of wheat under semi-arid conditions [J]. Agricultural Water Management，167：1-10.

[20] Aydinsakir K，Erdal S，Buyuktas D，Bastug R，Toker R. The influence of regular deficit irrigation applications on water use，yield，and quality components of two corn (Zea mays L.) genotypes [J]. Agricultural Water Management，2013，128：65-71.

[21] Nangare D D，Singh Y，Kumar P S，Minhas P S. Growth，fruit yield and quality of tomato (Lycopersicon esculentum Mill.) as affected by deficit irrigation regulated on phenological basis [J]. Agricultural Water Management，2016，171：73-79.

[22] Dorji K，Behboudian M H，Zegbe-Domínguez J A. Water relations，growth，yield，and fruit quality of hot pepper under deficit irrigation and partial rootzone drying [J]. Scientia Horticulturae，2005，104 (2)：137-149.

[23] Peter D，Mitchell，Ian Goodwin. Irrigation of vines and fruit trees [M]. Press：AGMEDIA，1996.

[24] 武阳，王伟，赵智，黄兴法，范云涛，苏柳芸. 调亏灌溉对香梨叶片光合速率及水分利用效率的影响 [J]. 农业机械学报，2012，43 (11)：80-86.

[25] 孟兆江，刘安能，庞鸿宾，王和洲，贾大林. 夏玉米调亏灌溉的生理机制与指标研究 [J]. 农业工程学报，1998，(4)：94-98.

[26] 张喜英，由懋正，王新元. 不同时期水分调亏及不同调亏程度对冬小麦产量的影响 [J]. 华北农学报，1999，14 (2)：1-5.

[27] 王密侠，康绍忠，蔡焕杰，熊运章. 调亏对玉米生态特性及产量的影响 [J]. 西北农林科技大学学报（自然科学版），2000，28 (1)：31-36.

[28] 王柏. 寒地黑土玉米调亏灌溉和水氮耦合效应研究 [D]. 哈尔滨：东北农业大学，2013.

[29] 张步翀，黄高宝. 干旱环境下春小麦最优调亏灌溉制度确定 [J]. 灌溉排水学报，2008，27 (1)：69-72.

[30] 张恒嘉，黄彩霞. 有限灌溉对绿洲春玉米农田耗水特征及水分利用效率的影响 [J]. 水土保持学报，2016，30 (5)：156-160，165.

[31] 薛道信，张恒嘉，巴玉春，王玉才，王世杰．调亏灌溉对荒漠绿洲膜下滴灌马铃薯生长、产量及水分利用的影响［J］．干旱地区农业研究，2018，36（4）：109－116，132．

[32] 王世杰，张恒嘉，巴玉春，王玉才，黄彩霞，薛道信，李福强．调亏灌溉对膜下滴灌辣椒生长及水分利用的影响［J］．干旱地区农业研究，2018，36（3）：31－38．

[33] Conesa，María R，García-Salinas，María D，de la Rosa，José M，et al．Effects of deficit irrigation applied during fruit growth period of late mandarin trees on harvest quality，cold storage and subsequent shelf-life［J］．Scientia Horticulturae，2014，165：344－351．

[34] Igbadun H E，Ramalan A A，Oiganji E．Effects of regulated deficit irrigation and mulch on yield，water use and crop water productivity of onion in Samaru，Nigeria［J］．Agricultural Water Management，2012，109：162－169．

[35] 吴晓茜，夏桂敏，李永发，迟道才．调亏灌溉对黑花生生长、光合特性及水分利用效率的影响［J］．沈阳农业大学学报，2018，49（1）：57－64．

[36] Boland A M，Mitchell P D，Jerie P H．The effect of regulated deficit irrigation on tree water use and growth of peach［J］．Journal of Horticultural Science，1993，68（2）：261－274．

[37] 郭相平，康绍忠．调亏灌溉-节水灌溉的新思路［J］．西北水资源与水工程，1998，9（4）：22－25．

[38] 史文娟，胡笑涛，康绍忠．干旱缺水条件下作物调亏灌溉技术研究状况与展望［J］．干旱地区农业研究，1998，16（2）：87－91．

[39] 强薇，赵经华，付秋萍，洪明，马英杰．调亏灌溉对滴灌核桃树生长及产量的影响［J］．干旱区资源与环境，2018，32（8）：186－190．

[40] 强敏敏，费良军，刘扬．调亏灌溉促进涌泉根灌枣树生长提高产量［J］．农业工程学报，2015，31（19）：91－96．

[41] Turner N C．Further progress in crop water relations［J］．Advances in Agronomy，1996，58（8）：293－338．

[42] 冯泽洋，李国龙，李智，张永丰，张少英．调亏灌溉对滴灌甜菜生长和产量的影响［J］．灌溉排水学报，2017，36（11）：7－12．

[43] Kuu H．The response of processing tomato to deficit irrigation at various phenological stages in a sub-humid environment［J］．Agricultural Water Management，2014，133（2）：92－103．

[44] 黄远，王伟娟，汪力威，许全宝，孔秋生，别之龙．调亏灌溉对塑料大棚甜瓜光合特性、果实产量和品质的影响［J］．华中农业大学学报，2016，35（1）：31－35．

[45] 张万恒，张恒嘉，李福强，王泽义，高佳，巴玉春．不同生育期调亏滴灌对绿洲马铃薯产量、品质及水分利用效率的影响［J］．华北农学报，2019，34（5）：145－152．

[46] 王玉才，张恒嘉，邓浩亮，王世杰，巴玉春．调亏灌溉对菘蓝水分利用及产量的影响［J］．植物学报，2018，53（3）：322－333．

[47] 王竹承，梁宗锁，丁永华．水分胁迫对菘蓝幼苗生长和生理特性的影响［J］．西北农业学报，2010，19（12）：98－103．

[48] 王玉才．河西绿洲菘蓝水分高效利用及调亏灌溉模式优化研究［D］．兰州：甘肃农业大学，2018．

[49] Campeol E，Angelini L G，Tozzi S，et al．Seasonal variation of indigo precursors in Isatis tinctoria L．and Polygonum tinctorium Ait as affected by water deficit［J］．Environmental & Experimental Botany，2006，58（1－3）：223－233．

[50] 王玉才，邓浩亮，李福强，王泽义，张万恒，黄彩霞，张恒嘉．调亏灌溉对菘蓝光合特性及品质的影响［J］．水土保持学报，2017，31（6）：291－295＋325．

[51] 邓浩亮，张恒嘉，李福强，王玉才，周宏，邓展瑞，浩楠．河西绿洲菘蓝生长、光合特性及品质对膜下滴灌调亏的响应［J］．水土保持学报，2018，32（3）：321－327．

[52] 李文明，施坰林，韩辉生，张梅花，董振堂．节水灌溉制度对板蓝根耗水特征及产量的影响［J］．灌溉排水学报，2007，26（6）：106－109.
[53] 谭勇，梁宗锁，董娟娥，郝海员，叶青．水分胁迫对菘蓝生长发育和有效成分积累的影响［J］．中国中药杂志，2008，33（1）：19－22.
[54] 李文明．益民灌区板蓝根畦灌灌溉制度试验研究［D］．兰州：甘肃农业大学，2007.
[55] 王玉才，张恒嘉，邓浩亮．不同生育期调亏滴灌对菘蓝光合特性及品质的影响［J］．核农学报，2017，31（9）：1847－1855.
[56] 司灿，张君毅，徐护朝．药用植物在干旱胁迫下生长代谢变化规律及应答机制的研究进展［J］．中国中药杂志，2014，39（13）：2432－2437.
[57] 柏军华，王克如，初振东，陈兵，李少昆．叶面积测定方法的比较研究［J］．石河子大学学报（自然科学版），2005，23（2）：216－218.
[58] 董钻，沈秀瑛，王伯伦，等．作物栽培学总论［M］．北京：中国农业出版社，2010.
[59] 国家药典委员会．中华人民共和国药典・一部［S］．北京：中国医药科技出版社，2010.
[60] 王学奎．植物生理生化实验原理和技术［M］．（2版）．北京：高等教育出版社，2006.
[61] 杨燕，刘庆，林波，等．不同施水量对云杉幼苗生长和生理生态特征的影响［J］．生态学报，2005，25（9）：2152－2158.
[62] 井大炜，邢尚军，杜振宇，刘方春．干旱胁迫对杨树幼苗生长、光合特性及活性氧代谢的影响［J］．应用生态学报，2013，24（7）：1809－1816.
[63] Iannucci A，Rascio M，Russo N，et al. Physiological responses to water stress following aconditioning period in berseem clover［J］. Plant and Soil，2000，223（2）：219－229.
[64] 王海珍，韩蕊莲，梁宗锁，樊鸿章．土壤干旱对辽东栎、大叶细裂槭幼苗生长及水分利用的影响［J］．西北植物学报，2003，23（8）：1377－1382.
[65] 冯晓敏，张永清．水分胁迫对糜子植株苗期生长和光合特性的影响［J］．作物学报，2012，38（8）：1513－1521.
[66] Ledoigt G，Griffaut B，Debiton E，et al. Analysis of secreted proteaseinhibitors after water stress in potato tubers［J］. International Journalof Biological Macromolecules，2006，38（3/5）：260－271.
[67] 雷舜，王抄抄，黄炎，等．分蘖期控制灌溉对土温及水稻干物质积累等的影响［J］．华北农学报，2016，31（2）：153－158.
[68] 高佳，张恒嘉，巴玉春，王玉才，李福强，王泽义，张万恒，姜田亮．调亏灌溉对绿洲灌区膜下滴灌辣椒生长发育和产量的影响［J］．干旱地区农业研究，2019，37（2）：25－31.
[69] 王树声，李春俭，梁晓芳，陈爱国．施氮水平对烤烟根冠平衡及氮素积累与分配的影响［J］．植物营养与肥料学报，2008，14（5）：935－939.
[70] 方锋，黄占斌，俞满源．保水剂与水分控制对辣椒生长及水分利用效率的影响研究［J］．中国生态农业学报，2004，12（2）：78－81.
[71] 陈斐，王润元，王鹤龄，赵鸿，张凯，赵福年．干旱胁迫下春小麦干物质积累和分配及其模拟［J］．干旱区研究，2017，34（6）：1418－1425.
[72] 王恩军，陈垣，韩多红，蔡子平，张芬琴．栽培方式对菘蓝农艺性状及产量和品质的影响［J］．中国生态农业学报，2017，25（11）：1661－1670.
[73] 何万春，何昌福，邱慧珍，张文明，王亚飞，张春红，王蒂．不同氮水平对旱地覆膜马铃薯干物质积累与分配的影响［J］．干旱地区农业研究，2016，34（4）：175－182.
[74] Lu C. Effects of water stress on photosystem II photochemistry and its thermostability in wheat plants［J］. Journal of Experimental Botany，1999，50（336）：1199－1206.
[75] Ristic Z，Cass D D. Chloroplast structure after water and high-temperature stress in two lines of maize that differ in endogenous levels of abscisic acid［J］. International Journal of Plant Sciences，

1992，153（2）：186－196.
[76] 李翠，赵伟洁，张大爱，王鹏科，高金锋，张盼盼，屈洋，冯佰利．水分胁迫对糜子物质生产及光合特性的影响［J］．西北农林科技大学学报（自然科学版），2014，42（1）：89－95.
[77] 于文颖，纪瑞鹏，冯锐，赵先丽，张玉书．不同生育期玉米叶片光合特性及水分利用效率对水分胁迫的响应［J］．生态学报，2015，35（9）：2902－2909.
[78] 张恒嘉，李晶．绿洲膜下滴灌调亏马铃薯光合生理特性与水分利用［J］．农业机械学报，2013，44（10）：143－151.
[79] 张凯，陈年来，顾群英，王小娟，刘斌．不同抗旱性小麦气体交换特性和生物量积累与分配对水氮的响应［J］．核农学报，2016，30（4）：797－804.
[80] 杨业正．光合势的定义及测定方法［J］．耕作与栽培，1983，（4）：56－57，55.
[81] 丁端锋，蔡焕杰，王健，张旭东．玉米苗期调亏灌溉的复水补偿效应［J］．干旱地区农业研究，2006，24（3）：64－67.
[82] Munns R. Physiological processes limiting plant growth in saline soils：some dogmas and hypotheses［J］. Plant，Cell & Environment，1993，16（1）：15－24.
[83] 韩烈保，田地，牟新待．草坪建植与管理手册［M］．北京：中国林业出版社，1999.
[84] 王月福，于振文，潘庆民，李素美．水分处理与耐旱性不同的小麦光合特性及产量物质运转［J］．麦类作物学报，1998，18（3）：44－48.
[85] 王英宇，杨建，韩烈保．不同灌溉量对草坪草光合作用的影响［J］．北京林业大学学报，2006，28（1）（S1）：26－31.
[86] 王沛，郑群，李格，庞永慧．水分胁迫对线辣椒光合特性的影响［J］．北方园艺，2015（7）：4－9.
[87] 付秋实，李红岭，崔健，赵冰，郭仰东．水分胁迫对辣椒光合作用及相关生理特性的影响［J］．中国农业科学，2009，42（5）：1859－1866.
[88] 孟兆江，卞新民，刘安能，庞鸿宾，王和洲．调亏灌溉对夏玉米光合生理特性的影响［J］．水土保持学报，2006，20（3）：182－186.
[89] 武阳，王伟，赵智，黄兴法，范云涛，苏柳芸．调亏灌溉对香梨叶片光合速率及水分利用效率的影响［J］．农业机械学报，2012，43（11）：80－86.
[90] Ahmed C B，Rouina B B，Boukhris M. Effect of water deficit on olive trees cv. Chemlali under field conditions in arid regionin Tunisia［J］. Scientia Horticulturae，2007，113（3）：267－277.
[91] Cui N，Du T，Li F，Tong L，Kang S，Wang M，Liu X，Li Z. Response of vegetative growth and fruit development to regulated deficit irrigation at different growthstages of pear-jujube tree［J］. Agricultural Water Management，2009，96（8）：1237－1246.
[92] 李晶．河西绿洲马铃薯膜下滴灌调亏试验研究［D］．兰州：甘肃农业大学，2013.
[93] 张恒嘉，黄彩霞．不同灌水量对绿洲春玉米地上部生物量及群体光合性能的影响［J］．中国农村水利水电，2017（1）：4－8.
[94] 邓秀秀，施征，肖文发，曾立雄，雷蕾．干旱和遮荫对马尾松幼苗生长和光合特性的影响［J］．生态学报，2020，40（8）：2735－2742.
[95] 佟玲，康绍忠，粟晓玲，王志刚．区域作物耗水时空分布影响的研究进展［J］．节水灌溉，2004（1）：3－6.
[96] 孟兆江．调亏灌溉对作物产量形成和品质性状及水分利用效率的影响［D］．南京：南京农业大学，2008.
[97] 汪耀富，蔡寒玉，李进平，陈振国．不同供水条件下土壤水分与烤烟蒸腾耗水的关系［J］．农业工程学报，2007，23（1）：19－23.
[98] 姜国军，王振华，郑旭荣．北疆滴灌复种大豆田土壤温度分布特征［J］．西北农业学报，2014，23（4）：45－51.

[99] 张朝勇，蔡焕杰．膜下滴灌棉花土壤温度的动态变化规律［J］．干旱地区农业研究，2005，23（2）：11－15.
[100] 吕国华，武永峰，白文波，宋吉青．不同气象条件下灌溉方法对温室大棚小气候的影响及作物响应［J］．灌溉排水学报，2014，33（4/5）：175－178.
[101] 李光永，王小伟，黄兴法，张晓明．充分灌与调亏灌溉条件下桃树滴灌的耗水量研究［J］．水利学报，2001，(9)：55－58，63.
[102] 孟兆江，段爱旺，王景雷，高阳，王晓森，杨慎骄．调亏灌溉对冬小麦不同生育阶段水分蒸散的影响［J］．水土保持学报，2014，28（1）：198－202.
[103] 黄兴法，李光永，王小伟，曾德超，孙乃健．充分灌与调亏灌溉条件下苹果树微喷灌的耗水量研究［J］．农业工程学报，2001，17（5）：43－47.
[104] 邓浩亮，孔维萍，张恒嘉，李福强．不同生育期调亏灌溉对酿酒葡萄耗水及果实品质的影响［J］．中国生态农业学报，2016，24（9）：1196－1205.
[105] 黄海霞，韩国君，陈年来，黄得志，张正，张凯．荒漠绿洲调亏灌溉条件下辣椒耗水规律研究［J］．自然资源学报，2012，27（5）：747－756.
[106] 马伟国，张芳．不同灌水量对日光温室辣椒膜下滴灌耗水规律的影响［J］．现代农业科技，2011，(21)：126，128.
[107] 姚宝林，程晨，杨晨．南疆膜下滴灌棉田土壤温度时空变化规律研究［J］．节水灌溉，2016，(12)：46－49，53.
[108] 刘洋，栗岩峰，李久生，严海军．东北半湿润区膜下滴灌对农田水热和玉米产量的影响［J］．农业机械学报，2015，46（10）：93－104，135.
[109] 谢夏玲，赵元忠．玉米膜下滴灌土壤温度的变化规律［J］．灌溉排水学报，2008，27（1）：90－92.
[110] 汪精海，张芮，李广，戴文渊．水分胁迫对河西荒漠绿洲区酿酒葡萄水分利用及产量的跨年度影响［J］．水土保持通报，2019，39（3）：80－86，92.
[111] 许健，张芮，黄彩霞，高彦婷．设施葡萄不同生育期水分胁迫对产量和水分利用效率的影响［J］．中国农业大学学报，2019，24（4）：43－51.
[112] 任丽雯，刘明春，王兴涛，丁文魁，王润元．拔节和抽雄期水分胁迫对春玉米生长和产量的影响［J］．中国农学通报，2019，35（1）：17－22.
[113] 曹正鹏，刘玉汇，张小静，沈宝云，秦舒浩，刘震，王丽，李朝周，张俊莲．亏缺灌溉对马铃薯生长产量及水分利用的影响［J］．农业工程学报，2019，35（4）：114－123.
[114] 李彪，孟兆江，申孝军，刘小飞，常晓．隔沟调亏灌溉对冬小麦-夏玉米光合特性和产量的影响［J］．灌溉排水学报，2018，37（11）：8－14.
[115] 刘小飞，李彪，孟兆江，刘祖贵，张寄阳．隔沟调亏灌溉对冬小麦旗叶生理特性与产量形成的影响［J］．农业机械学报，2019，50（9）：320－328.
[116] Faloye O T，Alatise M O，Ajayi A E，Ewulo B S. Effects of biochar and inorganic fertiliser applications on growth，yield and water use efficiency of maize under deficit irrigation［J］. Agricultural Water Management，2019，217：165－178.
[117] 钟韵，费良军，曾健，傅渝亮，代智光．根域水分亏缺对涌泉灌苹果幼树产量品质和节水的影响［J］．农业工程学报，2019，35（21）：78－87.
[118] 闫曼曼，郑剑超，张巨松，石洪亮，田立文，郭仁松，林涛．调亏灌溉对海岛棉生物量和氮素累积分配及产量的影响［J］．中国生态农业学报，2015，23（7）：841－850.
[119] 李炫臻，张恒嘉，邓浩亮，杨晓婷，李晶，巴玉春．膜下滴灌调亏对绿洲马铃薯生物量分配、产量和水分利用效率的影响［J］．华北农学报，2015，30（5）：223－231.
[120] 潘晓华，邓强辉．作物收获指数的研究进展［J］．江西农业大学学报，2007，29（1）：1－5.
[121] 刘震，秦舒浩，王蒂，张俊莲．陇中半干旱区集雨限灌对马铃薯干物质积累和产量的影响

[J]. 干旱地区农业研究，2010，28 (4)：46 - 49.
[122] 时学双，李法虎，闫宝莹，何东，普布多吉，曲珍. 不同生育期水分亏缺对春青稞水分利用和产量的影响 [J]. 农业机械学报，2015，46 (10)：144 - 151，265.
[123] 郑凤杰，杨培岭，任树梅，蒋光昱，贺新. 河套灌区调亏畦灌对加工番茄生长发育、产量和果实品质的影响 [J]. 中国农业大学学报，2016，21 (5)：83 - 90.
[124] 刘炼红，莫言玲，杨小振，李小玲，吴梅梅，张显，马建祥，张勇，李好. 调亏灌溉合理滴灌频率提高大棚西瓜产量及品质 [J]. 农业工程学报，2014，30 (24)：95 - 104.
[125] 韩占江，于振文，王东，王西芝，许振柱. 调亏灌溉对冬小麦耗水特性和水分利用效率的影响 [J]. 应用生态学报，2009，20 (11)：2671 - 2677.
[126] 张玉顺，路振广，邱新强，秦海霞，和刚，张明智，孙彬. 深松耕条件下调亏灌溉对冬小麦生长及产量的影响 [J]. 节水灌溉，2018 (7)：36 - 42.
[127] 李彪. 时空调控灌溉对冬小麦和夏玉米水分利用效率与温室气体排放的影响 [D]. 北京：中国农业科学院，2018.
[128] 王玉才，李福强，邓浩亮，张恒嘉，康燕霞. 调亏滴灌下菘蓝的品质综合评价 [J]. 干旱地区农业研究，2019，37 (4)：66 - 74.
[129] 段飞，杨建雄，周西坤，马天利，俞嘉宁. 逆境胁迫对菘蓝幼苗靛玉红含量的影响 [J]. 干旱地区农业研究，2006，24 (3)：111 - 114，120.
[130] 马福生，康绍忠，王密侠，庞秀明，王金凤，李志军. 调亏灌溉对温室梨枣树水分利用效率与枣品质的影响 [J]. 农业工程学报，2006，22 (1)：37 - 43.
[131] 寇丹，苏德荣，吴迪，李岩. 地下调亏滴灌对紫花苜蓿耗水、产量和品质的影响 [J]. 农业工程学报，2014，30 (2)：116 - 123.
[132] 安绪华，王立军，任庆烨，吴瑞富，曹守珍，孙丽琼. 滴灌施肥对辣椒产量和效益的影响 [J]. 安徽农业科学，2018，46 (3)：36 - 37，73.
[133] 云文丽，侯琼，李建军，苗百岭，冯旭宇. 基于作物系数与水分生产函数的向日葵产量预测 [J]. 应用气象学报，2015，26 (6)：705 - 713.
[134] 刘坤. 作物水分生产函数常用模型及灌溉制度优化概述 [J]. 安徽农业科学，2010，38 (11)：5521 - 5522，5555.
[135] 张辉，张玉龙，虞娜，田义. 温室膜下滴灌灌水控制下限与番茄产量、水分利用效率的关系 [J]. 中国农业科学，2006，39 (2)：425 - 432.
[136] 王金平，孙雪峰. 作物水分与产量关系的综合模型 [J]. 灌溉排水，2001，20 (2)：76 - 80.
[137] 樊廷录，杨珍，王建华，王淑英. 灌水时期和灌水量对甘肃河西玉米制种产量和水分利用的影响 [J]. 干旱地区农业研究，2014，32 (5)：1 - 6.
[138] 王泽义. 河西绿洲冷凉灌区板蓝根对膜下滴灌水分调亏的响应 [D]. 兰州：甘肃农业大学，2019.